"十四五"职业教育国家规划教材

工业和信息化精品系列教材
云计算技术

Cloud Computing Technology

微课版

OpenStack 云计算平台

搭建与管理

姚骏屏 何桂兰 ◎编著

U0280050

人民邮电出版社
北京

图书在版编目（CIP）数据

OpenStack云计算平台搭建与管理：微课版 / 姚骏屏，何桂兰编著. -- 北京：人民邮电出版社，2022.6
工业和信息化精品系列教材. 云计算技术
ISBN 978-7-115-49610-2

Ⅰ. ①O… Ⅱ. ①姚… ②何… Ⅲ. ①云计算—教材 Ⅳ. ①TP393.027

中国版本图书馆CIP数据核字(2021)第267995号

内 容 提 要

本书基于 Linux 操作系统（CentOS 7）和 OpenStack（Train 版）云计算平台，采用官方开源的云镜像和管理软件，介绍 OpenStack 云计算平台搭建和管理的相关知识。全书分为 3 篇，分别是基础知识与必备技能，OpenStack 云计算平台搭建，以及 OpenStack 云计算平台管理，共包含 16 个项目，包括初识云计算与 OpenStack 云计算平台、CentOS Linux 操作系统安装、Linux 操作系统基本应用能力训练、认识文本编辑软件与远程管理工具、云计算平台基础环境准备、认证服务（Keystone）安装、镜像服务（Glance）安装、放置服务（Placement）安装、计算服务（Nova）安装、网络服务（Neutron）安装、仪表盘服务（Dashboard）安装、块存储服务（Cinder）安装、虚拟网络管理、实例类型管理、云主机管理，以及用云镜像部署云主机。全书将大学生小王自学搭建 OpenStack 云计算平台的项目作为学习主线，采取模块化和项目式的编排方法，带领读者体验从知识学习到项目实施的完整过程，以培养读者"了解、应用、经验形成"的职业思维。

本书可作为高职、高专计算机相关专业的教材，也可作为广大计算机爱好者自学 OpenStack 云计算平台的参考书，还可作为云计算相关竞赛和培训的指导手册或教材。

◆ 编　　著　姚骏屏　何桂兰
　　责任编辑　郭　雯
　　责任印制　王　郁　焦志炜

◆ 人民邮电出版社出版发行　　北京市丰台区成寿寺路 11 号
　　邮编　100164　　电子邮件　315@ptpress.com.cn
　　网址　https://www.ptpress.com.cn
　　三河市兴达印务有限公司印刷

◆ 开本：787×1092　1/16
　　印张：17　　　　　　　　　　2022 年 6 月第 1 版
　　字数：484 千字　　　　　　　2024 年 12 月河北第 12 次印刷

定价：59.80 元

读者服务热线：(010)81055256　印装质量热线：(010)81055316
反盗版热线：(010)81055315
广告经营许可证：京东市监广登字 20170147 号

前言

云计算诞生至今虽然仅有短短的十几年时间，但其在世界范围内的发展非常迅猛，甚至已经改变了整个信息技术行业的"生态圈"。以云计算、大数据和物联网等为代表的新一代信息技术成为产业变革的核心驱动力，是继个人计算机、互联网、移动互联网之后的新一轮信息化浪潮的代表。在我国，云计算作为战略性新兴产业的重要组成部分，得到了国家的大力支持，我国的云计算发展与应用水平稳居亚太地区首位，整体发展速度也远超国际平均水平。

OpenStack 云计算平台是目前市场占有率第一的开源云计算平台，现今国内市场上大部分私有云产品和部分公有云产品均是在它的基础上二次开发后得到的。因此，与 OpenStack 云计算平台的搭建与管理相关的专业技能成为了云计算运维工程师的必备技能。

本书以党的二十大提出的"坚持自信自立，坚持守正创新，坚持问题导向，坚持系统观念，坚持胸怀天下"的科学思想方法为指导，进行项目化课程设计。内容融合编者多年云计算专业的教学经验、相关企业的一线工作经验，以及云计算大赛的指导经验，从初学者的视角出发，力求让枯燥的专业学习更加贴近读者的日常生活，目的是让读者在阅读完本书后可以达到"愿意学""学得进"和"见成果"的学习效果。编者以 OpenStack（Train 版）云计算平台的官方技术文档为撰写依据，重新梳理并构建了一套更加适合初学者的内容编排方式和技能学习流程。全书以大学生小王了解云计算开始，到解决各种实际问题，再到搭建出实用的 OpenStack 云计算平台这一完整过程为逻辑主线，以各章节实践项目为学习载体，采用情景化的编写方式将理论知识和项目实训有机串联，深入浅出地介绍了 OpenStack 云计算平台搭建与管理的相关技术。

全书共 3 篇，上篇为"基础知识与必备技能"，中篇为"OpenStack 云计算平台搭建"，下篇为"OpenStack云计算平台管理"。在"基础知识与必备技能"篇中，介绍云计算平台搭建所必要的云计算的重要概念、Linux操作系统应用、文本编辑软件和远程管理工具的应用等知识，训练读者的基本技能；在"OpenStack 云计算平台搭建"篇中，以一个完整的 OpenStack（Train 版）云计算平台搭建项目为学习载体，按照工作流程，逐步引导读者动手完成平台的搭建工作；在"OpenStack 云计算平台管理"篇中，用实际项目指引读者在之前创建的云计算平台上进一步深入学习，以此训练并提高其云计算平台管理与运维的能力。各项目的设计不仅基于实际工作流程，还通过"工作手册式"的写法，介绍了项目的操作步骤、注意事项、应用扩展等模块，强化了本书的"资料功能"，以达到将教材转变为"学材"的目的。

本书从以下四个层面融入了德技并修的育人、育才理念。

（1）**坚持自信自立，以专业鼓舞人。**通过介绍云计算作为新兴战略产业在国内的飞速发展，让读者理解道路自信、理论自信、制度自信、文化自信的深刻内涵，了解新时代党对国家事业发展作出的科学完整的战略部署，坚定以中国式现代化推进中华民族伟大复兴的中国梦的信心。

（2）**坚持守正创新，以情景感染人。**将大学生小王整个学习过程树立为榜样，向读者展现了当代大学生应有的求知创新精神——以科学的态度对待科学、以真理的精神追求真理，紧跟时代步伐，顺应实践发展，以满腔热忱对待一切新生事物，不断拓展认识的广度和深度。

（3）**坚持系统观念与问题导向，以案例说服人。**通过类比方式将育人、育才理念融入案例，如安全认证模块是云平台的核心模块，没有它系统将混乱与不安全，从而提升读者的安全意识和大局意识。

（4）坚持人民至上与胸怀天下，以项目塑造人。在整个项目实践过程中着力于塑造读者"敬业守心、精益求精、勇于创新"的工匠精神，引导读者以海纳百川的宽阔胸襟借鉴吸收人类一切优秀文明成果，推动建设更加美好的世界。

为方便读者使用，本书所使用的全部开源软件、镜像文件和电子教案等资料均以附加资源的形式随书附赠，同时各项目还配套有完成后的 VMware 快照文件。依据这些快照文件，读者通过简单的快照还原操作便可从项目的任意位置进行实践操作，或者直接跳转到项目完成点进行对照学习。除此以外，本书还提供 40 个微课视频和完整的实训操作视频，辅助读者的实践过程。

本书的建议学时为 48～72 学时，建议采用理论实践一体化的教学模式，书中涉及的实训要求实验室配备 8GB 以上内存、500GB 以上硬盘的计算机。书中各项目的建议学时可参考学时分配表。

学时分配表

篇	项目	内容	建议学时
基础知识与必备技能	1	初识云计算与 OpenStack 云计算平台	2
	2	CentOS Linux 操作系统安装	2～3
	3	Linux 操作系统基本应用能力训练	4～6
	4	认识文本编辑软件与远程管理工具	2～4
OpenStack 云计算平台搭建	5	云计算平台基础环境准备	4～6
	6	认证服务（Keystone）安装	3～5
	7	镜像服务（Glance）安装	2～3
	8	放置服务（Placement）安装	2～3
	9	计算服务（Nova）安装	4～6
	10	网络服务（Neutron）安装	4～6
	11	仪表盘服务（Dashboard）安装	3～4
	12	块存储服务（Cinder）安装	4～5
OpenStack 云计算平台管理	13	虚拟网络管理	2～3
	14	实例类型管理	2～3
	15	云主机管理	3～4
	16	用云镜像部署云主机	3～5
		课程复习与考评	2～4
		合计	48～72

本书由重庆工商职业学院姚骏屏和重庆电子工程职业学院何桂兰编著。姚骏屏负责编写项目 8～项目 16，并负责全书统稿及课程资源的制作，何桂兰负责编写项目 1～项目 7 及校对全书。在此，还要特别感谢南京第五十五所技术开发有限公司为本书提供案例与技术支持。

由于编者水平有限，书中存在疏漏和不足之处在所难免，殷切希望广大读者批评指正。同时，恳请读者一旦发现问题，及时与编者联系，编者将不胜感激。

编者

2023 年 1 月

目录 CONTENTS

上篇　基础知识与必备技能

中篇　OpenStack 云计算平台搭建

项目 5

项目 6

认证服务（Keystone）安装 ·· 110

项目 7

镜像服务（Glance）安装 ·· 124

项目 8

放置服务（Placement）安装 ·· 138

项目 9

项目 10

项目 11

仪表盘服务（Dashboard）安装·····································185

项目 12

块存储服务（Cinder）安装·····································192

下篇　OpenStack 云计算平台管理

项目 13

项目 14

项目 15

项目 16

用云镜像部署云主机 ·· 248

上篇

基础知识与必备技能

项目1
初识云计算与OpenStack
云计算平台

01

学习目标

【知识目标】

（1）了解云计算的由来。

（2）理解云计算的定义。

（3）理解云计算服务的分类方式。

（4）了解OpenStack云计算平台的起源。

（5）了解OpenStack的组件构成。

（6）了解OpenStack的版本命名规则。

【技能目标】

（1）能够利用互联网资源获取相关信息。

（2）能够对已有云服务进行分类。

引例描述

大学生小王的一天是这么度过的：早上起来先通过"网易云音乐"听一曲音乐，打开"百度云网盘"查看昨天在云计算协会中领到的任务，再通过"腾讯会议"召集项目组成员对工作任务进行讨论，最后大家通过"钉钉云办公"协同完成任务。小王十分好奇这里用到的这么多"云"到底是什么？它是如何为人们提供服务的呢？我们自己能不能对外提供"云服务"，让自己也成为"云服务商"呢？

1.1 项目陈述

云计算从出现至今仅十多年的时间，但其发展极其迅猛，已经深刻影响到现代人的生活，事实上，我们已经身处"云时代"。类似于互联网是全球"第二次信息化浪潮"的标志，云计算、大数据、物联网等已经成为"第三次信息化浪潮"的代表。生活在"云时代"的我们需要了解云计算的功能、特点、分类和应用。在了解云计算的基础知识后，小王想尝试做一个能提供基础云服务的云计算平台，将自己的一台高性能主机变成几台云主机分享给云计算协会的同学使用。要想实现这个目标，首先要进行调研，决定选用什么软件来搭建云计算平台。

1.2 必备知识

1.2.1 云计算的定义

云计算的出现与大数据技术的发展密不可分。"大数据"是指企事业单位在日常运营中生成、累积的用户行为数据。这些数据的特点是规模非常庞大，增长非常迅速。最早提出"大数据时代到来"的是全球知名咨询公司麦肯锡，麦肯锡公司称："数据，已经渗透到当今每一个行业和业务职能领域，成为重要的生产因素。"

数据是如此重要，信息社会的数据增长又是如此迅速，加之"大数据时代"的悄然来临，都对建立存储量更大、运算速度更快的数据中心来进行海量数据存储和处理产生了迫切的需求。在这样的背景下，许多大公司建立了自己的云计算数据中心，如图 1-1 所示。

图 1-1　一个云计算数据中心

这些数据中心为了给将来产生的数据留有余量，其规模通常都会建设得比当前实际使用量更大。此时，这些公司发现自己还要为这些空闲的运算能力、存储空间承担管理及电力成本，造成了非常大的浪费。与此同时，一些小公司虽然也有数据存储及数据处理的需要，但是因为经费或者技术能力的限制，而不能打造自己的数据中心。那么是不是可以想一个办法让大公司将闲置的运算资源通过收取一定费用的方式租给小公司使用呢？基于这种考虑，亚马逊（Amazon）公司在 2002 年首次推出了亚马逊网络服务（Amazon Web Service，AWS），它就是云计算平台的最初模型，通常被称为"亚马逊云"。2006 年，谷歌（Google）公司的 CEO 埃里克·施密特（Eric Schmidt）首次提出"云计算"（Cloud Computing）的概念。从此，"云计算"开始作为一个名词概念正式出现在我们的世界中，这也开启了云计算飞速发展的时代。

对于到底什么是云计算，根据定义者所在的角度不同，存在多种解释。现阶段广为接受的是美国国家标准与技术研究院（National Institute of Standards and Technology，NIST）的定义："云计算是一种按使用量付费的模式，它可以实现随时随地、便捷地、随需应变地从可配置计算资源共享池中获取所需的资源（如网络、服务器、存储、应用及服务），资源能够快速供应并释放，使管理资源的工作量和与服务提供商的交互减少到最低限度。"简言之，云计算是一种大规模计算机服务器集群——"云"，它通过网络为用户提供一种"按需购买、按量付费"来使用网络 IT 资源的服务模式，该模式将"云"的计算能力变成了类似于水、电、煤气一样的商品，使之可以在互联网中流通，并方便使用、按量计费。例如，用户需要在网络中拥有一台计算机、存储空间或者一款网络应用等，付一定的费用向"云"去租用即可。这个租用过程就像家里用水、电一样，用多少付多少费用，不用时不产生费用。

V1-1　步入云计算的世界

1.2.2 云计算的特点

云计算从诞生以来，市场规模急剧扩大，根据国际数据公司（International Data Corporation，IDC）提供的数据，2020 年全球云计算市场规模已达到 3120 亿美元，世界上第一个运用云计算技术的 AWS 全球年收入超过 500 亿美元，是世界第一大云计算平台。而在国内，以云计算、物联网等为代表的新一代信息技术产业被列为我国战略性新兴产业，受到国家的高度重视。目前，国内主流互联网服务商及通信企业如阿里巴巴、腾讯、华为、中国移动、中国电信、360 等都在大力发展自己的云服务能力，其中阿里云已经成为亚太地区第一大云。云计算发展如此迅猛，和它具有的特点是分不开的，以下是云计算的几个特点。

1．采用虚拟化技术

虚拟化技术是云计算的核心技术，主要用于物理资源的虚拟化。这里的物理资源包括服务器、网络和存储等。虚拟化的最大优势之一是可以通过提高利用率来显著降低资本支出。例如，通过 Windows 任务管理器查看自己计算机的 CPU 利用率，可以看到在普通使用场景下，CPU 的利用率大多没有达到 10%，这就意味着剩下的约 90% 的运算能力被浪费掉了。因此，如果将一个真实的 CPU 虚拟化成 10 个 CPU，理论上可以提高工作性能至原来的 10 倍。故而，采用虚拟化技术能够更好地发挥出物理机的性能，从而能更高效地使用服务器。

2．超大规模

云计算运营商拥有超大规模基础设施来对外提供云服务。对于一个云来说，其理论上可以拥有无限规模的物理资源。根据阿里云官方数据，2020 年阿里云在全球部署的服务器总数接近 200 万台，如果把这些服务器堆叠起来，则其整体高度会超过 20 座珠穆朗玛峰。超大规模的一个很大优势就是让单机购买和管理成本降低。

3．动态可扩展

云可以在不停机状态下通过增加硬件资源扩展其计算能力。也就是说，添加、删除、修改云计算环境中的任一资源节点，抑或任一资源节点发生了异常宕机，都不会导致云环境中各类业务的中断，也不会导致用户数据的丢失。

4．按需分配、按量计费

用户可以按照自己的需求向云申请虚拟资源。云计算平台通过虚拟分拆技术，提供小到一台虚拟计算机，多到上千台虚拟计算机的计算服务。实现按需分配后，按量计费也成为云计算平台向外提供服务时的有效收费形式，也就是类似于水、电收费模式，使用多少计算服务收取多少费用，不使用就不收费。

5．灵活性高

云可以应对灵活的资源变化，如任意撤掉一台计算机，其中的信息和活动会自动转移到其他地方；任意增加一台计算机，其资源会自动添加到资源池中。对于这些增减，用户根本意识不到。

6．具有高可靠性

云一般会采用数据多副本容错、计算节点同构可互换等措施来保障服务的高可靠性。基于云服务的应用可以持续对外提供服务（365 天×24 小时）。也就是说，在云上，即使某服务器发生故障，一般也不会影响计算与应用的正常运行。

7．支持弹性伸缩

用户可以自行定义规则，让自己租用的云上资源根据规则动态变化，以满足实际业务变化的需求。例如，一个部署在云上的在线商城平时一台服务器就可以支撑其业务流量，但是在"双十一"这样的"购物节"来临的时候，可以动态地向云租用更多的服务器来扩展服务能力；当"购物节"结束导致需求下滑后，又可以根据规则及时释放部分资源以节约成本。

由于云具有以上特点，用户不再需要为应用单独购置服务器，也就不需要为相应服务器付出管理成本。用户用低廉的租用成本就可以使用到可以随时扩容的并由专业人员维护以保证安全的计算服务，因此使用云的性价比非常高。故而，如图 1-2 所示，云计算已经成为现代信息技术发展的基础，当前绝大部分网络应用均离不开云的支持。云计算技术已经应用到社会的各个方面，如"云存储""云办公""云医疗""云电视""云音乐"等，我们已经身处"云时代"。

图 1-2　云计算的应用

1.2.3　云计算的分类

按照服务对象的不同和提供服务的类型不同，云计算一般有两种分类方式。

1. 按服务对象分类

云计算按照服务对象可以分为公有云、私有云、混合云，如图 1-3 所示。

（1）公有云（Public Cloud）

我们可以把公有云看作一个饭店，它为每一个进入饭店的用户服务。公有云一般可通过互联网使用，可在整个开放的公有网络中向所有人提供服务。国内主要的公有云服务商有阿里云、腾讯云、华为云、天翼云、移动云等。

图 1-3　公有云、私有云、混合云

（2）私有云（Private Cloud）

我们可以把私有云看作一个企业的内部食堂，它只为该企业内部的用户服务。私有云是为一个用户（如一个企业）单独使用而构建的，该用户拥有该云的全部资源并自行管理与运维，一般用于银行、医院、学校、政府等对数据安全和共享都有较高需求的单位。

（3）混合云（Hybrid Cloud）

混合云是公有云和私有云两种服务方式的结合。如我们既想享受食堂的独有服务，又想享用大饭店的特色菜肴，显然，同时使用大饭店和食堂是一种解决方案。同理，由于安全问题，并非所有的企业信息都能放置在公有云上，因此很多企业会使用混合云模式：将敏感、私密数据放置在本地私有云上，将对外服务放置在公有云上。

2. 按服务类型分类

云计算按照提供的服务类型可以分为 3 类，即基础设施即服务、平台即服务和软件即服务。它们各自处于不同层级，底层为上层提供支持，如图 1-4 所示。

（1）基础设施即服务（Infrastructure as a Service，IaaS）

基础设施即服务是云计算的主要服务类型之一，即在"云端"根据需要虚拟化出诸如计算机、存储、网络等设备为用户提供基础硬件服务。例如，一个用户在云端租用了一台计算机（云主机），其可以像操作本地计算机一样操作该云主机，如亲自安装操作系统、安装应用软件、部署自己的网络服务等。因此，如果要在网络中租用一台完整计算机，则应使用 IaaS 云计算平台。

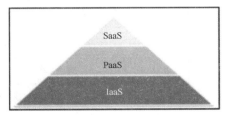

图 1-4　云计算服务类型

（2）平台即服务（Platform as a Service，PaaS）

平台即服务在云端为用户提供开发平台和测试环境。使用这类服务的用户一般是软件开发人员。PaaS 云计算平台提供了一些成熟的软件构件，可以嵌入用户开发的产品中。例如，云地图、微信小程序等都是由 PaaS 云计算平台提供的服务。用户可以使用简单的几行代码将 PaaS 云计算平台提供的服务嵌入自己的软件，以实现复杂功能。假如某人正在开发的一款网络软件需要实现地图功能，则其可以寻求提供地图服务的 PaaS 云计算平台的帮助。

（3）软件即服务（Software as a Service，SaaS）

软件即服务通过互联网画面向最终用户，提供按需付费使用的应用程序。例如，钉钉、微软公司的 Office Online、金山文档、腾讯会议等都属于 SaaS 云计算平台提供的网络应用软件，它们不用安装即可在云上直接使用。假如用户不想下载安装软件，而想直接使用网络应用软件，则使用 SaaS 云计算平台是没错的。

1.2.4　OpenStack 的基本概念

目前，能提供 IaaS 云计算平台服务的软件有很多款，每一款都有自己的特色，其中 OpenStack 是一款具有很大市场影响力的开源免费应用，许多公司的云计算产品均是在它的基础上二次开发而来的。

OpenStack 是一个提供 IaaS 云计算服务的开源云计算管理平台项目，图 1-5 所示为 OpenStack 的商标。它由美国国家航空航天局（National Aeronautics and Space Administration，NASA）和全球三大云计算中心之一的 Rackspace 在 2010 年合作研发，是当今最具影响力的云计算管理平台之一。它可以通过命令或者基于 Web 的可视化控制面板来管理云端的资源池（服务器、存储和网络等）。通过它可以很轻松地构建和管理一个 IaaS 云计算平台，该云计算平台可以用做私有云又可以用做公有云。

图 1-5　OpenStack 的商标

目前 OpenStack 或其演变版本正被广泛应用在各行各业中，其用户包括思科、华为、英特尔、IBM、希捷等企业。图 1-6 所示为 OpenStack 与操作系统的关系，可见，OpenStack 是一种搭建在操作系统之上的由第三方虚拟化应用支持的云计算平台，它可以在标准硬件的基础上创建和管理多个云主机。这些云主机和一般计算机一样，可以在其上安装操作系统和用户应用。它拥有 3 个主要模块，分别是计算模块、存储模块和网络模块。其中，计算模块负责创建和管理云主机，存储模块为云主机提供存储空间，网络模块将云主机之间及外部网络连接起来形成网络。

图 1-6　OpenStack 与操作系统的关系

V1-2　一个优秀的 IaaS 云计算平台 ——OpenStack

1.2.5　OpenStack 的组件

OpenStack 结构如图 1-7 所示，主要包括认证组件（Keystone）、镜像组件（Glance）、计算组件（Nova）、网络组件（Neutron）、对象存储（Swift）、块存储组件（Cinder）这 6 个核心项目，1 个仪表盘组件（Dashboard）及几十个正式项目和大量孵化项目。

搭建一个基础的 OpenStack 云计算平台，安装认证组件、镜像组件、计算组件、网络组件即可，以下是对这 4 个基础组件及 OpenStack 提供的仪表盘组件的简介。

图 1-7　OpenStack 结构

1. 认证组件

认证组件项目名为 Keystone，为其他 OpenStack 组件（如 Glance、Nova 等）提供认证和授权服务。由于整个 OpenStack 是由众多组件组成的一个系统，这些独立的组件是否允许接入系统或者允许使用其他组件的服务，需要一个统一进行认证的组件，Keystone 就是这个"认证机构"。

2. 镜像组件

镜像组件项目名为 Glance，用于管理云主机的磁盘镜像和快照，负责镜像和快照的创建及删除等。我们可以把镜像看作云主机上一个已经安装好操作系统和应用软件的磁盘。镜像可以在极短的时间内克隆出多个相同内容的镜像，为不同的云主机服务。

3. 计算组件

计算组件项目名为 Nova，用于在 OpenStack 云计算平台中对云主机（也称实例）进行管理，负责云主机生成、调度、回收等。

4. 网络组件

网络组件项目名为 Neutron，曾用名为 Quantum。Neutron 是 OpenStack 中提供网络服务的核心组件，由它来管理云主机之间和云主机与外网通信的网络。

5. 仪表盘组件

仪表盘组件项目名为 Horizon，主要提供一个名为 Dashboard 的 Web 服务，实现对云计算平台的可视化管理。图 1-8 所示为 Dashboard 的管理界面。

图 1-8　Dashboard 的管理界面

1.2.6　OpenStack 的版本

OpenStack 的版本更新非常快，几乎每隔半年就发布一个新版本。本书采用 OpenStack 的第 20 个版本"Train"，不同版本在安装和运维上存在着一些细微的区别，请读者选用时注意。与其他软件的版本号采用数字编码不同，OpenStack 采用英文单词来描述不同的版本，按照单词首字母的排列顺序就可以知道版本的新旧。例如，版本"Train"比之前的"Stein"版本要新，其发布时间可以参考 OpenStack 的官方网站，如图 1-9 所示。

Series	Status	Initial Release Date	Next Phase	EOL Date
Xena	Development	2021-10-06 *estimated* (schedule)	Development *estimated* 2021-04-14	
Wallaby	Maintained	2021-04-14	Extended Maintenance *estimated 2022-10-14*	
Victoria	Maintained	2020-10-14	Extended Maintenance *estimated 2022-04-18*	
Ussuri	Maintained	2020-05-13	Extended Maintenance *estimated 2021-11-12*	
Train	Extended Maintenance (see note below)	2019-10-16	Unmaintained *TBD*	
Stein	Extended Maintenance (see note below)	2019-04-10	Unmaintained *TBD*	
Rocky	Extended Maintenance (see note below)	2018-08-30	Unmaintained *TBD*	
Queens	Extended Maintenance (see note below)	2018-02-28	Unmaintained *TBD*	
Pike	Extended Maintenance (see note below)	2017-08-30	Unmaintained *TBD*	
Ocata	Extended Maintenance (see note below)	2017-02-22	Unmaintained *estimated 2020-06-04*	
Newton	End Of Life	2016-10-06		2017-10-25

图 1-9　OpenStack 各个版本的发布时间

从图 1-9 中可以看到 Train 版本已于 2019 年 10 月 16 日发布。其中，N（Newton）版本及以前的版本官方已经不再维护了（End Of Life）；O 版本到 T 版本还属于延续维护（Extended Maintenance）状态；而 U 版本及更新的版本属于正常保持维护（Maintained）状态。需要说明的是，OpenStack T 版本是支持 CentOS 7 的最后一个版本，由于目前 CentOS 7 的用户基础远远大于 CentOS 8，因此本书选择 T 版本进行介绍。

1.3 项目实施

云计算已经深入我们的生活，在不知不觉中我们已经在使用云计算提供的服务了。本项目将通过调研身边的云计算使用情况去获知云计算如何影响现代人的生活，并从互联网中获得目前主流云计算平台的相关信息。

（1）调研自己使用了哪些云计算服务，这些服务属于 IaaS、PaaS、SaaS 中哪种类型的云服务？将调查结果填入表 1-1。

表 1-1 身边的云计算服务调查

应用名称	分类		
	IaaS	PaaS	SaaS
例如：百度网盘	√		

（2）VMware vSphere 与 OpenStack 是当今私有云市场占有率最高的两款云计算平台，请通过百度搜索相关信息，填写表 1-2，分析两者的优缺点，并决定使用哪一款产品来搭建自己的私有云。

表 1-2 VMware vSphere 与 OpenStack 比较

特点	VMware vSphere	OpenStack
例如：开源	×	√

1.4 项目小结

数据存储高速增长的需求催生了云计算，它是一种将数据中心化整为零，从而为用户提供 IT 资源租用服务的技术。云计算的概念是由谷歌公司最早提出的，亚马逊公司最先应用了该技术。云计算的高可靠性、按需分配、按量计费、支持弹性扩展等优点使它发展迅速，已成为引领信息产业创新的关键战略性技术和手段。云计算根据服务对象可以分为公有云、私有云、混合云，根据其提供的服务类型又可以分为基础设施即服务、平台即服务、软件即服务。如同 20 世纪 90 年代给人类社会带来巨大变化的互联网一样，云计算技术正在给我们的世界带来一场革命性的改变，了解与能够使用云计算已经成为 IT 从业者的基础能力要求。

OpenStack 是一个 IaaS 类型的云计算管理平台，它可以提供云主机的创建、运行、删除等全生命周期的管理。它由若干个不同功能的组件构成，其核心组件包括管理权限的组件——Keystone、管理云主机的组件——Nova、管理操作系统镜像的组件——Glance、管理网络的组件——Neutron。它还提供了一个可视化的管理组件——Dashboard。

1.5 项目练习题

1. 选择题

（1）（ ）的发展促进了云计算的产生和发展。

    A. 物联网　　　　　　B. 大数据　　　　　　C. 人工智能　　　　　　D. 互联网

（2）云计算的概念是（ ）公司最先提出来的。

    A. 微软　　　　　　B. IBM　　　　　　C. 亚马逊　　　　　　D. 谷歌

（3）最先应用云计算技术的是（ ）。

    A. 微软　　　　　　B. IBM　　　　　　C. 亚马逊　　　　　　D. 谷歌

（4）目前亚太地区最大的云服务商是（ ）。

    A. 阿里云　　　　　　B. 腾讯云　　　　　　C. 华为云　　　　　　D. 亚马逊云

（5）云计算是一种按（ ）付费使用的模式。

    A. 收入　　　　　　B. 购买力　　　　　　C. 使用量　　　　　　D. 地区

（6）（ ）技术是云计算的核心技术，主要用于物理资源的虚拟化。

    A. 并行计算　　　　　　B. 网格计算　　　　　　C. 现代通信　　　　　　D. 虚拟化

（7）对于一个云来说，理论上其可以拥有（ ）规模的物理资源。

    A. 有限　　　　　　　　　　　　　　　B. 无限

    C. 不超过 100 万台物理机　　　　　　D. 不确定

（8）（ ）不是云计算的特点之一。

    A. 费用高　　　　　　　　　　　　　　B. 超大规模

    C. 支持弹性伸缩　　　　　　　　　　　D. 按需分配、按量计费

（9）如果只想为企业内部人员提供云服务以保证数据安全，则可以选用（ ）。

    A. 私有云　　　　　　B. 公有云　　　　　　C. 混合云　　　　　　D. 任意云

（10）如果想面向全体上网用户提供云服务，则可以选用（ ）。

    A. 私有云　　　　　　B. 公有云　　　　　　C. 混合云　　　　　　D. 任意云

（11）如果既想面向全体上网用户提供服务，又要保证数据安全，则可以选用（ ）。

    A. 私有云　　　　　　B. 公有云　　　　　　C. 混合云　　　　　　D. 任意云

（12）如果要在线租用一台完整的计算机，则可以向（ ）云计算平台申请。

    A. IaaS　　　　　　B. PaaS　　　　　　C. SaaS　　　　　　D. NaaS

（13）如果要在自己开发的应用中嵌入在线地图，则可以向提供云地图的（ ）云计算平台申请。

    A. IaaS　　　　　　B. PaaS　　　　　　C. SaaS　　　　　　D. NaaS

（14）如果要直接使用在线文档编辑软件来完成具体工作，则可以向提供应用的（ ）云计算平台申请。

    A. IaaS　　　　　　B. PaaS　　　　　　C. SaaS　　　　　　D. NaaS

（15）OpenStack 提供的是（ ）类型的云服务。

    A. IaaS　　　　　　B. PaaS　　　　　　C. SaaS　　　　　　D. NaaS

（16）OpenStack 是（ ）。

    A. 开源免费的　　　　　　B. 开源收费的　　　　　　C. 闭源免费的　　　　　　D. 闭源收费的

（17）OpenStack 由多个组件构成，其中负责认证的是（ ）。

    A. Glance　　　　　　B. Keystone　　　　　　C. Nova　　　　　　D. Neutron

（18）OpenStack 由多个组件构成，其中负责生成云主机的计算组件是（　　）。

    A. Glance   B. Keystone   C. Nova   D. Neutron

（19）OpenStack 由多个组件构成，其中负责管理虚拟网络的组件是（　　）。

    A. Glance   B. Keystone   C. Nova   D. Neutron

（20）OpenStack 由多个组件构成，其中负责管理系统镜像的组件是（　　）。

    A. Glance   B. Keystone   C. Nova   D. Neutron

（21）OpenStack 的版本是按照首字母的先后顺序依次进行命名的，以下版本中（　　）最新。

    A. Xena   B. Train   C. Rocky   D. Stein

2. 填空题

（1）云计算的类型按照服务对象不同可以分为_____、_____和_____。

（2）云计算的类型按照提供服务的不同可以分为_____、_____和_____。

（3）OpenStack 主要包括_____、_____、_____和_____核心组件。

（4）OpenStack 中负责快照管理的是_____组件。

（5）OpenStack 中组件之间相互通信必须先经过_____组件进行认证。

（6）OpenStack 中提供了一个图形可视化操作系统的组件，它的项目名为_____，其主要提供了一个名为_____的 Web 服务。

3. 简答题

（1）请简述云计算的定义。

（2）请简述云计算的特点。

（3）请简述 IaaS、PaaS、SaaS 云计算平台的区别。

（4）请简述 OpenStack 中的核心组件 Keystone、Nova、Glance、Neutron 的功能。

项目2
CentOS Linux操作系统
安装

02

学习目标

【知识目标】

（1）了解虚拟机的作用。

（2）了解虚拟机网络配置的几种方式。

（3）了解Linux和CentOS Linux的起源与关系。

【技能目标】

（1）能够用VMware Workstation虚拟机软件创建虚拟机。

（2）能够用VMware Workstation虚拟机软件配置虚拟网络。

（3）学会安装CentOS Linux操作系统。

引例描述

　　通过上一个项目的调研，小王决定采用OpenStack来搭建IaaS云计算管理平台。由于OpenStack需要Linux操作系统支持，小王首先需要给物理机安装一款Linux操作系统。在各种版本的Linux操作系统中，CentOS Linux不仅免费还为OpenStack提供了官方支持，因此他选择安装该操作系统。

2.1 项目陈述

　　作为一款提供云服务的软件平台，OpenStack 通常需要多台服务器甚至是服务器集群来做硬件支撑，而小王只有一台高配置计算机，所以决定采用虚拟机软件将一台计算机虚拟成多台计算机来安装 CentOS Linux 操作系统。本项目将配置虚拟机并给虚拟机安装 CentOS Linux 操作系统。

2.2 必备知识

2.2.1 虚拟机软件

　　虚拟机（Virtual Machine）指通过软件模拟的具有完整硬件系统功能的、运行在一个完全隔离环境中的完整计算机系统。在实体计算机中能够完成的工作，在虚拟机中都能够完成。一台实体计算机可以虚拟出若干台虚拟机，每台虚拟机都有独立的 CPU、内存、硬盘和操作系统，可以像使用实体计算机一样对虚拟机进行操作。通过这些虚拟机即可在一台计算机上同时运行更多的 Microsoft

Windows、Linux、macOS 甚至 DOS 操作系统。

常见的用于桌面计算机的虚拟机软件有 VirtualBox、VMware Workstation、Microsoft Windows Virtual PC 等。VirtualBox 是由著名的开源软件推动者——太阳计算机系统（Sun Microsystems）公司推出的一款使用非常广泛的、免费且开源的虚拟机软件，目前属于甲骨文（Oracle）公司旗下。VMware Workstation 是由全球著名云计算基础架构解决方案提供商威睿（Virtual Machine ware，VMware）公司出品的一款虚拟化产品。Microsoft Windows Virtual PC 是由微软公司出品的虚拟化产品。其中，VMware Workstation 是目前实现虚拟化程度最高、应用最广泛的虚拟化产品，其主界面如图 2-1 所示。

图 2-1　VMware Workstation 主界面

2.2.2　虚拟网络基础

虚拟机必须通过虚拟网络才能和宿主机进行通信，如图 2-2 所示。如何实现这样的通信呢？

图 2-2　虚拟机和宿主机的通信

V2-1　OpenStack 双节点云计算平台硬件准备

VMware Workstation 提供了 3 种网络模式来实现虚拟机和宿主机之间的通信，它们分别是桥接模式、NAT 模式和仅主机模式。打开 VMware Workstation，选择其顶部菜单栏中的【编辑】→【虚拟网络编辑器】选项，弹出的【虚拟网络编辑器】对话框中的名称 VMnet0、VMnet1、VMnet8 分别对应于桥接模式、仅主机模式、NAT 模式这 3 种 VMware Workstation 支持的网络模式，如图 2-3 所示。

图 2-3　VMware Workstation 支持的网络模式

在宿主机上，VMware Workstation 会自动生成"VMware Network Adapter VMnet1"和"VMware Network Adapter VMnet8"两块虚拟网卡，如图 2-4 所示，它们分别服务于仅主机模式和 NAT 模式，负责宿主机与虚拟机的通信。

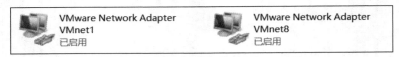

图 2-4　宿主机上的虚拟网卡

1. 桥接模式

在这种模式下，由 VMware Workstation 提供一台名为 VMnet0 的虚拟交换机，宿主机的物理网卡与虚拟机的虚拟网卡利用该虚拟交换机进行通信。在该模式下，宿主机网卡与虚拟机网卡必须位于同一网段中，虚拟机可利用宿主机的物理网络访问互联网。如图 2-5 所示，宿主机的物理网卡和虚拟机的虚拟网卡都在 192.168.0.0/24 网段，因此它们可以直接进行通信。桥接模式的优势是虚拟机直接和物理网络通信，传输效率高。但其缺点也很明显，虚拟机要占用局域网 IP 地址资源。

图 2-5　桥接模式示意

2. NAT 模式

网络地址转换（Network Address Translation，NAT）的功能是将不同网段的数据通过 NAT 设备转发到另一个网段中以实现不同网段相互通信的目的。在 NAT 模式下，VMware Workstation 除了提供名为 VMnet8 的虚拟交换机外，还生成了一个虚拟路由器作为 NAT 设备用于连接虚拟机和宿主机所在的两个不同的网段。虚拟机的虚拟网卡不再像桥接模式那样必须和宿主机的物理网卡处于同一个网段，这样能够节约宝贵的局域网 IP 地址资源。如图 2-6 所示，宿主机的物理网卡属于 192.168.0.0/24 网段，而虚拟机的虚拟网卡属于 10.0.0.0/24 网段，它们是两个不同的网段，两个网段通过一个虚拟路由器进行通信。在这种模式下，虚拟机和桥接模式一样可以通过宿主机的物理网络访问互联网。

图 2-6　NAT 模式示意

3. 仅主机模式

仅主机模式和 NAT 模式有一些类似，只是缺少了 NAT 设备，因此虚拟机只能通过 VMnet1 虚拟交换机与宿主机的虚拟网卡"VMware Network Adapter VMnet1"进行通信。如图 2-7 所示，该宿主机的虚拟网卡和虚拟机的虚拟网卡必须处于同一个网段。在该模式下，虚拟机无法通过宿主机的物理网络访问互联网。

图 2-7　仅主机模式示意

2.2.3　CentOS 简介

操作系统（Operating System，OS）是管理计算机硬件与软件资源的计算机程序，是人与计算机之间的"中介"，通过操作系统人们能更容易地操作计算机。目前，常见的操作系统有微软公司的 Windows、苹果公司的 macOS、贝尔实验室的 UNIX、开源的 Linux 等。其中，Linux 操作系统是基于 UNIX 操作系统的一款非常优秀、免费使用和自由传播的操作系统，它支持的硬件平台有很多，如手机、平板计算机、路由器、台式计算机、大型机和超级计算机等。

Linux 的内核诞生于 1991 年，最先是基于 UNIX 开发的，其后许多个人、组织和企业基于 Linux 内核又开发了多种 Linux 的发行版。目前，市面上较知名的发行版有：Ubuntu、RedHat、CentOS、Debian、Fedora、SUSE、深度 Linux（Deepin）、银河麒麟 Linux、中标麒麟 Linux 等。

社区企业操作系统（Community Enterprise Operating System，CentOS）是 Linux 的发行版之一，它由 RedHat 公司发行的 Linux 企业版（RedHat Enterprise Linux）依照开放源代码规定释出的源代码编译而成。CentOS 是一款完全开源及免费的操作系统，同样是一款兼顾稳定与可靠的操作系统，因此目前很多服务器采用 CentOS 来替代商业版的 RedHat Linux。基于不同的 Linux 内核，在 CentOS 官网上存在 6、7、8 这 3 个系列以供下载，其中 CentOS 7 的使用范围最广泛。本书采用 CentOS 7 系列中的 7.9.2009 版本，作为承载 OpenStack 云计算平台的操作系统。

2.3 项目实施

2.3.1 创建与配置 VMware 虚拟机

V2-2 VMware Workstation 的 下载和安装

以下操作在已安装好虚拟机软件 VMware Workstation 16 的计算机（宿主机）上进行，宿主机内存要求大于 8GB、硬盘可用空间大于 200GB，安装有 Windows 64 位操作系统。

> **注意**
> 在开始以下操作前，需要在宿主机（即物理机）的 BIOS 中开启 CPU 虚拟化支持。

1. 创建虚拟机

（1）弹出【新建虚拟机向导】对话框

打开 VMware Workstation 以后，在主界面中选择其顶部菜单栏中的【文件】→【新建虚拟机】选项，弹出【新建虚拟机向导】对话框，如图 2-8 所示。

图 2-8 【新建虚拟机向导】对话框

选中【自定义（高级）】单选按钮，单击【下一步】按钮。

（2）选择虚拟机硬件兼容性

在图 2-9 所示的【硬件兼容性】下拉列表中选择虚拟机的硬件兼容性，在【限制】列表框中可以看到虚拟的硬件规格限制（创建的虚拟机硬件规格不能超过这个限制）。

图 2-9　选择虚拟机硬件兼容性

在这里保持硬件兼容性为默认设置【Workstation 16.2.x】，单击【下一步】按钮，进入【安装客户机操作系统】界面。

（3）安装客户机操作系统

在图 2-10 所示的【安装客户机操作系统】界面中选择如何安装客户机（虚拟机）的操作系统。

图 2-10　【安装客户机操作系统】界面

在【安装来源】选项组中选中【稍后安装操作系统】单选按钮，单击【下一步】按钮，进入【选择客户机操作系统】界面。

（4）选择客户机操作系统

在图 2-11 所示的【选择客户机操作系统】界面中可以选择要创建的虚拟机准备安装的操作系统。

在【客户机操作系统】选项组中选中【Linux】单选按钮，并在【版本】下拉列表中选择版本为【CentOS 7 64 位】，单击【下一步】按钮，进入【命名虚拟机】界面。

图 2-11 【选择客户机操作系统】界面

（5）命名虚拟机

在图 2-12 所示的【命名虚拟机】界面中可以对要创建的虚拟机进行命名，并设置虚拟机文件在宿主机磁盘中存放的位置。

在【虚拟机名称】文本框中输入该虚拟机的名称，在【位置】文本框中输入或者通过【浏览】按钮设置该虚拟机文件将要存放的位置。设置好后单击【下一步】按钮，进入【处理器配置】界面。

（6）处理器配置

在图 2-13 所示的【处理器配置】界面中可以设置虚拟机将占用宿主机的几个处理器并设置处理器内核数量。

图 2-12 【命名虚拟机】界面

图 2-13 【处理器配置】界面

根据宿主机的配置，在【处理器数量】和【每个处理器的内核数量】下拉列表中选择适当的虚拟机处理器数量及每个处理器的内核数量（不要超过宿主机配置），选择好后单击【下一步】按钮，进入【此虚拟机的内存】界面。

（7）此虚拟机的内存

在图 2-14 所示的【此虚拟机的内存】界面中可以将宿主机的物理内存划分出部分空间给虚拟机使用，当虚拟机开机后将占用此部分内存。

通过拖动该界面左侧的数值滑杆设置虚拟机的内存，或者直接在【此虚拟机的内存】文本框中输入虚拟机的内存，建议设置为 4GB 及以上，设置好后单击【下一步】按钮，进入【网络类型】界面。

（8）网络类型

在图 2-15 所示的【网络类型】界面中可以设置虚拟机如何与宿主机进行通信。这里可选用的网络连接对应于 3 种模式：桥接模式、NAT 模式、仅主机模式。其中，仅主机模式只能实现虚拟机与宿主机之间的通信，无法让虚拟机连通互联网。

图 2-14 【此虚拟机的内存】界面　　　　　图 2-15 【网络类型】界面

在【网络连接】选项组中选中【使用仅主机模式网络】单选按钮，单击【下一步】按钮，进入【选择 I/O 控制器类型】界面。

（9）选择 I/O 控制器类型

在图 2-16 所示的【选择 I/O 控制器类型】界面中可以选择虚拟机硬盘控制器的类型。

在【SCSI 控制器】选项组中保持默认选中【LSI Logic（推荐）】单选按钮，单击【下一步】按钮，进入【选择磁盘类型】界面。

（10）选择磁盘类型

在图 2-17 所示的【选择磁盘类型】界面中选择虚拟磁盘的类型。

图 2-16 【选择 I/O 控制器类型】界面　　　　图 2-17 【选择磁盘类型】界面

在【虚拟磁盘类型】选项组中保持默认选中【SCSI（推荐）】单选按钮，单击【下一步】按钮，进入【选择磁盘】界面。

（11）选择磁盘

在图 2-18 所示的【选择磁盘】界面中设置虚拟机磁盘的来源。可以选中【创建新虚拟磁盘】（生成虚拟磁盘文件）或者【使用现有虚拟磁盘】单选按钮，也可以直接使用物理磁盘或者单个分区来作为宿主机的硬盘。这里选择重新创建一个全新的虚拟磁盘。

在【磁盘】选项组中选中【创建新虚拟磁盘】单选按钮，单击【下一步】按钮，进入【指定磁盘容量】界面。

（12）指定磁盘容量

在图 2-19 所示的【指定磁盘容量】界面中可以指定虚拟机磁盘的最大容量。

图 2-18 【选择磁盘】界面

图 2-19 【指定磁盘容量】界面

在【最大磁盘大小】文本框中设置磁盘大小，单位为 GB，建议设置为 100GB 以上，不要选中【立即分配所有磁盘空间】复选框，这样可以让磁盘文件根据使用情况逐渐增长以节约宿主机的磁盘空间。选中【将虚拟磁盘存储为单个文件】或者【将虚拟磁盘拆分成多个文件】单选按钮皆可。所有设置完成后单击【下一步】按钮，进入【指定磁盘文件】界面。

（13）指定磁盘文件

在前面的所有设置结束以后，可以开始图 2-20 所示的设定磁盘文件名的操作。

图 2-20 设定磁盘文件名

在【磁盘文件】文本框中为要创建的磁盘文件命名，保持文件的扩展名为".vmdk"。完成以后将在设置的虚拟机目录下创建磁盘文件，该文件保存的是该虚拟机的硬盘数据。设置好以后单击【下一步】按钮，进入【已准备好创建虚拟机】界面。

（14）已准备好创建虚拟机

前面的所有操作完成后，进入图 2-21 所示的【已准备好创建虚拟机】界面，可以查看前面设置的虚拟机的信息。

图 2-21 【已准备好创建虚拟机】界面

V2-3 用 VMware Workstation 创建虚拟机

当确定配置信息无误后单击【完成】按钮，虚拟机即可创建成功。

2. 给虚拟机设置网络

完成前面的任务后，宿主机中已经创建了一台虚拟机，接下来需要给这台虚拟机设置网络，使它能够和宿主机通信，也能够连通互联网。按照表 2-1 进行网络设置。

表 2-1 网络设置

网络模式	作用	网卡	网段设置
仅主机模式	内网通信	虚拟机网卡	192.168.10.0/24
		宿主机网卡	
NAT 模式	外网通信	虚拟机网卡	192.168.20.0/24
		宿主机网卡	

（1）添加第二块网卡

现在拥有的这一台虚拟机只有一块仅主机模式的虚拟网卡，它可以用于内网通信，完成虚拟机与虚拟机、虚拟机与宿主机之间的通信任务，还需要为虚拟机增加一块 NAT 模式的网卡，负责虚拟机和外网之间的通信。

如图 2-22 所示，在 VMware Workstation 主界面中选择该虚拟机后单击【编辑虚拟机设置】超链接，弹出图 2-23 所示的【虚拟机设置】对话框，即可进行虚拟机设置。

在图 2-23 中可以看到，现在虚拟机中已经存在一块仅主机模式的网络适配器（网卡），而仅主机模式的虚拟机是无法接入互联网的，因此需要再添加一块网卡，将该网卡加入 NAT 模式网络，使虚拟机能够通过该网卡连接宿主机的物理网络以连接外网。

图 2-22　虚拟机管理　　　　　　　　　　　　　　图 2-23　【虚拟机设置】对话框

在图 2-23 所示对话框中单击【添加】按钮，弹出【添加硬件向导】对话框，如图 2-24 所示。

在图 2-24 所示对话框中选择【网络适配器】选项，单击【完成】按钮，弹出【虚拟机设置】对话框，设置新增的【网络适配器 2】网卡的网络模式为【NAT】，如图 2-25 所示，单击【确定】按钮。至此，已经得到了一台具有双网卡的虚拟机。接下来配置仅主机模式和 NAT 模式的双网卡网络，使虚拟机能与宿主机进行通信并能够通过宿主机连接外网。

图 2-24　【添加硬件向导】对话框　　　　　　　　图 2-25　设置新增网卡的网络模式

（2）弹出【虚拟网络编辑器】对话框

选择界面顶部菜单栏中的【编辑】→【虚拟网络编辑器】选项，弹出【虚拟网络编辑器】对话框，如图 2-26 所示。

图 2-26 【虚拟网络编辑器】对话框

单击【更改设置】按钮，确认运维人员权限后，使各个网络模式处于可编辑状态，成功后的界面如图 2-27 所示。

图 2-27 仅主机模式网络配置成功后的界面

（3）编辑虚拟网络——仅主机模式设置

接下来设置虚拟机第一块网卡所在的仅主机模式网络。

在图 2-27 所示的【虚拟网络编辑器】对话框中选择网络【VMnet1】（类型为仅主机模式），在【子网 IP】文本框中输入"192.16810.0"，在【子网掩码】文本框中输入"255.255.255.0"。单击【DHCP 设置】按钮，弹出【DHCP 设置】对话框，进行仅主机模式网络的 DHCP 设置，如图 2-28 所示。

图 2-28 仅主机模式网络的 DHCP 设置

在图 2-28 所示的对话框中输入相应的【起始 IP 地址】与【结束 IP 地址】，需要保证输入的 IP 地址在"192.168.10.0/24"网段以内，单击【确定】按钮，完成仅主机模式网络的配置。此时，通过查看宿主机网卡配置可以得知"VMware Network Adapter VMnet1"虚拟网卡的 IP 地址已自动更改为"192.168.10.1"。

（4）编辑虚拟网络——NAT 模式设置

接下来配置 NAT 模式网络，使虚拟机能够通过 NAT 设备和宿主机的物理网络连接而与外网通信。NAT 模式的关键是 NAT 设备，NAT 设备可以理解为一个虚拟路由器，该路由器连接虚拟机网络和宿主机的物理网络两个不同的网段。

在【虚拟网络编辑器】对话框中，选择网络【VMnet8】（类型为 NAT 模式），如图 2-29 所示。

图 2-29 NAT 模式网络设置

在图 2-29 所示的【子网 IP】文本框中输入"192.168.20.0"，在【子网掩码】文本框中输入"255.255.255.0"，单击【NAT 设置】按钮，弹出【NAT 设置】对话框，如图 2-30 所示。

在图 2-30 所示的【网关 IP】文本框中输入"192.168.20.2"，这样所有虚拟机将通过该网关经由宿主机的物理网络连接互联网。单击【DNS 设置】按钮，弹出图 2-31 所示的【域名服务器（DNS）】对话框，设置 DNS 服务器，这样可以使用域名访问外网。

图 2-30 【NAT 设置】对话框

> **注意** 网关不能设置为该网段的起始 IP 地址"192.168.20.1"，因为该 IP 地址已经默认绑定在宿主机中名为"VMware Network Adapter VMnet8"的虚拟网卡上了。

在图 2-31 所示的【域名服务器（DNS）】对话框中配置 DNS 服务器。这里填写【首选 DNS 服务器】为容易记忆的中国电信公众 DNS 服务器"114.114.114.114"，【备用 DNS 服务器 1】为谷歌公司提供的全球 DNS 服务器"8.8.8.8"，其余保持默认即可，单击【确定】按钮，关闭该对话框。再单击图 2-29 所示的【虚拟网络编辑器】对话框中的【DHCP 设置】按钮，弹出图 2-32 所示的【DHCP 设置】对话框，开始配置 DHCP 服务。

图 2-31 【域名服务器（DNS）】对话框　　　　图 2-32 【DHCP 设置】对话框

在图 2-32 所示对话框中填写相应的【起始 IP 地址】与【结束 IP 地址】，填写在"192.168.20.0/24"网段以内的 IP 地址，单击【确定】按钮，完成 NAT 模式网络的配置。这样就完成了虚拟机的网络配置工作。

3. 开启处理器虚拟化引擎

由于以后将在 VMware Workstation 虚拟出的虚拟机中进一步安装 OpenStack 云计算平台来进行新的虚拟化操作（如创建新的虚拟机），因此需要给该虚拟机开启处理器虚拟化引擎，使虚拟机能够获得宿主机的物理硬件的虚拟化能力，从而提高在虚拟机中再次虚拟化（即嵌套虚拟化）的能力。

在虚拟机控制台左侧菜单中选择要管理的虚拟机，如图 2-33 所示。在保持虚拟机关机的情况下，选择【处理器】选项，弹出图 2-34 所示的【虚拟机设置】对话框，进行虚拟机处理器设置。

图 2-33　虚拟机控制台

如图 2-34 所示，将右边【虚拟化引擎】选项组中的所有复选框都选中（至少保证第 1 项和第 3 项选中），单击【确定】按钮，完成虚拟化引擎的设置。现在已经完成了虚拟机的创建工作，但此时它只是一台还没有安装操作系统的裸主机。接下来的任务就是给这台裸主机安装操作系统。

图 2-34　【虚拟机设置】对话框

2.3.2　安装 CentOS

本书的 OpenStack 云计算平台搭建项目需要用两台计算机，因此需要虚拟出两台虚拟机。当然，如果条件允许，也可以采用配备有双网卡的真实物理机，每台物理机内存不低于 4GB，硬盘有大于 100GB 的空余空间即可。读者可以从 CentOS 官网下载免费的 CentOS 安装镜像或者从本书附赠的软件包中获得该镜像文件"CentOS-7-x86_64-Minimal-2009.iso"。

（1）加载系统安装镜像文件

在主界面中选择创建的虚拟机，在【虚拟机设置】对话框中，选择【CD/DVD(IDE)】选项，如图 2-35 所示。

图 2-35　加载系统安装镜像文件

在右侧【连接】选项组中选中【使用 ISO 映像文件】单选按钮，单击【浏览】按钮，选择 CentOS 的系统安装镜像文件，如图 2-35 中的 "CentOS-7-x86_64-Minimal-2009.iso"。注意，在【设备状态】选项组中选中【启动时连接】复选框，单击【确定】按钮，即可完成设置。

（2）开启虚拟机并选择安装 CentOS

在虚拟机软件主界面中右键单击刚才创建的虚拟机，选择【电源】→【启动客户机】选项。稍等片刻，虚拟机启动后进入图 2-36 所示的界面，等待安装操作系统。选择【Install CentOS 7】选项后按【Enter】键，开始安装操作系统。

图 2-36　等待安装操作系统

注意　当鼠标指针进入 VMware 虚拟机以后，鼠标指针的箭头标识会消失，此时可以按【Ctrl+Alt】组合键，使鼠标指针的箭头重新出现。

（3）选择语言

在图 2-37 所示的界面中可以设置操作系统的语言。

保持默认选中的第一行选项，即选用英文系统，单击【Continue】按钮，继续安装操作系统。

（4）软硬件环境检查

进入图 2-38 所示的界面，进行安装前的软硬件环境检查。

图 2-37　选择语言

图 2-38　软硬件环境检查

在图 2-38 所示的界面中，需要手动选择安装系统的磁盘。单击存在感叹号的图标，即
【INSTALLATION DESTINATION】图标来设置系统安装目的盘。接下来将进行操作系统的安装
目的盘设置。

（5）设置磁盘分区

如图 2-39 所示，分区方式的默认选项是【Automatically configure partitioning.】，即由系统
自动分配分区，系统会自动将整个磁盘都分给一个主分区。通常，在实际工作中，会选择自己手动
分配磁盘分区。

如图 2-39 所示，选中【I will configure partitioning.】单选按钮，由用户自己设置分区，再单
击该界面左上角的【Done】按钮，进入图 2-40 所示的界面，进行手动分区。

图 2-39　分区方式选择

图 2-40　手动分区

如图 2-40 所示，单击【＋】按钮，按照图 2-41～图 2-43 所示的界面分别选择分区挂载点【/boot】
（启动分区）、【/】（主分区）、【swap】（交换分区）并设置其大小，最终分区结果如图 2-44 所示。

图 2-41　新增【/boot】挂载点　　　　图 2-42　新增【/】挂载点　　　　图 2-43　新增【swap】挂载点

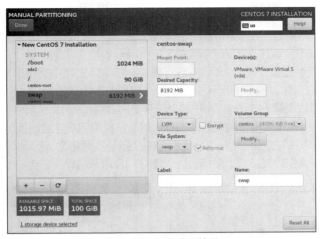

图 2-44　最终分区结果

如图 2-44 所示，分别设置【/boot】分区大小为 1GB（boot 分区装有系统启动所需要的相关文件，总大小在 200MB 左右）、【/】主分区大小为 90GB、【swap】分区为 8GB。单击【Done】按钮，进入图 2-45 所示的界面，确认分区信息。

如图 2-45 所示，单击【Accept Changes】按钮，完成分区设置，进入图 2-46 所示的界面，继续进行安装。

配置好分区后，在图 2-46 中可看到【INSTALLATION DESTINATION】图标的感叹号已经消失，且右下角的【Begin Installation】按钮已经变成可用状态，单击该按钮，继续进行安装。

图 2-45　确认分区信息

图 2-46　分区完成界面

（6）设置超级用户密码

在 CentOS 中默认存在一个名为 "root" 的超级用户，它拥有对操作系统的所有权限。由于 root 用户的权限太高，通常不会直接使用 root 用户而是使用一般用户来使用操作系统。本书为了避免一些由于权限导致的问题而直接使用 root 用户进行操作，在实际工作中请根据需要设置用户权限。在安装的过程中，可以在图 2-47 所示的界面中设置操作系统的 root 用户及其密码【ROOT PASSWORD】，也可以创建一个一般用户【USER CREATION】。

如图 2-47 所示，出现了两个带感叹号的图标，这是在提醒用户注意设置 root 用户的密码和新建一般用户。一般用户可以不在这里创建，但 root 用户的密码必须设置，否则操作系统安装好后将无法进入。单击【ROOT PASSWORD】图标，进入图 2-48 所示的界面，进行 root 用户的密码设置。

图 2-47　用户及密码设置

图 2-48　root 用户的密码设置

在【Root Password】文本框中输入 root 用户的密码，在【Confirm】文本框中重新输入一遍密码进行确认。为了简单好记，这里设置密码为 "000000"，当然，在实际工作中应该按照需要设置更复杂的密码。接下来单击两次【Done】按钮结束密码设置，回到图 2-49 所示的界面继续进行安装。

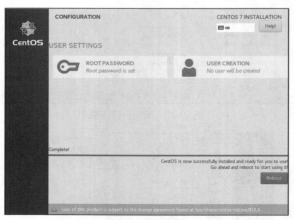
图 2-49　密码设置结束

安装结束后，单击【Reboot】按钮，重启系统。

（7）登录系统并验证

系统重启后进入图 2-50 所示的等待登录界面。

在等待登录界面中输入用户名 "root"，按【Enter】键；输入 root 用户的密码 "000000"，按【Enter】键，使系统进行登录验证。如果成功，则会看到图 2-51 所示的结果。

```
CentOS Linux 7 (Core)
Kernel 3.10.0-1062.el7.x86_64 on an x86_64

localhost login: root
Password: _
```

图 2-50   等待登录界面

```
CentOS Linux 7 (Core)
Kernel 3.10.0-1062.el7.x86_64 on an x86_64

localhost login: root
Password:
[root@localhost ~]#
```

图 2-51   进入系统

登录成功后会出现"[root@localhost ~]#"，这里的"root"就是目前登录操作系统的用户名，"localhost"是登录的主机名，"~"表示当前所在的目录是登录用户的家（Home）目录，root 用户的家目录为"/root"。现在已经有了一台已经安装好操作系统的虚拟机，接下来可以使用它来锻炼应用 Linux 操作系统的能力。

V2-4　CentOS 操作系统的下载和安装

2.4 项目小结

CentOS Linux 是众多 Linux 操作系统发行版中比较优秀的一款免费开源产品，它提供了对 OpenStack 的官方支持，且具有服务器所需的稳定性与可靠性高的特点，同时提供了对 OpenStack 安装包的官方下载，因此 OpenStack 云计算平台通常构建在 CentOS Linux 操作系统之上。本书将搭建一个双节点的 OpenStack 云计算平台，也就是需要至少两台安装有 CentOS Linux 操作系统的计算机。

在实验条件限制的情况下，本书采用了在一台物理机上虚拟出两台虚拟机的方式来完成云计算平台的搭建。本书使用的生成虚拟机的软件是 VMware Workstation，它是目前虚拟化最好的软件产品之一。它除了能虚拟化出虚拟机以外，还提供了 3 种网络模式使虚拟机和宿主机及与宿主机所连接的外网实现通信。这 3 种网络模式分别是"桥接模式""仅主机模式""NAT 模式"。其中，仅主机模式网络只能实现虚拟机间、虚拟机和宿主机之间的通信，在本项目中用它实现了内网通信；桥接模式和 NAT 模式除了能实现内网通信以外，还可以通过宿主机的物理网络连接互联网。桥接模式的特点是虚拟机的虚拟网卡的 IP 地址与宿主机物理网卡的 IP 地址必须处于同一个网段，这样虚拟机就会占用有限的局域网 IP 地址资源；NAT 模式采用了网络地址转换的方式，虚拟机网卡的 IP 地址不用和宿主机物理网卡的 IP 地址处于同一个网段，这样就避免了占用局域网 IP 地址资源的问题，故而本项目选用它来实现虚拟机与外网之间的通信。

2.5 项目练习题

1. 选择题

（1）VMware Workstation 虚拟平台中，宿主机物理网卡与虚拟机网卡的 IP 地址在同一网段中，虚拟机可直接利用物理网络访问外网，这种网络模式是（ 　 ）。

    A. 桥接模式　　　　　B. NAT 模式　　　　　C. 仅主机模式　　　　D. DHCP 模式

（2）VMware Workstation 虚拟平台中，宿主机为虚拟机分配不同于自己物理网卡网段的 IP 地址，虚拟机可以通过宿主机网络访问外网，这种网络模式是（ 　 ）。

    A. 桥接模式　　　　　B. NAT 模式　　　　　C. 仅主机模式　　　　D. DHCP 模式

（3）VMware Workstation 虚拟平台中，虚拟机只能与宿主机相互通信，这种网络模式是（ 　 ）。

    A. 桥接模式　　　　　B. NAT 模式　　　　　C. 仅主机模式　　　　D. DHCP 模式

（4）在 Linux 操作系统的目录结构中，可以有（ 　 ）个根目录。

    A. 1　　　　　　　　B. 2　　　　　　　　C. 3　　　　　　　　D. 4

（5）在 Linux 操作系统的目录结构中，根目录是（ 　 ）。

    A. /　　　　　　　　B. /boot　　　　　　C. /root　　　　　　D. /usr

（6）在 Linux 操作系统的目录结构中，系统启动文件放在（ 　 ）中。

    A. /　　　　　　　　B. /boot　　　　　　C. /root　　　　　　D. /usr

（7）在 Linux 操作系统中，（ 　 ）用户的权限最大。

    A. root　　　　　　B. administrator　　C. student　　　　　D. guest

（8）CentOS Linux 是一个完全（ 　 ）的操作系统，同样是一个稳定与可靠的操作系统。

    A. 开源及免费　　　　B. 开源不免费　　　　C. 闭源且免费　　　　D. 闭源且收费

2. 填空题

（1）VMware Workstation 虚拟平台的网络模式有_____、_____和_____。

（2）VMware Workstation 虚拟平台的桥接模式网络中虚拟机和宿主机的 IP 地址所属网段_____。

（3）VMware Workstation 虚拟平台的 NAT 模式网络中虚拟机和宿主机的 IP 地址所属网段_____。

（4）VMware Workstation 虚拟平台的仅主机模式网络中虚拟机_____连接外网。

（5）CentOS Linux 是一个完全_____免费的操作系统。

（6）CentOS Linux 是基于_____源代码的一个 Linux 发行版本。

3. 简答题

（1）在 VMware 虚拟机中，如果宿主机物理网络的网段为 172.10.0.0/24，那么在桥接模式下虚拟机所在的网段是多少？

（2）在 VMware 虚拟机中，如果 NAT 模式虚拟网络的网段为 172.10.0.0/24，那么默认的 NAT 网关是多少？

（3）在 VMware 虚拟机中，如果仅主机模式虚拟网络的网段为 10.0.0.0/24，那么宿主机中虚拟网卡 VMnet1 的默认的 IP 地址是多少？

（4）VMware 虚拟机的内存大小能不能超过宿主机的内存大小？

（5）CentOS Linux 与 RedHat Linux 的关系是什么？

（6）CentOS Linux 的超级用户的用户名是什么？

项目3
Linux操作系统基本应用
能力训练

学习目标

【知识目标】

（1）理解Linux服务器重启、关闭、监控等管理命令。

（2）了解Linux用户、用户组的管理命令。

（3）综合应用目录转换与Linux文件管理命令。

（4）综合应用Linux网络管理命令。

【技能目标】

（1）能够用命令管理Linux主机及系统用户。

（2）能够通过命令监控Linux的运行状况。

（3）能够熟练使用命令进行文件及目录管理。

（4）能够使用命令进行网络管理及网络连通性检测。

引例描述

CentOS安装好以后，小王发现自己还不会使用Linux的命令来管理操作系统。由于安装和运维OpenStack云计算平台需要大量使用Linux操作命令，因此小王决定学习与OpenStack安装和运维密切相关的部分Linux命令。常用的Linux服务器管理命令按主要功能分为系统管理（包括服务器关闭与重启、服务器状态监控、用户及用户组管理等）命令、文件管理（文件与文件夹的查询、新增、删除、重命名等）命令、网络管理（网卡管理、网络状态检测、网络连接情况检测等）命令。

3.1 项目陈述

Linux 系统管理、文件管理、网络管理是在 OpenStack 云计算平台搭建与运维中必要且常用的 Linux 操作系统操作，需要读者熟练掌握。本项目包含 3 个在云计算平台管理中常见的 Linux 操作任务，第 1 个任务包含服务器定时关闭与重启、服务器状态监控、用户及用户组管理，以训练读者的 Linux 系统管理技能；第 2 个任务通过对文件的操作来更改主机名，以训练读者的 Linux 文件管理技能；第 3 个任务利用常见的网络管理命令实现网卡与 IP 地址的绑定及更改，以训练读者的 Linux 网络管理技能。

3.2 必备知识

3.2.1 系统管理

1. 重启或关闭服务器

重启或关闭服务器是系统运维的基本与常见操作，大家平时是如何做的呢？是否可以通过直接按机箱上的关机键或者重启键来达到关闭或重启的目的呢？由于 Linux 通常用在服务器上，采用直接断电的方式或者采用硬重启的方式都有可能造成数据丢失，因此通常不会使用硬关机与硬重启的方式。下面介绍几个 Linux 中常用的系统重启或关闭命令。

（1）init 命令

init 是 Linux 操作系统中不可或缺的基础命令之一，它是一个由内核启动的用户级进程。init 命令的基本用法如下所示。其中，"级别"指定了系统要切换到的运行等级。表 3-1 所示为 init 命令的各个运行级别及其功能说明。

```
init <级别>
```

表 3-1　init 命令的各个运行级别及其功能说明

级别	功能说明
0	停机
1	单用户模式
2	多用户模式
3	完全多用户模式
4	安全模式
5	图形化界面模式，将调用 X Window 程序进入 Linux 的窗口界面
6	重新启动

从表 3-1 可知，可以通过输入"init 0"和"init 6"实现操作系统的关闭和重启。

（2）shutdown 命令

shutdown 命令通过调用 init 命令来实现关机操作。Linux 操作系统用于服务器时，在开机状态下其后台可能运行着许多进程，如果采用直接关闭电源的方式强制关机，则可能会导致进程数据丢失，使系统处于不稳定的状态，甚至有可能损坏硬件设备，使用 shutdown 命令可以安全地关机。shutdown 命令的基本用法如下所示。表 3-2 所示为 shutdown 命令的主要选项及其功能说明。

```
shutdown [选项] <关机时间>
```

表 3-2　shutdown 命令的主要选项及其功能说明

选项	功能说明
-r	重启系统（reboot）
-h	关机后关闭电源（halt）
-f	重启后不进行磁盘检测（file system check）
-F	重启后强制进行磁盘检测
-c	取消预约的关闭（cancel）

除了直接使用选项使系统关闭或者重启外，还可以设定关闭或重启系统的时间。以下例子是该命令的典型应用。

例 3-1：立即关闭系统

```
# shutdown –h now
```

例 3-2：一分钟后关闭系统

```
# shutdown –h +1
```

例 3-2 中的数字表示时间，默认以分钟为单位，"+"表示从现在起向后延迟。

例 3-3：在中午 12 点 30 分定时重启系统

```
# shutdown –r 12:30
```

例 3-4：取消设置的重启或关闭的定时时间

```
# shutdown –c
```

（3）halt 命令与 reboot 命令

halt 命令实际上就是调用 shutdown –h 命令，而 reboot 命令就是调用 shutdown –r 命令。

例 3-5：关闭系统

```
# halt        #关闭系统
```

例 3-6：重启系统

```
# reboot      #重启系统
```

2．服务器状态监控

（1）Linux 操作系统的性能分析工具（top 命令）

top 命令是 Linux 中常用的性能分析工具，能够实时显示系统中各个进程的资源占用状况，类似于 Windows 的任务管理器。运行 top 命令后，系统使用状态会以全屏的方式显示，并会一直处于对话模式。退出 top 命令的方法为在 top 命令运行中按【Q】键或者按【Ctrl+C】组合键。

例 3-7：查看系统性能

```
[root@localhost ~]# top
top – 01:59:56 up 2 min,   1 user,   load average: 2.23, 1.33, 0.52
Tasks: 175 total,    8 running, 167 sleeping,    0 stopped,    0 zombie
%Cpu(s):  3.0 us, 12.5 sy,   0.0 ni, 74.9 id,  8.9 wa,  0.0 hi,  0.7 si,  0.0 st
KiB Mem :  3861364 total,    852004 free,  2638160 used,    371200 buff/cache
KiB Swap:  8388604 total,  8388604 free,             0 used.   982844 avail Mem


PID   USER     PR  NI  VIRT     RES      SHR    S  %CPU  %MEM TIME+    COMMAND
2255  neutron  20   0  454136   125556   2216   S  9.3   3.3  0:00.83  neutron-server
1148  neutron  20   0  517620   107408   7656   S  7.0   2.8  0:03.18  /usr/bin/python
2414  root     20   0  246424   21968    4620   S  6.3   0.6  0:00.19  neutron-rootwra
2419  root     20   0  241544   21388    4552   R  6.0   0.6  0:00.18  privsep-helper
1472  mysql    20   0  1793660  125628   11892  S  2.3   3.3  0:01.61  mysqld
1146  nova     20   0  386868   104216   5916   S  2.0   2.7  0:03.28  nova-conductor
1142  nova     20   0  446084   131308   7116   R  1.7   3.4  0:04.26  nova-api
1155  glance   20   0  436584   113628   7940   R  1.3   2.9  0:03.03  glance-api
1158  nova     20   0  393556   111140   5944   R  1.3   2.9  0:03.51  nova-scheduler
2256  neutron  20   0  447736   119240   2216   R  1.3   3.1  0:00.46  neutron-server
1149  etcd     20   0  10.2g    21108    10692  S  1.0   0.5  0:00.76  etcd
1157  neutron  20   0  395128   99204    6188   R  1.0   2.6  0:03.01  /usr/bin/python
1342  neutron  20   0  401988   105236   6268   S  1.0   2.7  0:03.19  /usr/bin/python
```

运行结果解析如下。

第 1 行（top）：系统指标。这里显示当前时间是 1 点 59 分 56 秒（01:59:56），开机时间 2 分钟（up 2 min），1 个用户（1 user）登录。当前系统负载的平均值（load average）中有 3 个值，分别代表 1 分钟前、5 分钟前、15 分钟前的负载情况，一般可以认为当这些数值超过 CPU 数目时，CPU 页载过大。

第 2 行（Tasks）：进程指标。这里显示当前系统运行的进程总数（total）为 175 个，其中，8 个正在运行（running），167 个处于等待状态（sleeping），0 个进程被终止（stopped），0 个线程是僵尸线程（zombie）。

第 3 行（%Cpu(s)）：CPU 占用指标。us 为用户占用 CPU 的百分比；sy 为系统内核占用 CPU 的百分比；ni 为改变过优先级的用户进程占用 CPU 的百分比；id 为空闲 CPU 百分比；wa 为等待 I/O 操作完成占用 CPU 的百分比。

第 4 行（Mem）：内存占用指标。total 为物理内存总量；free 为空闲内存总量；used 为已经使用的物理内存总量；buff/cache 为用作内核缓存的内存量。

第 5 行（Swap）：交换分区使用指标。类似于内存占用指标，如果出现交换（Swap）分区被频繁使用的情况，通常是物理内存不足造成的。

在运行结果的下方不断变化的进程列表中的数值对应的功能说明如表 3-3 所示。

表 3-3　top 命令的进程列表中的数值对应的功能说明

列名	功能说明
PID	进程的 ID
USER	进程所有者
PR	进程的优先级，越小越优先被执行
NI	负值表示高优先级，正值表示低优先级
VIRT	进程占用的虚拟内存
RES	进程占用的物理内存
SHR	进程使用的共享内存
S	进程的状态（S 表示休眠，R 表示正在运行，Z 表示僵死状态，N 表示该进程优先值为负数）
%CPU	进程占用 CPU 的百分比
%MEM	进程使用的物理内存占总内存的百分比
TIME+	该进程启动后所占用的全部 CPU 时间，即占用 CPU 时间的累加值
COMMAND	开启进程的命令

（2）监控系统进程状态命令（ps 命令）

ps（process status）命令用于报告当前系统的进程状态，显示的是当前系统内存中的进程快照。使用该命令可以观察有哪些进程正在运行、哪些进程已经结束、哪些进程出现僵死状态（父线程已经结束但子线程没有结束）、哪些进程占用了过多的资源等。ps 命令的基本用法如下所示。表 3-4 所示为 ps 命令的主要选项及其功能说明。

ps [选项]

表 3-4　ps 命令的主要选项及其功能说明

选项	功能说明
-e	显示所有进程
-f	显示进程开启程序
-a	显示现行终端机下的所有程序，包括其他用户的程序

选项	功能说明
-u	以用户为主的格式来显示程序状况
-x	显示所有程序，不以终端机来区分

例 3-8：查看目前系统进程状态

```
[root@localhost ~]# ps -ef
UID        PID    PPID   C STIME TTY      TIME CMD
root       1      0      0 10:59 ?        00:00:01 /usr/lib/systemd/systemd --switched-root
root       2      0      0 10:59 ?        00:00:00 [kthreadd]
root       4      2      0 10:59 ?        00:00:00 [kworker/0:0H]
root       6      2      0 10:59 ?        00:00:00 [ksoftirqd/0]
root       7      2      0 10:59 ?        00:00:00 [migration/0]
root       8      2      0 10:59 ?        00:00:00 [rcu_bh]
root       9      2      0 10:59 ?        00:00:03 [rcu_sched]
root       10     2      0 10:59 ?        00:00:00 [lru-add-drain]
root       11     2      0 10:59 ?        00:00:00 [watchdog/0]
root       12     2      0 10:59 ?        00:00:00 [watchdog/1]
root       13     2      0 10:59 ?        00:00:00 [migration/1]
root       14     2      0 10:59 ?        00:00:00 [ksoftirqd/1]
```

ps 命令运行结果说明如表 3-5 所示。

表 3-5　ps 命令运行结果说明

列名	说明
UID	用户 ID，进程被该用户所拥有
PID	进程的 ID
PPID	父进程 ID
C	进程占用 CPU 的百分比
STIME	系统启动的时间
TTY	登录者的终端机，若与终端无关，则显示"？"
TIME	进程已使用的 CPU 时间
CMD	生成进程的命令名称

（3）监控内存使用状态命令（free 命令）

free 命令用于查看主机内存使用情况。free 命令的基本用法如下所示。表 3-6 所示为 free 命令的主要选项及其功能说明。

```
free [选项]
```

表 3-6　free 命令的主要选项及其功能说明

选项	功能说明
-h	以 KB、MB 或者 GB 为单位显示，增强可读性
-s<数值>	每隔一段时间（秒）自动刷新一次

例 3-9：查看系统内存使用情况

```
[root@localhost ~]# free
              total        used        free      shared  buff/cache   available
Mem:        3861364     2792520      679500       20372      389344      819676
Swap:       8388604           0     8388604
```

在运行结果中将显示系统内存的使用情况，包括物理内存、交换分区和内核缓冲区，其说明如表 3-7 所示。

表 3-7　free 命令运行结果说明

列名	说明
Mem	物理内存
Swap	交换分区
total	总内存大小
used	已经使用的内存的大小
free	可用内存大小
shared	被共享使用的物理内存大小
buff/cache	被缓存使用的物理内存大小
available	还可以被应用程序使用的物理内存大小

这里的内存大小均为字节数，不如 KB、MB 和 GB 显示直观。因此，可以如例 3-10 所示，给命令加上"-h"选项使之显示的数字更容易读懂。

例 3-10：以 GB（吉比特）或者 MB（兆比特）为单位显示内存使用情况

```
[root@localhost ~]# free -h
              total        used        free      shared  buff/cache   available
Mem:           3.7G        2.7G        660M         19M        381M        798M
Swap:          8.0G          0B        8.0G
```

除了静态地获取当前系统内存使用情况以外，还可以使用"-s"选项设置间隔一定时间重复获取内存使用情况，如例 3-11 所示。

例 3-11：每次间隔 3s 刷新显示当前的内存使用情况

```
[root@localhost ~]#  free -h -s 3
              total        used        free      shared  buff/cache   available
Mem:           3.7G        2.7G        658M         19M        382M        797M
Swap:          8.0G          0B        8.0G

              total        used        free      shared  buff/cache   available
Mem:           3.7G        2.7G        658M         19M        382M        797M
Swap:          8.0G          0B        8.0G
```

如果要退出重复获取内存使用情况，则可以按【Ctrl+C】组合键。

（4）监控磁盘分区使用状态命令（df 命令）

df 命令用来检查 Linux 服务器文件系统的磁盘空间占用情况。可以使用该命令来获取硬盘被占用了多少空间，目前还剩下多少空间可用等信息。df 命令的基本用法如下所示。表 3-8 所示为 df 命令的主要选项及其功能说明。

```
df [选项] [文件名]
```

表 3-8　df 命令的主要选项及其功能说明

选项	功能说明
-a	显示所有的文件系统，包括本地的和挂载的网络文件系统
-h	以 KB、MB 或者 GB 为单位显示，增强可读性

例 3-12：用 df 命令查看磁盘使用情况

```
[root@localhost ~]# df
Filesystem                1K-blocks    Used      Available   Use% Mounted on
devtmpfs                  1918632      0         1918632     0% /dev
tmpfs                     1930680      0         1930680     0% /dev/shm
tmpfs                     1930680      20296     1910384     2% /run
tmpfs                     1930680      0         1930680     0% /sys/fs/cgroup
/dev/mapper/centos-root   41922560     16292348  25630212    39% /
/dev/sda1                 1038336      152732    885604      15% /boot
```

其运行结果说明如表 3-9 所示。

表 3-9　df 命令运行结果说明

列名	说明
Filesystem	文件系统的名称
1K-blocks	占用的 1KB 块的数量
Used	已经使用的数据块数量
Available	还可以使用的数据块数量
Use%	占用百分比
Mounted on	挂载点

在例 3-12 中获得的数据不够直观，可以加入"-h"选项使数据以 MB、GB 为单位进行显示。另外，还可以加入要查看的文件名以查看指定的文件所在分区对硬盘的占用情况，如例 3-13 所示。

例 3-13：查看根文件的磁盘使用情况

```
[root@localhost ~]# df -h /
Filesystem                Size    Used    Avail   Use%   Mounted on
/dev/mapper/centos-root   40G     16G     25G     39%    /
```

这里指定查看"/"分区的磁盘使用情况，并通过"-h"选项将结果变成以 GB 为单位的数值，使之更容易阅读。

3. 用户及用户组管理

Linux 操作系统是一个多用户、多任务的分时操作系统，任何一个要使用系统资源的用户，都必须首先向系统管理员申请一个账号，再以这个账号的身份进入系统。每个用户账号都拥有一个唯一的用户名和各自的密码。

（1）添加新用户命令（useradd 命令）

useradd 命令的功能是给 Linux 操作系统增加新用户。useradd 命令的基本用法如下所示。表 3-10 所示为 useradd 命令的主要选项及其功能说明。

```
useradd [选项] <用户名>
```

表 3-10　useradd 命令的主要选项及其功能说明

选项	功能说明
-d	指定用户登录时的家目录
-g	指定用户所属的用户组
-m	自动在/home 目录下建立与用户同名的家目录

例 3-14：创建用户"myuser"，设定其家目录为"/home/myuser"

[root@localhost ~]# useradd -m myuser

（2）修改用户密码命令（passwd 命令）

要修改 Linux 操作系统用户密码可以使用 passwd 命令。passwd 命令的基本用法如下所示。表 3-11 所示为 passwd 命令的主要选项及其功能说明。

passwd [选项] <用户名>

表 3-11　passwd 命令的主要选项及其功能说明

选项	功能说明
-d	删除密码
-f	强迫用户下次登录时必须修改密码

例 3-15：设置"myuser"用户的密码为"123456"，并以该用户重新登录系统

[root@localhost ~]# passwd myuser
Changing password for user myuser.
New password:
BAD PASSWORD: The password is shorter than 8 characters
Retype new password:
passwd: all authentication tokens updated successfully.

当出现"New password:"时，输入新密码"123456"。由于"123456"作为密码少于 8 个字符，因此系统提醒"BAD PASSWORD"，即不好的密码，这不影响继续操作。如果不想出现这个警告提示，则将密码设置为超过 8 位的复杂密码即可。接下来出现"Retype new password:"，重新输入刚设置的新密码"123456"。当看到最后的"successfully"字样时，表示密码修改成功。下面用 exit 命令退出系统。

[root@localhost ~]# exit
logout

再采用配置好的用户"myuser"和密码"123456"登录系统。

login as: myuser
Password：123456
Last login: Mon Aug　9 01:42:27 2021 from 192.168.10.1
SIOCSIFFLAGS: Operation not permitted
[myuser@localhost ~]$

登录系统后可以看到"@"前面的用户名已经变为"myuser"。登录后的"~"目录就是例 3-14 设置的家目录"/home/myuser"。

（3）修改用户信息命令（usermod 命令）

要修改已有用户的信息可以使用 usermod 命令。usermod 命令的基本用法如下所示。表 3-12 所示为 usermod 命令的主要选项及其功能说明。

usermod　[选项] <用户名>

表 3-12　usermod 命令的主要选项及其功能说明

选项	功能说明
-a	将用户添加到新用户组中而不必离开原有的其他用户组
-d	修改用户的家目录
-e	修改用户的失效日期
-g	修改用户的主要用户组
-u	修改用户的 UID

选项	功能说明
-G	将用户加入其他用户组
-l	修改用户名称
-L	临时锁定用户
-U	解锁用户

修改用户信息之前要保证该用户没有处于登录状态，同时目前登录的用户要具有用户修改权限。下面用两个例子说明 usermod 命令常见的两种用法。

例 3-16：以 root 用户登录系统后修改"myuser"用户的家目录为"/root"

[root@localhost ~]# usermod -d /root myuser

例 3-17：将"myuser"用户名更改为"myuser1"

[root@localhost ~]# usermod -l myuser1 myuser

（4）删除用户命令（userdel 命令）

要删除已有用户可以使用 userdel 命令。userdel 命令的基本用法如下所示。表 3-13 所示为 userdel 命令的主要选项及其功能说明。

userdel [选项] <用户名>

表 3-13　userdel 命令的主要选项及其功能说明

选项	功能说明
-f	强制删除用户，即使该用户当前已登录
-r	删除用户的同时，删除与用户相关的所有文件

例 3-18：以 root 用户登录后删除"myuser1"用户

[root@localhost ~]# userdel myuser1

（5）增加新用户组命令（groupadd 命令）

要增加新的用户组可以使用 groupadd 命令。groupadd 命令的基本用法如下所示。表 3-14 所示为 groupadd 命令的主要选项及其功能说明。

groupadd [选项] <用户组名>

表 3-14　groupadd 命令的主要选项及其功能说明

选项	功能说明
-g	指定新建用户组的 ID
-r	创建系统用户组，系统用户组的组 ID 小于 500
-o	允许添加组 ID 不唯一的用户组

下面以一个例子演示如何创建用户组和如何将用户加入用户组。

例 3-19：创建一个名为"mygroup"的用户组，并将"newuser"用户加入该组

[root@localhost ~]# groupadd mygroup
[root@localhost ~]# useradd -m newuser -g mygroup

在这个例子中首先使用 groupadd 命令创建了一个名为"mygroup"的用户组，然后用 useradd 命令创建了一个名为"newuser"的用户，并使用"-g"选项将该用户加入"mygroup"用户组。

（6）修改用户组信息命令（groupmod 命令）

要修改已有用户组的信息可以使用 groupmod 命令。groupmod 命令的基本用法如下所示。表 3-15 所示为 groupmod 命令的主要选项及其功能说明。

groupmod [选项] <用户组名>

表 3-15　groupmod 命令的主要选项及其功能说明

选项	功能说明
-g	修改组 ID
-n	修改组名
-o	重复使用群组识别码

例 3-20：修改"mygroup"组名为"newgroup"

[root@localhost ~]# groupmod -n newgroup mygroup

（7）删除用户组命令（groupdel 命令）

要删除现有用户组可以使用 groupdel 命令。groupdel 命令的基本用法如下所示。

groupdel　<用户组名>

例 3-21：删除"newgroup"用户组

[root@localhost ~]# groupdel newgroup

执行该删除命令时，由于用户组是其中用户"newuser"的主组，直接删除用户组时将报错，即

 groupdel: cannot remove the primary group of user 'newuser'

需要先将"newuser"用户从该组中移除或者直接使用以下代码删除该用户。

[root@localhost ~]# userdel newuser

以上操作完成后，再次执行删除用户组的操作即可。

3.2.2　文件管理

1. 目录转换

在 Linux 中，从一个目录转换到其他目录时使用 cd 命令。cd 命令的基本用法如下所示。

cd <路径>

其中，"路径"的写法有两种：相对路径与绝对路径。

（1）相对路径

相对路径基于当前所在目录来确定文件地址。相对路径用"."表示当前目录，用".."表示上一级目录。如现在文件系统目录结构示意如图 3-1 所示，下面以几个例子演示相对路径转换。

图 3-1　文件系统目录结构示意

例 3-22：假设当前目录为"B"，要转换到目录"A"

cd ..

这里的".."表示上一级目录。

例 3-23：假设当前目录为"C"，要转换到目录"D"

cd ./D

或者

```
# cd D
```

这里的 "." 表示当前目录，通常 "." 可以被省略。

例 3-24：假设当前目录为 "D"，要转换到目录 "B"

```
# cd ./../../B
```

如例 3-24 所示，可以通过 "." 和 ".." 的联合使用实现目录的任意转换。

（2）绝对路径

绝对路径要求要跳转的目录均从根目录开始，与当前所在目录无关。根目录以 "/" 表示。下面两个例子演示了绝对路径转换的用法。

例 3-25：从任意一个目录进入 "etc" 目录

```
# cd /etc
```

例 3-26：从任意一个目录进入 "etc" 目录下的 "sysconfig" 目录

```
# cd /etc/sysconfig
```

2. 文件管理命令

在 Linux 中有一个重要概念—— 一切都是文件，目录、分区等都是文件。因此，使用 Linux 操作系统就一定要操作文件。下面介绍几个 Linux 操作系统中常用的文件管理命令。

（1）文件查看命令（ls 命令和 ll 命令）

对文件的操作最常见的是查看文件信息，Linux 中常用的文件查看命令有两个，即 ls 命令和 ll 命令。其中，ls 命令的基本用法如下所示。表 3-16 所示为 ls 命令的主要选项及其功能说明。

```
ls [选项] <路径>
```

表 3-16　ls 命令的主要选项及其功能说明

选项	功能说明
-a	显示所有文件及目录（以 "." 开头的隐藏文件也会列出）
-l	除文件名称外，将文件权限、拥有者、文件大小等信息详细列出
-r	将文件以相反次序显示（原定依英文字母顺序显示）
-t	将文件按照建立时间的先后次序列出
-F	在列出的文件名称后加一个符号，例如，可执行文档加 "*"，目录加 "/"
-R	如果子目录下还有文件，则将子目录下的文件按照顺序列出

例 3-27：查看 "/etc" 目录下的所有文件，按照建立时间先后持续显示

```
[root@localhost ~]# ls -t /etc
gshadow          request-key.d          kernel          pkcs11
group            gssproxy               audisp          libnl
shadow           rwtab.d                postfix         rc3.d
passwd           glvnd                  sasl2           rc4.d
passwd-          egl                    kdump.conf      rc5.d
shadow-          ld.so.conf.d           lvm             rc6.d
```

ll 命令是 ls -l 命令的别名。它将罗列出当前文件或目录的详细信息，含有时间、读写权限、大小、创建时间等信息，类似于 Windows 文件资源管理器显示的详细信息。

例 3-28：查看 "/etc" 目录下的所有文件的详细信息，并区分出是文件还是目录

```
[root@localhost ~]# ll -F -t /etc
total 1272
-rw-r--r--.   1 root      root      2114 Aug    9 13:42 passwd-
----------.   1 root      root      1091 Aug    9 13:42 shadow-
drwxr-xr-x    2 root      root        68 Feb 13    2020 unbound/
```

| drwxr-xr-x | 2 root | root | 73 Feb 13 | 2020 placement/ |
| drwxr-xr-x | 4 root | root | 293 Feb 13 | 2020 glance/ |

从例 3-28 的结果中可以知道，/etc 目录下总共有 1272 个文件，其中文件名后带有 "/" 的是文件夹，如 "glance/"。

（2）文件查询命令（find 命令和 which 命令）

find 命令用来在指定目录下查找文件，它的基本用法如下所示。表 3-17 所示为 find 命令的主要选项及其功能说明。

find <路径> [选项] <查询的内容>

表 3-17   find 命令的主要选项及其功能说明

选项	功能说明
-atime <n>	查询在过去 n 天内读取过的文件
-cmin <n>	查询在过去 n 分钟内被修改过的文件
-ctime <n>	查询在过去 n 天内被修改过的文件
-name <name>	查询文件名称符合 name 的文件，判断字母大小写
-iname <name>	查询文件名称符合 name 的文件，忽略字母大小写
-size <n>	查询满足文件大小的条件，n 为正数表示大于，n 为负数表示小于

例 3-29：查看根目录下所有文件名以 "a" 字符开头，且文件大小大于 1MB 的文件

```
[root@localhost ~]# find / -name "a*" -size +1M
/var/log/audit/audit.log
/var/log/httpd/access_log-20200223
/usr/bin/aria_chk
/usr/bin/aria_dump_log
/usr/bin/aria_ftdump
/usr/bin/aria_pack
```

例 3-30：查找 "/var/log" 目录下更改时间在 7 日以内的文件

```
[root@localhost ~]# find /var/log -ctime +7
/var/log/grubby_prune_debug
/var/log/tuned
/var/log/chrony
/var/log/anaconda
/var/log/anaconda/anaconda.log
/var/log/anaconda/syslog
/var/log/anaconda/X.log
/var/log/anaconda/program.log
```

which 命令会在系统 PATH 变量指定的路径中搜索某个系统命令的位置，并返回第一个搜索结果，它的基本用法如下所示。

which <命令名>

例 3-31：查看 find 命令的执行文件的具体路径

```
[root@localhost ~]# which find
/usr/bin/find
```

从结果中可以看到 find 命令的可执行文件的具体路径为 "/usr/bin/find"。

（3）新建文件命令（touch 命令）

Linux 新建一个文件有多种方法，其中使用 touch 命令是比较简单的一种方法，它的基本用法如下所示。

```
touch <文件名>
```

接下来用两个例子演示创建单个文件和多个文件。

例 3-32：在当前目录下创建一个名为"a"的文件

```
[root@localhost ~]# touch a
```

例 3-33：创建 3 个名称分别为"b""c""d"的文件

```
[root@localhost ~]# touch b c d
```

（4）新建文件夹命令（mkdir 命令）

mkdir 命令是 Linux 中新建文件夹的命令，它的基本用法如下所示。

```
mkdir   <目录名>
```

mkdir 命令的使用方法非常简单，下面用一个例子进行演示。

例 3-34：在当前目录下创建一个名为"adir"的目录

```
[root@localhost ~]# mkdir adir
```

（5）向文件中添加数据（>和>>）

在 Linux 中可以用">"和">>"向文件中添加数据，其中，">"是将原有文件内的数据清空后再添加，而">>"是保持原有数据，并在原有数据的末尾新增数据。下面分别用两个例子演示这两种向文件中添加数据的方法。

例 3-35：将当前目录下的所有文件名写入文件"a"

```
[root@localhost ~]# ls >a
```

这个例子不管运行多少次，文件 a 中都不会有重复的文件名，因为">"会先将原有数据全部清空再添加数据。

例 3-36：将"helloopenstack"字符串添加到文件"a"中

```
[root@localhost ~]# echo helloopenstack>>a
```

这个例子运行完成后，可以看到文件 a 中除了"helloopenstack"外，其前面还有例 3-35 中获得的所有文件名。因为">>"不清空原有数据，只是在末尾添加新的数据。

（6）查看文本文件内容命令（cat 命令）

cat 命令用于查看文件并将其输出到标准输出设备上，它的基本用法如下所示。

```
cat <文件名>
```

下面用两个例子演示 cat 命令的基本用法。

例 3-37：查看文件"a"的内容

```
[root@localhost ~]# cat a
```

cat 命令结合">"">>"还可以实现文件复制，如例 3-38 所示。

例 3-38：将文件"a"的内容写入文件"b"

```
[root@localhost ~]# cat a > b
```

（7）重命名文件命令（rename 命令）

通过 rename 命令可以更改文件名称，它的基本用法如下所示。

```
rename <原来的字符串> <更改后的字符串> <被更改的目标文件>
```

例 3-39：把"abc"的文件名更改为"abdd"

第 1 步，创建一个名为"abc"的新文件。

```
[root@localhost ~]# touch abc
```

第 2 步，将文件名"abc"中的"c"用"dd"进行替换，完成文件更名。

```
[root@localhost ~]# rename c dd abc
```

第 3 步，查看当前目录下的文件。

```
[root@localhost ~]# ls
abdd
```

（8）复制文件命令（cp命令）

cp命令主要用于复制文件或目录，它的基本用法如下所示。表3-18所示为cp命令的主要选项及其功能说明。

```
cp  [选项] <源文件路径> <目标文件路径>
```

表3-18 cp命令的主要选项及其功能说明

选项	功能说明
-a	此选项通常在复制目录时使用，它保留链接、文件属性，并复制目录下的所有内容
-f	覆盖已经存在的目标文件而不给出提示
-i	与-f选项相反，在覆盖目标文件之前给出提示，要求用户确认是否覆盖
-p	除复制文件的内容外，还把修改时间和访问权限也复制到新文件中
-r	若给出的源文件是一个目录文件，则将复制该目录下所有的子目录和文件

下面用两个例子来演示如何使用cp命令来复制文件和目录。

例3-40：把"A"目录下的"a"文件复制到"B"目录下并将其重命名为"b"

第1步，创建"A""B"两个目录。

```
[root@localhost ~]# mkdir A B
```

第2步，在"A"目录下创建一个文件"a"。

```
[root@localhost ~]# touch A/a
```

第3步，将"A"目录下的"a"文件复制到"B"目录下并将其重命名为"b"。

```
[root@localhost ~]# cp A/a B/b
```

也可以采用通配符的方式对源目录下的多个文件进行复制，如例3-41所示。

例3-41：将"/boot"下的所有文件复制到"A"目录下

```
[root@localhost ~]# cp -r /boot/* A/
```

（9）移动文件命令（mv命令）

通过mv命令可以实现对文件或者文件夹的移动，它的基本用法如下所示。

```
mv <原有文件> <移动到的目标地址>
```

例3-42：将"dir1"目录下的"a"文件移动到"dir2"目录下并将其重命名为"b"

第1步，在当前目录下新建两个文件夹"dir1""dir2"。

```
[root@localhost ~]# mkdir dir1 dir2
```

第2步，在"dir1"目录下创建一个文件"a"。

```
[root@localhost ~]# touch dir1/a
```

第3步，将"dir1"目录下的"a"文件移动到"dir2"目录下并将其重命名为"b"。

```
[root@localhost ~]# mv dir1/a dir2/b
```

第4步，查看"dir2"目录下的所有文件。

```
[root@localhost ~]# ls dir2
b
```

例3-43：将刚建立的"dir2"目录整个移动到"dir1"目录下，使其成为"dir1"目录的子目录

```
[root@localhost ~]# mv   dir2   dir1
[root@localhost ~]# ls   dir1
dir2
```

（10）删除文件命令（rm命令）

rm命令用于删除一个文件或者目录，它的基本用法如下所示。表3-19所示为rm命令的主要选项及其功能说明。

```
rm [选项] <要删除的目标文件>
```

表 3-19　rm 命令的主要选项及其功能说明

选项	功能说明
-i	删除前逐一询问确认
-f	即使原文件属性为只读，也直接删除，不需要逐一确认
-r	将目录及其中的文件逐一删除

下面用 3 个例子演示如何删除单个文件、多个文件及删除整个目录。

例 3-44：删除单个文件

第 1 步，创建一个文件"a"。

```
[root@localhost ~]# touch a
```

第 2 步，删除文件"a"。

```
[root@localhost ~]# rm -f a
```

如果有多个文件要一起删除，则可以用通配符"*"和"？"来匹配文件名，其中，"*"代表任意字符，而"？"代表单个字符，如例 3-45 所示。

例 3-45：删除多个文件

第 1 步，创建 4 个文件。

```
[root@localhost ~]# touch a1 a2 a3 a4
```

第 2 步，将当前文件夹下以"a"开头的文件全部删除。

```
[root@localhost ~]# rm -f a*
```

要删除整个目录时，如果该目录为空目录，则可以直接删除；但如果该目录不为空，则需要加上"-r"选项，以将其中的子目录和文件逐一删除，如例 3-46 所示。

例 3-46：删除整个目录

第 1 步，创建一个目录"dir1"，并在其下再创建一个目录"dir2"。

```
[root@localhost ~]# mkdir dir1 dir1/dir2
```

第 2 步，在"dir1"目录下创建文件"a"，在"dir2"目录下创建文件"b"。

```
[root@localhost ~]# touch dir1/a dir1/dir2/b
```

第 3 步，删除不为空的文件夹"dir1"，这里的"-rf"等同于"-r -f"。

```
[root@localhost ~]# rm -rf dir1
```

（11）文件挂载管理命令（mount 命令和 umount 命令）

Linux 中的根目录以外的文件要想被访问，需要将其"关联"到根目录下的某个目录，这种关联操作就是"挂载"，这个目录就是"挂载点"。当文件挂载好后，只要访问对应文件夹，就相当于访问了对应的文件。mount 命令就是实现这个挂载功能的，而 umount 命令是 mount 命令的反向操作，即断开由 mount 命令建立的关联。这里用几个例子来学习 mount 命令和 umount 命令的常见用法。

例 3-47：将"CentOS-7-x86_64-Minimal-2009.iso"镜像文件挂载到"/opt/mydriver"目录下

第 1 步，在/opt 下创建目录"mydriver"。

```
[root@localhost ~]# mkdir /opt/mydriver
```

第 2 步，将镜像文件挂载在刚创建的目录下。

```
[root@localhost ~]# mount CentOS-7-x86_64-Minimal-2009.iso /opt/mydriver
```

挂载成功后可以通过读取"/opt/mydriver"这个挂载点来获取 ISO 镜像文件中的内容。当想取消现有挂载关联时，可以用 umount 命令进行断开关联的操作，如例 3-48 所示。

例 3-48：卸载例 3-47 中创建的关联关系

```
[root@localhost ~]# umount /opt/mydriver
```

（12）文件链接命令（ln命令）

ln命令的功能是为某一个文件在另一个位置建立一个同步的链接（映射）。当需要在不同的目录使用相同的文件时，不需要在这几个目录下都放置一个相同的文件，只需要在其中一个目录下放置该文件，而在其他目录下用ln命令链接它即可，不必重复占用磁盘空间。ln命令的基本用法如下所示。表3-20所示为ln命令的主要选项及其功能说明。

ln [选项] <源文件> <目标文件>

表 3-20　ln 命令的主要选项及其功能说明

选项	功能说明
-s	建立软链接文件。如果不加 "-s" 选项，则建立硬链接文件
-f	强制重建链接。如果目标文件已经存在，则删除目标文件后再建立链接文件

软链接类似于 Windows 中的快捷方式，当源文件被删除后，目标文件（快捷方式）就不可使用了。如果是硬链接，则源文件被删除后，目标文件仍然可以使用原来的数据。下面用一个例子来说明 ln 命令的基本用法。

例 3-49：新建 "A" "B" 两个目录，在 "A" 目录下新建一个文件 "newfile"，在 "B" 目录下建立该文件的软链接

第 1 步，新建 "A" "B" 两个目录。

[root@localhost ~]# mkdir A B

第 2 步，在 A 目录下新建一个文件 "newfile"。

[root@localhost ~]# echo hello>A/newfile

第 3 步，建立 "A/newfile" 文件的软链接到 "B/myfile"。

[root@localhost ~]# ln -s -f /root/A/newfile B/myfile

第 4 步，查看链接文件。

[root@localhost ~]# cat B/myfile
hello

可见，当建立链接后，通过查看链接的目标文件也能查看到源文件的内容。在例 3-49 中，如果查看目录 "B" 下的文件详细信息，则可以看到文件的链接信息。

[root@localhost ~]# ll B
total 0
lrwxrwxrwx 1 root root 15 Aug 12 03:46 myfile -> /root/A/newfile

这里可以看到目录 "B" 下的文件 "myfile" 实际指向的是 "/root/A/newfile"。

3.2.3　网络管理

1. 网络管理命令

（1）网卡与 IP 管理命令（ip 命令）

ip 命令是用来配置网卡 IP 信息的命令，它的基本用法如下所示。表 3-21 所示为 ip 命令的主要对象及其功能说明。

ip [选项] <对象> [命令]

表 3-21　ip 命令的主要对象及其功能说明

对象	功能说明
link	网络设备

续表

对象	功能说明
address（简写为 a、addr）	设备上的协议（IP 或 IPv6）地址
addrlabel	协议地址选择的标签配置
route	路由表条目
rule	路由策略数据库中的规则

ip 命令是非常强大的网络管理工具，下面用几个例子演示它的几个基本用法。

例 3-50：查看当前主机 IP 信息

[root@controller ~]# ip a

或者

[root@controller ~]# ip addr

得到如下结果。

```
1: lo: <LOOPBACK,UP,LOWER_UP> mtu 65536 qdisc noqueue state UNKNOWN group
default qlen 1000
    link/loopback 00:00:00:00:00:00 brd 00:00:00:00:00:00
    inet 127.0.0.1/8 scope host lo
        valid_lft forever preferred_lft forever
    inet6 ::1/128 scope host
        valid_lft forever preferred_lft forever
2: ens33: <BROADCAST,MULTICAST,UP,LOWER_UP> mtu 1500 qdisc pfifo_fast state UP
group default
    link/ether 00:0c:29:b3:f3:7e brd ff:ff:ff:ff:ff:ff
    inet 192.168.10.10/24 brd 192.168.10.255 scope global noprefixroute ens33
        valid_lft forever preferred_lft forever
    inet6 fe80::6b33:8c75:dd79:2a0d/64 scope link noprefixroute
        valid_lft forever preferred_lft forever
3: ens34: <BROADCAST,MULTICAST,UP,LOWER_UP> mtu 1500 qdisc pfifo_fast state UP
group default
    link/ether 00:0c:29:b3:f3:88 brd ff:ff:ff:ff:ff:ff
```

在结果中，"ens" 开头的就是该主机拥有的网卡的名称。可以看出该主机拥有两块网卡，网卡名分别为 ens33 和 ens34。名为 ens33 的网卡目前绑定的 IP 地址为 "192.168.10.10/24"。其中的 "/24" 代表子网掩码，即有 24 个 1，也就是 "255.255.255.0"；ens34 网卡还没有绑定 IP 地址。下面通过例 3-51 来介绍如何为 ens34 网卡绑定 IP 地址。

例 3-51：为网卡绑定 IP 地址

第 1 步，为 ens34 网卡设置 IP 地址和子网掩码。

[root@controller ~]# ip a add 192.168.20.10/24 dev ens34

这里的 "add 192.168.20.10/24 dev ens34" 是操作网络的相关命令，其中，"add" 表示增加，"dev" 对应的是设备（网卡）名。

第 2 步，查看修改后的网卡信息。

[root@controller ~]# ip a

可以看到 ens34 网卡的信息已经变为如下内容。

```
3: ens34: <BROADCAST,MULTICAST,UP,LOWER_UP> mtu 1500 qdisc pfifo_fast state UP
group default
    link/ether 00:0c:29:b3:f3:88 brd ff:ff:ff:ff:ff:ff
```

> inet 192.168.20.10/24 brd 192.168.20.255 scope global noprefixroute ens34
> valid_lft forever preferred_lft forever

如果要清除网卡已经绑定的 IP 地址，则将例 3-51 中的"add"更改为"del"即可，del 是删除（Delete）的缩写，如例 3-52 所示。

例 3-52：清除网卡已绑定的 IP 地址

[root@controller ~]# ip a del 192.168.20.10/24 dev ens34

这样 ens34 网卡的 IP 地址和子网掩码就都被清除了。

 注意 使用 **ip** 命令对网卡做的所有操作（包括绑定 IP 地址和解绑 IP 地址）在系统重启后都会失效。

（2）查看网络状态命令（netstat 命令）

netstat 命令可以显示本机网络的连接状态、运行端口和路由表等信息。因为新安装的"CentOS 7"中没有该命令，所以可以在连接互联网后用"yum install -y net-tools"命令将其安装到系统中再进行实验。netstat 命令的基本用法如下所示。表 3-22 所示为 netstat 命令的主要选项及其功能说明。

netstat [选项]

表 3-22 netstat 命令的主要选项及其功能说明

选项	功能说明
-n	直接使用 IP 地址
-a	显示所有连接中的 Socket 信息
-c <秒数>	每隔几秒就刷新显示一次
-l	仅显示连接状态为 LISTEN 的服务的网络状态
-t	显示所有的 TCP 连接情况
-u	显示所有的 UDP 连接情况
-p	显示所属进程的 PID 和名称

下面用两个例子来简单演示 netstat 命令的基本用法。

例 3-53：显示所有连接信息

```
[root@controller ~]#  netstat -an
Active Internet connections (servers and established)
Proto    Recv-Q Send-Q  Local Address          Foreign Address       State
tcp      0        0 127.0.0.1:25          0.0.0.0:*             LISTEN
tcp      0        0 0.0.0.0:22            0.0.0.0:*             LISTEN
tcp      0       48 192.168.10.129:22     192.168.10.1:49285    ESTABLISHED
tcp      0        0 192.168.10.129:22     192.168.10.1:49343    ESTABLISHED
tcp6     0        0 ::1:25                :::*                  LISTEN
tcp6     0        0 :::22                 :::*                  LISTEN
```

其运行结果说明如表 3-23 所示。

表 3-23 netstat 命令运行结果说明

选项	功能说明
Proto	使用的协议（TCP、UDP）
Recv-Q	已接收到但是还没有处理的字节数

选项	功能说明
Send-Q	已经发送但是未被远程主机确认的字节数
Local Address	本地主机地址和端口
Foreign Address	链接到本机的远程主机的地址和端口
State	状态，LISTEN 表示正在监听，ESTABLISHED 表示已经建立了连接

例 3-54：显示所有 TCP 和 UDP 正在监听的连接信息

```
[root@controller ~]# netstat -ntulp
Active Internet connections (only servers)
Proto Recv-Q Send-Q  Local Address      Foreign Address   State    PID/Program name
tcp      0        0 127.0.0.1:25        0.0.0.0:*         LISTEN   1021/master
tcp      0        0 0.0.0.0:22          0.0.0.0:*         LISTEN   937/sshd
tcp6     0        0 ::1:25              :::*             LISTEN   1021/master
tcp6     0        0 :::22               :::*             LISTEN   937/sshd
udp      0        0 127.0.0.1:323       0.0.0.0:*                 705/chronyd
udp6     0        0 ::1:323             :::*                      705/chronyd
```

其中，"Program name"代表提供服务的程序名。

2. 网络连接状态检测

（1）连通性检测命令（ping 命令）

ping 命令是最常用的检测本机与远端主机连通性的命令，它的基本用法如下所示。

```
ping [选项] <要检测的主机 IP 地址或者域名>
```

例 3-55：测试本机的 TCP/IP 是否正常

```
[root@controller ~]# ping 127.0.0.1
PING 127.0.0.1 (127.0.0.1) 56(84) bytes of data.
64 bytes from 127.0.0.1: icmp_seq=1 ttl=64 time=0.012 ms
64 bytes from 127.0.0.1: icmp_seq=2 ttl=64 time=0.030 ms
64 bytes from 127.0.0.1: icmp_seq=3 ttl=64 time=0.022 ms
64 bytes from 127.0.0.1: icmp_seq=4 ttl=64 time=0.020 ms
```

结果中"time"对应的数值为响应速度，单位为毫秒，其值越小说明网络状态越好。当要退出时，按【Ctrl+C】组合键即可。

（2）Web 服务状态检测命令（curl 命令）

curl 命令是利用 URL 语法在命令行方式下工作的开源文件传输工具。它利用地址和端口访问 Web 服务器，获得返回的 HTML 文件。在工作中可以利用它获得的 HTML 文件来检测远端 Web 服务器是否工作正常。它的基本用法如下所示。

```
curl <网络地址:端口>
```

例 3-56：抓取百度主页代码（需要连接互联网）

```
[root@controller ~]# curl http://www.baidu.com:80
```

得到如下结果。

```
<!DOCTYPE html>
<!--STATUS OK--><html> <head><meta http-equiv=content-type conname=referrer><link
rel=stylesheet type=text/css href=http://s#0000cc> <div id=wrapper> <div id=head> <div
class=head_wrappem/img/bd_logo1.png width=270 height=129> </div> <form id=form idden
name=ie value=utf-8> <input type=hidden name=f value=8>    name=tn value=baidu><span
class="bg s_ipt_wr"><input id=kw nainput type=submit id=su value= 百 度 一 下    class="bg
```

s_btn"></span> <a href=http://www.hao123.com name=tj_trhao123 class=mnav>haname=tj_trvideo
class=mnav>视频</a> <a href=http://tieba.baidu

通过解析获得的 HTML 文件可以知道百度服务器工作正常。

3.3 项目实施

3.3.1 管理 Linux 操作系统

Linux 系统管理人员必须学会设置服务器的重启与关闭、能够监控服务器运行状态、能够管理用户与用户组。

1．服务器自动重启与关闭

（1）设置服务器在凌晨 3 点自动重启，重启时进行磁盘校验。

[root@localhost ~]# shutdown -F -r 3:00

（2）撤销前面设置的自动重启工作。

[root@localhost ~]# shutdown -c

（3）设置服务器 30min 以后关闭并关闭电源。

[root@localhost ~]# shutdown -h +30

2．服务器运行状态监控

（1）查看系统运行状态，查看系统已经运行了多久。

[root@localhost ~]# top

（2）查看所有进程的运行情况，找出占用 CPU 资源最多的那一个进程。

[root@localhost ~]# ps -ef

（3）查看系统剩余内存大小。

[root@localhost ~]# free -h

（4）查看"/boot"分区硬盘使用情况。

[root@localhost ~]# df -h /boot

3．用户与用户组管理

（1）增加一个用户组"openstackGroup"。

[root@localhost ~]# groupadd openstackGroup

（2）增加一个用户"openstackUser"，将之加入"openstackGroup"，并在"/home"下创建同名家目录。

[root@localhost ~]# useradd -m -g openstackGroup openstackUser

（3）将"openstackGroup"组更名为"openGroup"。

[root@localhost ~]# groupmod -n openGroup openstackGroup

（4）将"openstackUser"用户更名为"openUser"。

[root@localhost ~]# usermod -l openUser openstackUser

（5）将用户"openUser"和用户组"openGroup"删除。

[root@localhost ~]# userdel openUser
[root@localhost ~]# groupdel openGroup

3.3.2 更改主机名

Linux 主机默认主机名是"localhost"，这在登录后的提示"[root@localhost ~]"中也可以看出来。本小节将利用所学到的文件管理命令更改"/etc/hostname"文件，达到给主机更名的目的。下面是具体操作步骤。

第 1 步，将目录跳转到 "/etc"。

```
[root@localhost ~]# cd /etc
```

第 2 步，查看当前目录下是否存在名为 "hostname" 的文件。

```
[root@localhost etc]# ls host*
host.conf  hostname  hosts  hosts.allow  hosts.deny
```

这里用通配符 "*" 进行了字符匹配，找到了所有以 host 开头的文件，包括 "hostname" 文件。

第 3 步，查看 "hostname" 文件的内容。

```
[root@localhost ~]# cat hostname
localhost.localdomain
```

通过查看 "hostname" 文件可以看到 "localhost.localdomain"，这就是默认的主机名。

第 4 步，更改该文件名并进行备份。

```
[root@localhost etc]# rename hostname hostname1 hostname
```

第 5 步，新建 "hostname" 文件。

```
[root@localhost etc]# touch hostname
```

第 6 步，给该文件添加主机名 "controller"。

```
[root@localhost etc]# echo controller > hostname
```

第 7 步，重启系统。

```
[root@localhost etc]# reboot
```

系统重启完成后，看到主机名已经更改为 "controller"。

```
[root@controller ~]#
```

3.3.3　绑定与更改 IP 地址

小王现有的虚拟机的两块网卡均是通过 DHCP 服务自动获得 IP 地址的。在工作中通常要自己给网卡指定 IP 地址，现在通过前面所学的知识给网卡添加指定的 IP 地址。给内网网卡绑定 IP 地址 "192.168.10.11/24"，给外网网卡绑定 IP 地址 "192.168.20.22/24"，并测试内、外网的连通性。

第 1 步，查看目前的网卡信息。

```
[root@controller ~]# ip a
1: lo: <LOOPBACK,UP,LOWER_UP> mtu 65536 qdisc noqueue state UNKNOWN group
default qlen 1000
    link/loopback 00:00:00:00:00:00 brd 00:00:00:00:00:00
    inet 127.0.0.1/8 scope host lo
       valid_lft forever preferred_lft forever
    inet6 ::1/128 scope host
       valid_lft forever preferred_lft forever
2: ens33: <BROADCAST,MULTICAST,UP,LOWER_UP> mtu 1500 qdisc pfifo_fast state UP
group default qlen 1000
    link/ether 00:0c:29:52:47:a3 brd ff:ff:ff:ff:ff:ff
    inet 192.168.10.129/24 brd 192.168.10.255 scope global noprefixroute ens33
       valid_lft forever preferred_lft forever
    inet6 fe80::8eef:92d8:8ee4:4c1f/64 scope link noprefixroute
       valid_lft forever preferred_lft forever
3: ens34: <BROADCAST,MULTICAST,UP,LOWER_UP> mtu 1500 qdisc pfifo_fast state UP
group default qlen 1000
    link/ether 00:0c:29:52:47:ad brd ff:ff:ff:ff:ff:ff
```

```
    inet 192.168.20.128/24 brd 192.168.20.255 scope global noprefixroute dynamic ens34
        valid_lft 1795sec preferred_lft 1795sec
    inet6 fe80::7b0a:af3b:a6ce:e265/64 scope link noprefixroute
        valid_lft forever preferred_lft forever
```

当前两块网卡 ens33 和 ens34 由 DHCP 服务自动分配的 IP 地址分别为"192.168.10.129/24""192.168.20.128/24"。

第 2 步，解除现有 IP 地址的绑定。

```
[root@controller ~]# ip a del 192.168.10.129/24 dev ens33
[root@controller ~]# ip a del 192.168.20.128/24 dev ens34
```

这里对两块网卡已经绑定的 IP 地址进行解绑。

第 3 步，重新绑定 IP 地址。

```
[root@controller ~]# ip a add 192.168.10.11/24 dev ens33
[root@controller ~]# ip a add 192.168.20.22/24 dev ens34
```

这里对两块网卡重新进行 IP 地址绑定。

第 4 步，测试与宿主机的连通性。

测试连通性需要测试内网连通性和外网连通性，分为以下 3 个测试任务。

首先，在虚拟机上测试其与宿主机的连通性。

```
[root@controller ~]# ping 192.168.10.1
PING 192.168.10.1 (192.168.10.1) 56(84) bytes of data.
64 bytes from 192.168.10.1: icmp_seq=179 ttl=64 time=0.178 ms
64 bytes from 192.168.10.1: icmp_seq=180 ttl=64 time=0.490 ms
64 bytes from 192.168.10.1: icmp_seq=181 ttl=64 time=0.592 ms
64 bytes from 192.168.10.1: icmp_seq=182 ttl=64 time=0.370 ms
64 bytes from 192.168.10.1: icmp_seq=183 ttl=64 time=0.333 ms
64 bytes from 192.168.10.1: icmp_seq=184 ttl=64 time=0.482 ms
```

注意　在虚拟机上向宿主机执行 **ping** 命令时，如果不通，则可将宿主机的防火墙关闭。

其次，在宿主机上测试其与虚拟机的连通性。

在宿主机的 Windows 中打开【命令提示符】窗口，并在【命令提示符】窗口中输入"ping 192.168.10.11"命令，测试宿主机与虚拟机的连通性，其测试结果如图 3-2 所示。

最后，测试虚拟机与外网的连通性。

下面通过 ping 华为云（huaweicloud.com）来测试虚拟机能否连接外网。

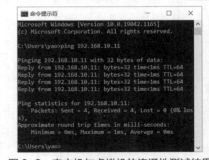
图 3-2　宿主机与虚拟机的连通性测试结果

```
[root@controller ~]# ping huaweicloud.com
PING huaweicloud.com（117.78.12.122）56(84) bytes
of data.
64 bytes from 117.78.12.122 （117.78.12.122）: icmp_seq=1 ttl=128 time=40.5 ms
64 bytes from 117.78.12.122 （117.78.12.122）: icmp_seq=2 ttl=128 time=41.5 ms
64 bytes from 117.78.12.122 （117.78.12.122）: icmp_seq=3 ttl=128 time=41.2 ms
64 bytes from 117.78.12.122 （117.78.12.122）: icmp_seq=4 ttl=128 time=41.4 ms
64 bytes from 117.78.12.122 （117.78.12.122）: icmp_seq=5 ttl=128 time=41.5 ms
64 bytes from 117.78.12.122 （117.78.12.122）: icmp_seq=6 ttl=128 time=41.5 ms
```

从结果中可知虚拟机可以和外网连通。至此，连通性测试完成。

3.4 项目小结

OpenStack 云计算平台安装在 Linux 之上，并由 Linux 提供底层支持，因此在安装、配置、运维 OpenStack 云计算平台的时候都需要运用 Linux 的相关管理命令。

本项目通过 3 个任务训练了读者操作 Linux 的三大基本技能：服务器管理技能、文件管理技能和网络管理技能。在服务器管理技能训练任务中学习了 Linux 操作系统的服务器关闭与重启、服务器状态监控（包括系统监控、进程监控、内存监控和磁盘容量监控）、用户及用户组管理（包括新增用户与用户组、修改用户密码、修改用户与用户组信息、删除用户与用户组）；在文件管理技能训练任务中学习了绝对路径与相对路径的写法、文件的基本操作（包括文件查看、文件查找、文件与文件夹创建、向文件中添加数据、读取文件内容、文件重命名、文件复制与移动、文件删除、文件挂载与卸载、文件链接）；在网络管理技能训练任务中学习了网卡与 IP 管理、网络状态查看、网络连接状态检测等 Linux 的基础及常用命令。这些命令在以后的任务中还将被反复使用，以帮助读者不断提高熟练度。

3.5 项目练习题

1. 选择题

（1）以下不能实现服务器重启的命令是（　　　）。

　　A. init　　　　　　B. shutdown　　　　C. reboot　　　　　D. halt

（2）在 init 命令的几个级别中，（　　　）级别对应关机。

　　A. 0　　　　　　　B. 1　　　　　　　　C. 2　　　　　　　D. 3

（3）在 init 命令的几个级别中，（　　　）级别对应重启。

　　A. 4　　　　　　　B. 5　　　　　　　　C. 6　　　　　　　D. 7

（4）下面几个命令中，（　　　）命令能查看系统启动时间及登录用户数。

　　A. top　　　　　　B. ps　　　　　　　　C. free　　　　　　D. df

（5）下面几个命令中，（　　　）命令能查看内存使用情况。

　　A. top　　　　　　B. ps　　　　　　　　C. free　　　　　　D. df

（6）下面几个命令中，（　　　）命令能查看进程运行情况。

　　A. top　　　　　　B. ps　　　　　　　　C. free　　　　　　D. df

（7）下面几个命令中，（　　　）命令能查看磁盘空间使用情况。

　　A. top　　　　　　B. ps　　　　　　　　C. free　　　　　　D. df

（8）更改用户密码应使用（　　　）命令。

　　A. useradd　　　　B. userdel　　　　　C. passwd　　　　　D. usermod

（9）增加用户应使用（　　　）命令。

　　A. useradd　　　　B. userdel　　　　　C. passwd　　　　　D. usermod

（10）删除用户应使用（　　　）命令。

　　A. useradd　　　　B. userdel　　　　　C. passwd　　　　　D. usermod

（11）更改用户名应使用（　　　）命令。

　　A. useradd　　　　B. userdel　　　　　C. passwd　　　　　D. usermod

（12）以下（　　　）路径写法是绝对路径。

　　A. dir　　　　　　B. /dir　　　　　　　C. ../dir　　　　　D. ./dir

（13）以下（　　　）路径写法是指父目录下的 dir 目录。

　　A. dir　　　　　　B. /dir　　　　　　　C. ../dir　　　　　D. ./dir

（14）查看文件的详细信息应使用（　　）命令。

    A. ls　　　　　　　　B. ll　　　　　　　　C. touch　　　　　　D. find

（15）查找某个文件的位置应使用（　　）命令。

    A. ls　　　　　　　　B. ll　　　　　　　　C. touch　　　　　　D. find

（16）查找某个命令对应文件的位置应使用（　　）命令。

    A. which　　　　　　B. ll　　　　　　　　C. touch　　　　　　D. find

（17）新建文件应使用（　　）命令。

    A. mkdir　　　　　　B. >　　　　　　　　C. touch　　　　　　D. >>

（18）新建文件夹应使用（　　）命令。

    A. mkdir　　　　　　B. >　　　　　　　　C. touch　　　　　　D. >>

（19）向文件中写入内容并把原内容清除应使用（　　）命令。

    A. cat　　　　　　　B. >　　　　　　　　C. touch　　　　　　D. >>

（20）向文件中写入内容但不清除原内容应使用（　　）命令。

    A. cat　　　　　　　B. >　　　　　　　　C. touch　　　　　　D. >>

（21）查看文件内容应使用（　　）命令。

    A. cat　　　　　　　B. rename　　　　　C. mv　　　　　　　D. cp

（22）更改文件名应使用（　　）命令。

    A. cat　　　　　　　B. rename　　　　　C. mv　　　　　　　D. cp

（23）复制文件应使用（　　）命令。

    A. cat　　　　　　　B. rename　　　　　C. mv　　　　　　　D. cp

（24）移动文件应使用（　　）命令。

    A. cat　　　　　　　B. rename　　　　　C. mv　　　　　　　D. cp

（25）删除文件应使用（　　）命令。

    A. rm　　　　　　　B. mount　　　　　C. umount　　　　　D. ln

（26）挂载文件应使用（　　）命令。

    A. rm　　　　　　　B. mount　　　　　C. umount　　　　　D. ln

（27）取消挂载文件应使用（　　）命令。

    A. rm　　　　　　　B. mount　　　　　C. umount　　　　　D. ln

（28）建立文件链接应使用（　　）命令。

    A. rm　　　　　　　B. mount　　　　　C. umount　　　　　D. ln

2．填空题

（1）设定20分钟后关闭系统的命令是＿＿＿＿＿＿＿＿＿＿＿＿＿＿＿。

（2）用GB、MB等为单位的显示方式查看内存使用情况的命令是＿＿＿＿＿＿＿＿＿＿＿＿。

（3）查看"/home"目录所在磁盘的使用情况的命令是＿＿＿＿＿＿＿＿＿＿＿＿。

（4）新建用户"auser"的命令是＿＿＿＿＿＿＿＿＿＿＿＿。

（5）更改用户"auser"的密码为"000000"的命令是＿＿＿＿＿＿＿＿＿＿＿＿。

（6）在"/opt"目录下新建一个文件"a"的命令是＿＿＿＿＿＿＿＿＿＿＿＿。

3．简答题

（1）用命令方式实现：新建一个文件夹X，并在其中创建一个文件夹Y，向X与Y中分别新建两个文件a、b，并将b文件复制到X文件夹中。

（2）将虚拟机的ens33网卡绑定IP地址为"192.168.10.111"。

（3）检查虚拟机与百度（baidu.com）网站的连通性，如果连接正常，则获取其HTML页面内容。

项目4
认识文本编辑软件与远程管理工具

04

学习目标

【知识目标】

（1）了解Vi文本编辑器的3种模式。

（2）综合应用Vi文本编辑器的操作命令。

（3）了解MobaXterm工具的基本功能。

【技能目标】

（1）能够应用Vi文本编辑器进行文本内容编辑。

（2）能够应用MobaXterm进行远程登录。

（3）能够应用MobaXterm进行远程文件传输及管理。

引例描述

通过一段时间的练习，小王已经能够使用常用Linux命令完成系统管理、文件管理、网络管理等操作了，信心满满。不过在练习的过程中，小王发现了一个问题，那就是对于文本内容的修改操作如果只用以前学到的方法会非常困难，Linux操作系统中有没有类似Windows中的"记事本"的文本编辑工具呢？同时，在学习的过程中，一位学长对他说："工欲善其事，必先利其器。你可以使用一些辅助管理工具来提高你的效率。"并为其推荐了一款常用的远程管理工具"MobaXterm"。

4.1 项目陈述

小王通过调研知道，在 Linux 中有类似 Windows 中的"记事本"的工具，那就是"Vi 文本编辑器"。"Vi 文本编辑器"像"记事本"一样使用便捷，具有齐备的文本编辑功能，且内置在 Linux 操作系统中，不需要另外安装，因此得到了广泛应用。但是由于 Vi 文本编辑器不是图形化用户界面，初学时会比较困难，需要通过大量练习才能掌握其命令模式。

另外，服务器通常需要保持长期运行的状态，而运维人员不可能总是在现场并进行及时维护，因此远程管理 Linux 操作系统是运维人员的必要手段。小王学长推荐的远程管理工具"MobaXterm"有着功能强大且可以免费使用的特点，是云计算平台运维人员的必备工具之一。

Vi 文本编辑器的命令与 MobaXterm 的功能很多，本项目只选取 OpenStack 云计算平台运维所必需的基本命令及相关功能进行讲解，在以后搭建平台的过程中要反复使用它们，以获得熟练使用这两种工具的能力。

///// **4.2** 必备知识

4.2.1 Vi 文本编辑器

OpenStack 云计算平台的搭建和运维离不开对配置文件的编辑，此时需要一款能对文本进行编辑的软件。CentOS 及其他 Linux 操作系统中都内置有 Vi 文本编辑器，它类似于 Windows 中内置的"记事本"，是最基本、最常用的文本编辑器。因此，熟练应用 Vi 文本编辑器进行文本编辑是运维人员的必备技能。

首先介绍 Vi 文本编辑器的基本使用方式。

vi <要编辑的文件名>

在编辑文件内容的过程中，将用到 Vi 文本编辑器的 3 种模式，分别是"命令模式""文本输入模式"和"底线命令模式"，这 3 种模式的详细介绍和具体使用方式如下。

1. 命令模式

当用户开启 Vi 文本编辑器时，默认进入命令模式。此模式下键盘的输入会被识别为命令，而非输入字符进行文本编辑。例如，在命令模式下按【Enter】键时，并不会在打开的文本中的某位置输入一个换行符，而是使光标下移一行。

表 4-1 所示为 Vi 文本编辑器命令模式下的常用输入指令。

表 4-1　Vi 文本编辑器命令模式下的常用输入指令

输入指令	功能说明
【Enter】键	光标换行
方向键	在文本中按照方向指示移动光标
【Page Up】/【Page Down】键	上翻页/下翻页
两次【G】键	光标移动到第一行
【G】键和【数字+G】组合键	按【G】键表示移动光标到文本末行； 带数字时则移动光标到数字指示的那一行，例如，2G 表示移动光标到文本第二行
【数字+Enter】组合键	光标下移到数字所指的行数
【H】/【L】键	移动光标到本页首行/末行
【Home】/【End】键	移动光标到该行行首/行尾
【x】/【X】键	按【x】键表示删除当前光标所在处的字符； 按【X】键表示删除光标前面的字符
两次【d】键	删除该行
【u】/【U】键	按【u】键表示撤销上一次操作，可以连续撤销； 按【U】键一次表示撤销，按第二次表示取消撤销
.（点）	重复上一次的输入

2. 文本输入模式

对文件内容的编辑是在文本输入模式下进行的。在该模式下，用户输入的任何字符都会成为文件内容，并实时显示在屏幕上。

表 4-2 所示为从命令模式切换到文本输入模式的输入指令。

表 4-2　从命令模式切换到文本输入模式的输入指令

输入指令	功能说明
【i】/【I】键	按【i】键表示将文本插入光标所在位置之前； 按【I】键表示将文本插入当前行的行首
【a】/【A】键	按【a】键表示将新文本追加到光标当前所在位置之后； 按【A】键表示将新文本追加到所在行的行尾
【o】/【O】键	按【o】键表示将在光标所在行的下面插入一个空行； 按【O】键表示将在光标所在行的上面插入一个空行
两次【c】键/【C】键	按两次【c】键表示将光标所在行删除； 按【C】键表示将光标所在行后面的所有字符删除

在文本输入模式下，若想回到命令模式下，则按【Esc】键即可。

3. 底线命令模式

当文本编辑完成后，需要保存文件或者退出编辑器时，要切换到底线命令模式下。在文本输入模式中按【Esc】键切换到命令模式下后，按【:】【/】【?】这 3 个键之一即可进入底线命令模式，此时光标会位于 Vi 文本编辑器显示窗口的最后一行（通常也是屏幕的最后一行）并等待用户输入命令。多数文件管理命令都是在此模式下执行的，如文件保存、文件退出、文件内容检索等。

表 4-3 所示为 Vi 文本编辑器底线命令模式下的常用输入指令。

表 4-3　Vi 文本编辑器底线命令模式下的常用输入指令

输入指令	功能说明
:q	输入":q"后按【Enter】键将退出程序
:w	输入":w"后按【Enter】键将保存文件到磁盘中
:wq	实际上是":q"和":w"的组合，保存文件到磁盘中并退出 Vi 文本编辑器
:q!	取消保存并退出程序
:x	若当前编辑的文件内容被修改过，则会保存该文件并退出程序；否则直接退出程序
:nu	显示当前行的行号
/	向后检索内容。 例如"/str"，从光标处向下检索文本中的第一个"str"字符串，按【n】键继续检索下一个
?	向前检索内容。 例如"? str"，从光标处向上检索文本中的第一个"str"字符串，按【n】键继续检索下一个

当底线命令执行完成，或者按【Esc】键后，将回到命令模式下。

4.2.2　MobaXterm 远程管理工具

Linux 服务器通常放置在专用机房中，当它需要临时维护时，运维人员很可能不能及时到达现场，这时就需要其对服务器进行远程管理。市面上具有远程管理功能的工具有很多，secureCRT、PuTTY、Telnet、MobaXterm 等都是其中的佼佼者。

在接下来的项目中将以 MobaXterm 为例进行讲解，软件安装包可以从其官网下载或者从本书附送的软件包中获得。安装完成后的 MobaXterm 的主界面如图 4-1 所示。

MobaXterm 不是开源应用，但它提供了免费使用版本。其免费版提供了大量实用功能，足以支持运维人员完成远程服务器管理、远程文件传输等操作。该软件本质上是一个网络工具包，包含多种网络工具，它与服务器通信是通过会话（Session）进行的。单击 MobaXterm 主界面顶部的【Session】按钮，可以看到图 4-2 所示的 MobaXterm 与远程服务器相连所支持的各种会话协议。

图 4-1　MobaXterm 的主界面

图 4-2　MobaXterm 与远程服务器相连所支持的各种会话协议

从图 4-2 中可以看到 MobaXterm 支持多种会话协议，如安全外壳（Secure Shell，SSH）协议、Telnet 协议、远程桌面协议（Remote Desktop Protocol，RDP）、虚拟网络控制台（Virtual Network Console，VNC）协议、文件传送协议（File Transfer Protocol，FTP）、安全文件传送协议（Secure File Transfer Protocol，SFTP）等。其中，SSH 协议是常用的远程管理服务器的协议，SFTP 用于本地与远程服务器之间的文件传输，RDP 用于连接 Windows 的远程桌面。

V4-1　MobaXterm
软件的下载、安装与
使用

4.3　项目实施

4.3.1　配置网卡

在项目 3 中使用 ip 命令为网卡绑定的 IP 地址在服务器重启以后就失效了。本小节将介绍如何通过更改配置文件来永久更改网卡的 IP 地址。

1. 查看本机网卡信息

通过 ip 命令查看现有网络信息并获得网卡名。

```
[root@controller ~]# ip a
1: lo: <LOOPBACK,UP,LOWER_UP> mtu 65536 qdisc noqueue state UNKNOWN group
default qlen 1000
    link/loopback 00:00:00:00:00:00 brd 00:00:00:00:00:00
```

```
        inet 127.0.0.1/8 scope host lo
           valid_lft forever preferred_lft forever
        inet6 ::1/128 scope host
           valid_lft forever preferred_lft forever
    2: ens33: <BROADCAST,MULTICAST,UP,LOWER_UP> mtu 1500 qdisc pfifo_fast state UP
group default qlen 1000
        link/ether 00:0c:29:67:f8:12 brd ff:ff:ff:ff:ff:ff
        inet 192.168.10.128/24 brd 192.168.10.255 scope global noprefixroute ens33
           valid_lft forever preferred_lft forever
        inet6 fe80::6b33:8c75:dd79:2a0d/64 scope link noprefixroute
           valid_lft forever preferred_lft forever
    3: ens34: <BROADCAST,MULTICAST,UP,LOWER_UP> mtu 1500 qdisc pfifo_fast state UP
group default qlen 1000
        link/ether 00:0c:29:67:f8:1c brd ff:ff:ff:ff:ff:ff
        inet 192.168.20.129/24 brd 192.168.20.255 scope global noprefixroute ens34
           valid_lft forever preferred_lft forever
        inet6 fe80::fb84:a7a7:99d6:532f/64 scope link noprefixroute
           valid_lft forever preferred_lft forever
```

从查询的结果中可以得知该主机有两块网卡，分别名为 "ens33" 和 "ens34"。

2. 编辑网卡配置文件

（1）进入网卡配置文件所在目录

```
[root@controller ~]# cd /etc/sysconfig/network-scripts/
```

在该目录下存在以 "ifcfg" 开头的文件，这些文件就是网卡的配置文件。例如，ifcfg-ens33
对应的就是 ens33 网卡。

注意　CentOS 支持单击和双击【Tab】键进行命令补全操作。

（2）编辑仅主机模式网卡的配置文件

按照网卡添加顺序，ens33 网卡对应的是第一块网卡，ens34 网卡对应的是第二块网卡。第一
块网卡在前面的项目中已设置为 "仅主机模式"、第二块网卡已设置为 "NAT 模式"。下面的操作将
对 ens33 网卡按照仅主机模式进行配置，通过它能够实现虚拟机和宿主机之间的通信。下面先来编
辑 ens33 网卡的配置文件。

```
[root@controller network-scripts]]#vi ifcfg-ens33
TYPE=Ethernet
PROXY_METHOD=none
BROWSER_ONLY=no
BOOTPROTO=dhcp
DEFROUTE=yes
IPV4_FAILURE_FATAL=no
IPV6INIT=yes
IPV6_AUTOCONF=yes
IPV6_DEFROUTE=yes
IPV6_FAILURE_FATAL=no
IPV6_ADDR_GEN_MODE=stable-privacy
NAME=ens33
```

```
UUID=a3c18b8e-9c2f-480d-956f-91e7cfbc892a
DEVICE=ens33
ONBOOT=no
```

按【i】键进入文本输入模式，将"BOOTPROTO=dhcp"更改为"BOOTPROTO=static"，即采用手动设置而不自动分配 IP 地址；将"ONBOOT=no"更改为"ONBOOT=yes"，设置开机时启用该网卡。由于前面在编辑虚拟网络时已将仅主机模式网络的 IP 网段设置为"192.168.10.0/24"，故设置网卡 IP 地址为"192.168.10.10"，使其在网段中。

```
IPADDR=192.168.10.10
NETMASK=255.255.255.0
```

以上两行代码分别对应设置了主机的 IP 地址（IPADDR）、子网掩码（NETMASK）。设置结果如以下代码段所示。

```
TYPE=Ethernet
PROXY_METHOD=none
BROWSER_ONLY=no
BOOTPROTO=static
DEFROUTE=yes
IPV4_FAILURE_FATAL=no
IPV6INIT=yes
IPV6_AUTOCONF=yes
IPV6_DEFROUTE=yes
IPV6_FAILURE_FATAL=no
IPV6_ADDR_GEN_MODE=stable-privacy
NAME=ens33
UUID=a3c18b8e-9c2f-480d-956f-91e7cfbc892a
DEVICE=ens33
ONBOOT=yes
IPADDR=192.168.10.10
NETMASK=255.255.255.0
```

再按【Esc】键进入命令模式，并按【:】键进入底线命令模式，最后按【x】与【Enter】键将文件保存并退出 Vi 文本编辑器。

（3）编辑 NAT 模式网卡的配置文件

NAT 模式网络可以使虚拟机通过网关借助宿主机网络与互联网相互通信。在前面配置虚拟网络的时候配置了 NAT 网段为"192.168.20.0/24"，NAT 网关为"192.168.20.2"。接下来通过修改 ens34 网卡的配置文件为 ens34 网卡绑定 IP 地址。

```
[root@controller network-scripts]# vi ifcfg-ens34
TYPE=Ethernet
PROXY_METHOD=none
BROWSER_ONLY=no
BOOTPROTO=dhcp
DEFROUTE=yes
IPV4_FAILURE_FATAL=no
IPV6INIT=yes
IPV6_AUTOCONF=yes
IPV6_DEFROUTE=yes
IPV6_FAILURE_FATAL=no
IPV6_ADDR_GEN_MODE=stable-privacy
```

```
NAME=ens34
UUID=aec7bc3f-0f89-4eae-b908-9a7b60edd19b
DEVICE=ens34
ONBOOT=no
```

按【i】键进入文本输入模式，将"BOOTPROTO=dhcp"更改为"BOOTPROTO=static"，即采用静态 IP 方式；将"ONBOOT=no"更改为"ONBOOT=yes"，设置开机时启用该网卡。安装系统时添加的第二块网卡（也就是 ens34 网卡）在 NAT 模式网络中，该网络的 IP 网段为"192.168.20.0/24"，所以该网卡的 IP 地址也应该在此网段内，故设置网卡 IP 地址为"192.168.20.10/24"。

```
IPADDR=192.168.20.10
NETMASK=255.255.255.0
GATEWAY=192.168.20.2
DNS1=114.114.114.114
DNS2=8.8.8.8
```

注意，这里设置网关（GATEWAY）为"192.168.20.2"是因为 NAT 模式网络的 NAT 设备的 IP 地址为"192.168.20.2"。而 DNS1 和 DNS2 分别对应了两个 DNS 域名解析服务器，通过 DNS 域名解析服务器可以用域名访问网络。设置结果代码如下。

```
TYPE=Ethernet
PROXY_METHOD=none
BROWSER_ONLY=no
BOOTPROTO=static
DEFROUTE=yes
IPV4_FAILURE_FATAL=no
IPV6INIT=yes
IPV6_AUTOCONF=yes
IPV6_DEFROUTE=yes
IPV6_FAILURE_FATAL=no
IPV6_ADDR_GEN_MODE=stable-privacy
NAME=ens34
UUID=aec7bc3f-0f89-4eae-b908-9a7b60edd19b
DEVICE=ens34
ONBOOT=yes
IPADDR=192.168.20.10
NETMASK=255.255.255.0
GATEWAY=192.168.20.2
DNS1=114.114.114.114
DNS2=8.8.8.8
```

按【Esc】键进入命令模式，并按【:】键进入底线命令模式，再按【x】与【Enter】键将文件保存并退出 Vi 文本编辑器。

3. 重启网络并验证

（1）重启网络

```
[root@controller ~]# systemctl restart network
```

（2）查看更改后的网络信息

```
[root@controller ~]# ip a
1: lo: <LOOPBACK,UP,LOWER_UP> mtu 65536 qdisc noqueue state UNKNOWN group default qlen 1000
```

```
    link/loopback 00:00:00:00:00:00 brd 00:00:00:00:00:00
    inet 127.0.0.1/8 scope host lo
        valid_lft forever preferred_lft forever
    inet6 ::1/128 scope host
        valid_lft forever preferred_lft forever
 2: ens33: <BROADCAST,MULTICAST,UP,LOWER_UP> mtu 1500 qdisc pfifo_fast state UP
group default qlen 1000
    link/ether 00:0c:29:67:f8:12 brd ff:ff:ff:ff:ff:ff
    inet 192.168.10.10/24 brd 192.168.10.255 scope global noprefixroute ens33
        valid_lft forever preferred_lft forever
    inet6 fe80::6b33:8c75:dd79:2a0d/64 scope link noprefixroute
        valid_lft forever preferred_lft forever
 3: ens34: <BROADCAST,MULTICAST,UP,LOWER_UP> mtu 1500 qdisc pfifo_fast state UP
group default qlen 1000
    link/ether 00:0c:29:67:f8:1c brd ff:ff:ff:ff:ff:ff
    inet 192.168.20.10/24 brd 192.168.20.255 scope global noprefixroute ens34
        valid_lft forever preferred_lft forever
    inet6 fe80::fb84:a7a7:99d6:532f/64 scope link noprefixroute
        valid_lft forever preferred_lft forever
```

可以看到 ens33 和 ens34 网卡的 IP 地址已经更改成功了。

（3）测试虚拟机与宿主机的连通性

在宿主机 Windows 的【运行】对话框中输入 "cmd" 后按【Enter】键，打开 Windows 的【命令提示符】窗口。在窗口中输入 "ping 192.168.10.10"，如果宿主机能与虚拟机通信，则将获得类似如下的结果。

```
Pinging 192.168.10.10 with 32 bytes of data:
Reply from 192.168.10.10: bytes=32 time<1ms TTL=64
Reply from 192.168.10.10: bytes=32 time=1ms TTL=64
Reply from 192.168.10.10: bytes=32 time=1ms TTL=64
Reply from 192.168.10.10: bytes=32 time=2ms TTL=64

Ping statistics for 192.168.10.10:
    Packets: Sent = 4, Received = 4, Lost = 0 (0% loss),
Approximate round trip times in milli-seconds:
    Minimum = 0ms, Maximum = 2ms, Average = 1ms
```

（4）测试虚拟机与外网的连通性

此任务需要连接互联网，如果没有连接互联网，则可以跳过本步骤。

```
[root@controller ~]# ping baidu.com
```

如果出现如下结果，则说明虚拟机没有连接上互联网。

```
ping: baidu: Name or service not known
```

如果没有连接上互联网，则应在确保互联网连接与外网网卡配置正确的情况下，将宿主机 Windows 的内置防火墙及其他防火墙软件关闭后再进行测试。连接外网成功时会得到如下结果。

```
[root@controller ~]# ping baidu.com
PING baidu.com (220.181.38.251) 56(84) bytes of data.
64 bytes from 220.181.38.251 (220.181.38.251): icmp_seq=1 ttl=128 time=32.8 ms
64 bytes from 220.181.38.251 (220.181.38.251): icmp_seq=2 ttl=128 time=47.7 ms
64 bytes from 220.181.38.251 (220.181.38.251): icmp_seq=3 ttl=128 time=41.4 ms
64 bytes from 220.181.38.251 (220.181.38.251): icmp_seq=4 ttl=128 time=32.6 ms
```

4.3.2 远程登录和远程文件传输

通过上一个任务已经将虚拟机的内网网卡与 IP 地址"192.168.10.10"进行了绑定。现在用 MobaXterm 远程管理工具连接到该 IP 地址，以对虚拟机进行远程管理。另外，在连接上虚拟机的情况下，将本地文件（即宿主机中的文件）上传到虚拟机中，实现远程文件传输。

1. 远程登录

（1）新建 SSH 会话

单击 MobaXterm 主界面左上角的【Session】按钮，弹出图 4-3 所示的【Session settings】对话框。

图 4-3 【Session settings】对话框

单击【SSH】按钮，设置 SSH 会话，在图 4-3 所示的【Remote host】文本框中输入要连接的远程主机 IP 地址，如"192.168.10.10"，单击【OK】按钮，结束会话设置。

（2）调用会话实现远程连接

SSH 会话创建好后，MobaXterm 会自动调用该会话去连接远程服务器，进入图 4-4 所示的等待登录的界面。

图 4-4 等待登录的界面

输入用户名为"root"，密码为"000000"，按【Enter】键登录系统。如果登录成功，则可以进入图 4-5 所示的远程登录成功的界面。

```
                    ? MobaXterm 12.4 ?
           (SSH client, X-server and networking tools)

▶ SSH session to root@192.168.10.10
  ? SSH compression : ✔
  ? SSH-browser     : ✔
  ? X11-forwarding  : ✘ (disabled or not supported by server)
  ? DISPLAY         : 10.168.1.107:0.0

▶ For more info, ctrl+click on help or visit our website

Last login: Sat Nov 21 13:58:46 2020
[root@localhost ~]#
```

图 4-5　远程登录成功的界面

登录成功后可以看到在光标前存在"[root@localhost ~]"字样，表示当前 root 用户已经登录了名为"localhost"的主机。这里的"~"表示用户的家目录，对于 root 用户来说，这个目录就是"/root"。

2. 远程文件传输

MobaXterm 还可以实现本地与远程主机之间的文件传输。这个远程文件传输功能是通过 SFTP 会话实现的。

（1）新建 SFTP 会话

单击 MobaXterm 主界面左上角的【Session】按钮，弹出图 4-6 所示的【Session settings】对话框。

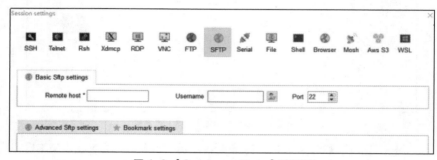

图 4-6　【Session settings】对话框

单击【SFTP】按钮，设置 SSH 会话，在图 4-6 所示的【Remote host】文本框中输入要连接的远程主机 IP 地址，如"192.168.10.10"，在【Username】文本框中输入"root"，单击【OK】按钮，结束会话设置。

（2）调用会话实现远程连接

SFTP 会话创建好后，MobaXterm 会自动调用该会话去连接远程服务器，弹出图 4-7 所示的输入密码的对话框。在该对话框中输入 root 用户的密码，如"000000"，单击【OK】按钮连接主机。

图 4-7　输入密码的对话框

注意 如果已经用 SSH 成功连接了该主机，则用户名和密码已经被记录过，这里就不会
弹出输入密码的对话框。

连接成功后将进入图 4-8 所示的 SFTP 会话连接成功的界面。

图 4-8　SFTP 会话连接成功的界面

（3）实现本地与远程主机之间的文件传输

先从本地主机复制文件到远程主机中：从本机（见图 4-8 左侧窗口）拖动复制一个文件到远程
主机中（见图 4-8 右侧窗口）。

再从远程主机复制文件到本地主机中：从远程主机（见图 4-8 右侧窗口）拖动复制一个文件到
本机中（见图 4-8 左侧窗口）。

4.4　项目小结

文本编辑软件和远程管理工具是 Linux 管理人员的常用工具，需要熟练掌握。Vi 文本编辑器是
集成在 Linux 操作系统中的一个文本编辑器，不需要安装就可以使用，具有完备的文件编辑功能。
它具有 3 种模式，通常用法是先在命令模式下快速定位到需要进行编辑的位置，再进入文本输入模
式对文件进行编辑，最后进入底线命令模式执行文件保存、退出应用等操作。在项目实施环节中，
通过 Vi 文本编辑器对 "/etc/sysconfig/network-scripts/" 下前缀为 "ifcfg" 的网卡配置文件进行
了编辑，实现了网卡的定制，包括绑定 IP 地址、设定网关、开机启用网卡等。

MobaXterm 是一种可以免费使用的多功能远程管理工具，它通过会话和远程服务器通信，可
以实现命令传递、执行结果显示、远程文件传输等功能，它是运维人员的远程服务器管理利器。在
项目实施环节中，用 MobaXterm 的 SSH 会话实现了远程登录，用 SFTP 会话实现了文件的远程
传输。

4.5　项目练习题

1. 选择题

（1）在 Vi 文本编辑器（　　　　）下可以进行文本内容编辑。

　　A. 命令模式　　　　　B. 底线命令模式　　　C. 文本输入模式　　　　D. 以上均可

（2）在 Vi 文本编辑器（　　　）下可以进行文本内容搜索。

  A．命令模式   B．底线命令模式   C．文本输入模式   D．以上均可

（3）在 Vi 文本编辑器（　　　）下可以进行文本内容保存。

  A．命令模式   B．底线命令模式   C．文本输入模式   D．以上均可

（4）在 Vi 文本编辑器（　　　）下可以进行移动光标到第 n 行的操作。

  A．命令模式   B．底线命令模式   C．文本输入模式   D．以上均可

（5）以下几个命令模式的命令中，（　　　）键能删除一行。

  A．按两次【d】   B．按两次【g】   C．【x】   D．【u】

（6）以下几个命令模式的命令中，（　　　）键能让光标回到第一行。

  A．按两次【d】   B．按两次【g】   C．【x】   D．【u】

（7）以下几个命令模式的命令中，（　　　）键能撤销上一次操作。

  A．按两次【d】   B．按两次【g】   C．【x】   D．【u】

（8）以下（　　　）键可以从命令模式转换到文本输入模式，在光标所在行的下面插入一个空行。

  A．【i】   B．【a】   C．【o】   D．【C】

（9）以下（　　　）键可以从命令模式转换到文本输入模式，将文本插入光标所在位置之前。

  A．【i】   B．【a】   C．【o】   D．【C】

（10）输入以下（　　　）命令可以在底线命令模式下将文本保存到磁盘中。

  A．:q   B．:nu   C．:!q   D．:w

（11）输入以下（　　　）命令可以在底线命令模式下不保存修改而直接退出 Vi 文本编辑器。

  A．:q   B．:nu   C．:!q   D．:w

（12）在底线命令模式下，输入以下（　　　）命令，可以实现如果文件内容有修改，则保存文件后退出程序，如果没有修改，则直接退出程序的功能。

  A．:q   B．:wq   C．:x   D．:w

2．填空题

（1）Vi 文本编辑器的 3 个模式分别是＿＿＿＿、＿＿＿＿＿和＿＿＿＿。

（2）如果要在 Vi 文本编辑器中实现光标移动到第 100 行，则需要在＿＿＿模式下执行＿＿＿命令。

（3）如果要在 Vi 文本编辑器中搜索文本中的"abc"字符串，则需要在＿＿＿＿模式下执行＿＿＿＿命令。

（4）MobaXterm 通常通过＿＿＿＿会话登录远程主机。

（5）MobaXterm 通常通过＿＿＿＿会话实现远程文件传输。

3．实训题

（1）请编辑文件"abc"，找到其内容中第一个"dhcp"字符串出现的位置，并将该字符串更改为"static"，最后保存文件并退出。

（2）假设要远程管理 IP 地址为"192.168.20.20"的主机，用户名和密码分别为"user1""000000"，请写出用 MobaXterm 远程登录的具体操作过程。

中篇

OpenStack 云计算平台搭建

项目5
云计算平台基础环境准备

学习目标

【知识目标】

（1）理解与使用YUM软件包管理器的基本概念与基本命令。

（2）综合应用主机名管理命令。

（3）了解本地域名解析方法。

（4）了解Firewall防火墙的基本知识。

（5）了解Chrony时间同步服务。

（6）了解MariaDB数据库服务。

（7）了解RabbitMQ消息队列服务。

（8）了解Memcached缓存服务。

（9）了解etcd分布式键-值对存储系统。

【技能目标】

（1）能够从网络上同步软件仓库生成YUM源。

（2）能够使用命令查看与更改主机名。

（3）能够实现本地域名解析。

（4）能够管理Firewall防火墙。

（5）能够配置Chrony时间同步服务。

（6）能够安装与配置MariaDB数据库。

（7）能够安装与配置RabbitMQ消息队列服务。

（8）能够安装与配置Memcached缓存服务。

（9）能够安装与配置etcd分布式键-值对存储系统。

引例描述

小王掌握了Vi文本编辑器和MobaXterm远程管理工具的使用方法以后，他感觉对Linux的操作更加得心应手。他认为现在基础知识和必备操作技能已经学习完毕，是时候展开OpenStack云计算平台的搭建工作了。此时，小王又遇到了一些问题，如安装OpenStack前还要做哪些工作，是不是只需要安装OpenStack软件即可，怎样获取OpenStack安装软件，怎么把现有的一台虚拟机变成安装OpenStack所需要的两台虚拟机，两台虚拟机之间的网络该怎么设置等。

5.1 项目陈述

通过完成前面的项目，小王已经准备好了一台安装有 CentOS 的服务器（虚拟机），并且拥有了对 Linux 的基本操作能力。通过调研，小王了解到 OpenStack 双节点云计算平台至少需要两台服务器才能构建。可以用 VMware Workstation 提供的虚拟机克隆功能来使一台服务器通过克隆产生第二台服务器。有了双主机以后还需要配置好双网卡的网络环境，使虚拟机之间及虚拟机和互联网之间可以相互通信。此外，在安装 OpenStack 之前必须安装并配置好时间同步服务、数据库服务、消息队列服务、缓存服务、分布式键-值对存储服务等基础服务，因为它们可提供对 OpenStack 的必要支持。提供这些服务的软件不属于 OpenStack 云计算平台，但是这些服务是 OpenStack 云计算平台正常运行所离不开的。目前市面上有多种软件可以提供这些基础服务，但是在搭建 OpenStack 云计算平台时，Chrony、MariaDB、RabbitMQ、Memcached、etcd 这些服务软件使用得最多。这些服务软件虽然都可以直接从 CentOS 官网提供的官方软件仓库中获得，但由于这些服务软件与 OpenStack 软件包的体积非常大，直接通过互联网安装比较慢，因此将所需的软件资源先下载到本地再进行安装较好。

为完成以上任务，小王计划先学习以下必备知识。

- 通过"CentOS 的软件管理"学习如何进行 CentOS 应用的安装、卸载、查询等。
- 通过"主机名管理与域名解析"学习主机更名与通过主机名访问主机的方法。
- 通过"CentOS 的防火墙管理"学习防火墙的开启与关闭操作，以保证网络的连通性。
- 通过"OpenStack 的基础支持服务"学习安装 OpenStack 云计算平台之前必须安装的时间同步服务、云计算平台软件框架、数据库服务、消息队列服务、缓存服务、分布式键-值对存储系统的相关概念和安装及配置方法。

在项目实施环节，小王在项目操作手册的指导下完成了 OpenStack 云计算平台的基础环境准备工作。因为本项目是后续安装项目的基础，所以必须要保证其正确实施。

5.2 必备知识

5.2.1 CentOS 的软件管理

虚拟机安装好操作系统以后就需要安装应用软件。在手机的操作系统中，在应用商城可以下载并安装软件。相似的，在 CentOS Linux 操作系统中也有类似的功能，这就是软件仓库（Repository）。软件仓库收藏着可供系统安装使用的软件包(应用程序)。CentOS 软件仓库中包含数万个可供自由下载和安装的可用软件包，在工作、学习中常用的软件都可以在这里下载和安装。

1. YUM 软件包管理器

CentOS 的软件仓库使用 YUM 软件进行管理，YUM 是黄狗更新程序（Yellow dog Updater Modified）的缩写，它是一个在 Fedora 和 RedHat 以及 CentOS 中使用的软件包管理器。YUM 能够从指定的服务器中自动下载并安装软件包，同时可以自动处理依赖关系，从而实现一次性安装全部该软件所依赖的软件包。调用 YUM 时，使用 yum 命令即可。下面是 yum 命令的使用方法。

```
yum [选项] <操作> <软件包名>
```

表 5-1 和表 5-2 所示为 yum 命令的常用操作和常用选项及其对应的功能说明。

表 5-1　yum 命令的常用操作及其功能说明

常用操作	功能说明
install	安装软件包
update	更新软件包
check-update	检查是否有可用的更新软件包
remove	删除指定的软件包
list	显示软件包列表
search	查询软件所属的软件包信息
info	显示指定的软件包的描述信息和概要信息
clean	清理过期的缓存
resolvedep	显示软件包的依赖关系
deplist	显示软件包的所有依赖关系

表 5-2　yum 命令的常用选项及其功能说明

常用选项	功能说明
-h	显示帮助信息
-y	对所有的提问都回答"yes"
-c	指定配置文件
-q	安静模式，即不显示软件反馈信息
-v	详细模式
-R	处理一个命令的最大等待时间
-C	完全从缓存中运行，而不去下载或者更新任何文件

如果要安装一个软件，但不知道它在哪个软件包中，则可以参考例 5-1 进行软件包搜索。

例 5-1：搜索 ifconfig 软件在哪个软件包中

```
[root@controller ~]# yum search ifconfig
Loaded plugins: fastestmirror, priorities
Repodata is over 2 weeks old. Install yum-cron? Or run: yum makecache fast
Loading mirror speeds from cached hostfile
================================Matched:ifconfig======================
==================
net-tools.x86_64 : Basic networking tools
python2-psutil.x86_64 : A process and system utilities module for Python
```

从搜索的结果中可以看出，net-tools 和 python2-psutil 两个软件包中都包含 ifconfig 软件。
当忘记软件包的完整名称时，可以参照例 5-2 的方法来根据部分名称进行软件包查询。

例 5-2：查询软件仓库中以"net-"开头的所有软件包的信息

```
[root@controller ~]# yum list net-*
Loaded plugins: fastestmirror, priorities
Repodata is over 2 weeks old. Install yum-cron? Or run: yum makecache fast
Loading mirror speeds from cached hostfile
Available Packages
```

net-snmp.x86_64	1:5.7.2-43.el7	centos7
net-snmp-agent-libs.x86_64	1:5.7.2-43.el7	centos7
net-snmp-devel.x86_64	1:5.7.2-43.el7	centos7
net-snmp-libs.x86_64	1:5.7.2-43.el7	centos7
net-snmp-utils.x86_64	1:5.7.2-43.el7	centos7
net-tools.x86_64	2.0-0.25.20131004git.el7	centos7

这里用通配符"*"实现了通过部分名称查询相关软件包的操作。

查询出软件包名后，可以按照例 5-3 的步骤进行软件包安装。

例 5-3：安装 net-tools 软件包

```
[root@controller ~]# yum -y install net-tools
Loaded plugins: fastestmirror
Loading mirror speeds from cached hostfile
 * base: mirrors.bfsu.edu.cn
 * extras: mirrors.bfsu.edu.cn
 * updates: mirrors.163.com
Resolving Dependencies
--> Running transaction check
---> Package net-tools.x86_64 0:2.0-0.25.20131004git.el7 will be installed
--> Finished Dependency Resolution

Dependencies Resolved

================================================================================
 Package            Arch           Version                    Repository      Size
================================================================================
Installing:
 net-tools          x86_64         2.0-0.25.20131004git.el7   base            306 k
Transaction Summary
================================================================================
Install   1 Package
Total download size: 306 k
Installed size: 917 k
Downloading packages:
net-tools-2.0-0.25.20131004git.el7.x86_64.rpm                  | 306 kB   00:00:00
Running transaction check
Running transaction test
Transaction test succeeded
Running transaction
  Installing:  net-tools-2.0-0.25.20131004git.el7.x86_64                1/1
  Verifying:   net-tools-2.0-0.25.20131004git.el7.x86_64                1/1
Installed:
  net-tools.x86_64 0:2.0-0.25.20131004git.el7
Complete!
```

安装过程大致分为 3 步，首先是依赖性检查，即找出此软件包运行所依赖的所有软件包；然后将软件包及其所有依赖包从软件仓库中下载下来；最后安装软件包及其所有依赖包。

2. YUM 源

提供软件包下载的服务器就是 YUM 源。YUM 软件可以管理多个软件源。YUM 源的配置文件默认为/etc/yum.repos.d/目录下所有后缀为"repo"的文件。

通过 ls 命令可查看 CentOS 安装好后就已经存在的 YUM 源配置文件，查询结果如下所示。

```
[root@controller yum.repos.d]# ls
CentOS-Base.repo    CentOS-Debuginfo.repo    CentOS-Media.repo      CentOS-Vault.repo
CentOS-CR.repo      CentOS-fasttrack.repo    CentOS-Sources.repo
```

其中的每一个 YUM 源配置文件中都可以配置多个软件仓库，如打开 CentOS-Base.repo 文件可以看到如下内容。

```
[base]
name=CentOS-$releasever - Base
mirrorlist=http://mirrorlist.centos.org/?release=$releasever&arch=$basearch&repo=os&infra=$infra
#baseurl=http://mirror.centos.org/centos/$releasever/os/$basearch/
enabled=1
gpgcheck=1
gpgkey=file:///etc/pki/rpm-gpg/RPM-GPG-KEY-CentOS-7
```

这些内容就是一个软件仓库的配置，也称为一个 YUM 源容器，其中[base]是容器名。如此，可以在一个文件中配置若干个 YUM 源容器。表 5-3 所示为 YUM 源容器的配置项及其功能说明。

表 5-3   YUM 源容器的配置项及其功能说明

配置项	功能说明
name	源容器的说明
mirrorlist	镜像站点，与 baseurl 参数只启用其中一项
baseurl	源服务器的地址
enabled	如果不写此参数或值为 1，则表示此容器生效；值为 0 则表示此容器不生效
gpgcheck	如果值为 1，则表示需要验证软件包的数字证书信息；值为 0 则表示不需要验证
gpgkey	数字证书的公钥文件保存位置，当 gpgcheck 值为 0 时，此参数无效

通过更改 YUM 源容器的各个配置项的参数值，可以实现更换 YUM 源的目的。如依照以下代码进行修改可将 YUM 源更改为网易公司提供的镜像源。

```
[base]
name=base
baseurl=http://mirrors.163.com/centos/7/os/x86_64/
enable=1
gpgcheck=0
```

国内各大互联网企业基本上都对外提供了 YUM 源服务，读者可以通过百度搜索并替换 YUM 源容器地址来使用这些 YUM 源服务。

5.2.2   主机名管理与域名解析

登录以后，可以发现每台主机的命令行前面都是"[root@localhost ~]"，这里的"localhost"就是默认的主机名。如果不更改主机名，则相同的主机名将导致这些主机之间无法区分彼此。因此，需要给每台主机配置一个唯一的名称（主机名），以方便以后直接通过主机名对相应的计算机进行管理。

1. 主机名管理

（1）查看主机名

使用 Linux 的 hostname 命令可以查看当前计算机的主机名。

```
[root@localhost ~]# hostname
localhost.localdomain
```

这里得到的结果"localhost.localdomain"就是该计算机默认的主机名。

（2）更改主机名

这里介绍两种常用的更改主机名的方法，实际操作时任选其一即可。

方法一：更改"/etc/hostname"文件，用新的主机名替换原有的主机名。

```
[root@localhost ~]# vi /etc/hostname
```

更改完成后需要重启系统，使更改生效。

```
[root@localhost ~]# reboot
```

方法二：使用 hostnamectl 命令更改主机名。

hostnamectl 命令用于对主机名进行管理，使用它更改主机名的方法如下所示。

```
hostnamectl set-hostname  <主机名>
```

这条命令将更改"/etc/hostname"文件的内容，以达到更改主机名的目的。采用方法二更改主机名不需要重启系统，退出当前登录或者用远程管理工具重新连接一次即可，如例 5-4 所示。

例 5-4：将主机名更改为"controller"

第 1 步，更改主机名为"controller"。

```
[root@localhost ~]# hostnamectl set-hostname controller
```

第 2 步，退出登录。

```
[root@localhost ~]# exit
```

重新登录进入系统后，可以看到命令行最左边的部分变成了"[root@controller ~]"，这就表示主机名已经成功更改为"controller"。

2. 本地域名解析

如果想通过主机名直接访问对应的主机，则需要对主机名和网卡的 IP 地址进行绑定，这个绑定工作可以借助本地域名解析来完成。Linux 中的"/ext/hosts"文件的作用就是将一些常用的域名与其对应的 IP 地址建立关联，当访问这些域名时就可以将其解析为对应的 IP 地址进行访问。利用这个方法将主机名和 IP 地址进行绑定后，访问主机名就等同于访问对应的 IP 地址，这样可以提高工作效率。

打开 hosts 文件后可以看到如下内容。

```
[root@controller ~]# vi /etc/hosts
127.0.0.1       localhost localhost.localdomain localhost4 localhost4.localdomain4
::1             localhost localhost.localdomain localhost6 localhost6.localdomain6
```

如上所示，文件中的每一行都表示一个域名到 IP 地址的映射关系，其中"127.0.0.1"是 IPv4 的本地 IP 地址，而"::1"是 IPv6 的本地 IP 地址。IP 地址后面的字符串是主机名列表。主机名列表中的第一个名称为主机名，如这里的"localhost"，其他名称为主机名的别名。主机名的别名可以有多个，它们之间用空格隔开。下面用例 5-5 来演示如何将主机名解析为 IP 地址。

例 5-5：将主机名"controller"解析为内网 IP 地址"192.168.10.10"

第 1 步，打开 hosts 文件进行编辑，在文件内容最后加上如下一行数据。

```
192.168.10.10  controller
```

保存文件并退出后执行下一步操作。

第 2 步，测试与主机的连通性。

```
[root@controller ~]# ping controller
```

```
PING controller (192.168.10.10) 56(84) bytes of data.
64 bytes from controller (192.168.10.10): icmp_seq=1 ttl=64 time=0.010 ms
64 bytes from controller (192.168.10.10): icmp_seq=2 ttl=64 time=0.043 ms
64 bytes from controller (192.168.10.10): icmp_seq=3 ttl=64 time=0.022 ms
```

如果获得以上结果，则说明能够通过主机名进行访问，这同时表明成功地将主机名解析成了 IP 地址。

5.2.3　CentOS 的防火墙管理

防火墙是一种位于内部网络与外部网络之间的网络安全系统，可以将内部网络和外部网络隔离。通常，防火墙可以保护内部的私有局域网免受外部攻击，并防止重要数据泄露。CentOS Linux 中自带防火墙应用，CentOS 7 默认使用 Firewall 作为系统防火墙。CentOS 7 中对防火墙的管理功能是集成在系统服务管理命令 systemctl 中的。systemctl 命令的基本用法如下所示。表 5-4 所示为 systemctl 命令的常用参数及其功能说明。

```
systemctl <参数> <服务名>
```

表 5-4　systemctl 命令的常用参数及其功能说明

常用参数	功能说明
status	查看服务运行状态
start	开启服务
stop	停止服务
enable	使服务开机即启动
disable	取消服务开机启动
restart	重启服务

例如，"systemctl restart firewalld"就是重启防火墙，这里的"firewalld"是"firewalld.service"的简写，它是防火墙服务的守护进程，启动了它就启动了防火墙服务。下面用几个例子说明如何管理 Firewall 防火墙。

例 5-6：查看防火墙状态

```
[root@controller ~]# systemctl status firewalld
● firewalld.service – firewalld – dynamic firewall daemon
   Loaded: loaded (/usr/lib/systemd/system/firewalld.service; enabled; vendor preset: enabled)
   Active: active (running) since Sun 2021-08-15 12:49:59 EDT; 38s ago
     Docs: man:firewalld(1)
 Main PID: 8548 (firewalld)
   CGroup: /system.slice/firewalld.service
           └─8548 /usr/bin/python2 –Es /usr/sbin/firewalld --nofork --nopid
```

运行结果中的"Loaded"这一行中的"enabled"说明已经开启了开机启用服务，否则该参数项是"disabled"；"Active"这一行中的"active (running)"说明服务已经启动，且处于运行状态，服务没有启动时，该参数项是"inactive (dead)"。

例 5-7：停止防火墙

```
[root@controller ~]# systemctl stop firewalld
```

通常，停止防火墙时，要设置禁止防火墙开机自动启动，否则一旦重启系统，防火墙仍然会自动运行，具体命令如下。

```
[root@controller ~]# systemctl disable firewalld
```

例 5-8：启动防火墙

启动防火墙的命令如下所示。

```
[root@controller ~]# systemctl start firewalld
```

防火墙启动之后，设置防火墙开机自动启动服务，否则重启系统后防火墙会失效，具体命令如下。

```
[root@controller ~]# systemctl enable firewalld
```

5.2.4　OpenStack 的基础支持服务

OpenStack 云计算平台要借助多种第三方提供的基础服务才能够正常运行。这些基础服务包括数据库服务、消息队列服务、时间同步服务、缓存服务等。能够提供这些基础服务的软件有很多种，这里只介绍目前常用的软件。

1.　Chrony 时间同步服务

网络时间协议（Network Time Protocol，NTP）是用于网络时间同步的协议。提供 NTP 网络对时的服务器就是 NTP 服务器。因为云计算平台是一个计算机集群，所以必然包含多台服务器（如本书中用到了两台）。因为同一系统内的计算机时间必须保持一致才能保证系统工作正常，所以需要对所有的服务器进行时间同步，即保证所有服务器处于相同的时间。提供 NTP 时间同步服务的软件有很多，这里采用 Chrony 软件来实现时间同步。Chrony 软件是一款开源的自由软件，是 CentOS 7 中默认开启的服务。Chrony 软件包括两个核心组件，即 chronyd 和 chronyc。chronyd 是后台一直运行的守护进程，用于调整计算机的系统时钟与 NTP 服务器保持同步。chronyc 是命令行的用户管理组件，用于监控性能并进行多样化的配置。图 5-1 所示为时间同步服务的示意，其中内网 NTP 服务器可以从外网 NTP 服务器获得时间同步服务，同时它为内网中的时间同步客户端提供了时间同步服务。所以一个 NTP 服务器也可以作为另一个 NTP 服务器的客户端。

图 5-1　时间同步服务的示意

（1）时间同步服务配置

时间同步中的核心是给其他计算机提供进行"对时"的 NTP 服务器。通过修改 Chrony 配置文件，可以将任意一台计算机配置成 NTP 服务器或者与 NTP 服务器连接的客户端。Chrony 的配置文件是"/etc/chrony.conf"。打开配置文件后，可以看到在开始部分有 4 个 NTP 服务器设置，具体如下所示。

```
server 0.centos.pool.ntp.org iburst
server 1.centos.pool.ntp.org iburst
server 2.centos.pool.ntp.org iburst
```

```
server 3.centos.pool.ntp.org iburst
```

这里预设了由 CentOS 官方提供的 4 个 NTP 服务器，在连接互联网的情况下，CentOS 主机将与这 4 个 NTP 服务器之一进行时间同步。其中，"iburst"参数的作用是设置当 NTP 服务器没有在一定的时间内应答时，客户端会发送 8 倍数量的数据包给 NTP 服务器以提高同步成功率。

设置好要与之同步的 NTP 服务器后，该主机就成为对应 NTP 服务器的客户端，它将主动与 NTP 服务器进行时间同步，使其系统时间与 NTP 服务器时间保持一致。而让主机成为 NTP 服务器的方法也很简单，仍然是修改配置文件，设置允许某个网段的 Chrony 客户端使用本机的 NTP 服务，如下所示。

```
allow 192.168.10.0/24
```

每次修改完配置文件后需要重启服务才能使其生效，如下所示。

```
systemctl restart chronyd        #重启服务
systemctl enable chronyd         #设置开机启动
```

（2）时间同步服务管理

Chrony 的时间同步由 chronyc 命令进行监控和管理。chronyc 命令的基本用法如下所示。

```
chronyc <参数>
```

表 5-5 所示为 chronyc 命令的常用参数及其功能说明。

表 5-5　chronyc 命令的常用参数及其功能说明

常用参数	功能说明
sources [-v]	显示当前 NTP 服务器的信息，加上选项-v 将显示对数据的说明
Activity	检查有多少个 NTP 源在线/离线
Clients	显示访问本服务器的客户端
add server	添加新的 NTP 服务器
delete	删除已有的 NTP 服务器

例 5-9：查看当前客户端与 NTP 服务器的连接情况

```
[root@controller ~]# chronyc sources
210 Number of sources = 4
MS Name/IP address         Stratum Poll Reach LastRx Last sample
===============================================================================
^+ time.neu.edu.cn          1   10   377   1008    +3058us[+3286us] +/-    36ms
^* 203.107.6.88             2   10   377   231     -652us[ -390us] +/-     31ms
^- ntp5.flashdance.cx       2   10   375   421     +3017us[+3271us] +/-    161ms
^- stratum2-1.ntp.led01.ru.> 2  10   367   607     +39ms[  +39ms] +/-     109ms
```

从显示结果中可以看到，当前提供的 NTP 服务器数量为 4 台。其中，"*"表示当前已经连接的 NTP 服务器，如果无法连接则会显示"?"；"Last sample"列显示了上次测量时本地时钟与 NTP 服务器时间之间的偏移量，方括号中的内容表示实际测得的偏移量，方括号左侧的内容表示被调整的偏移量，值为正时表示客户端时间比服务器时间快，"+/-"后的内容为允许误差范围。

例 5-10：添加和删除腾讯 NTP 服务器

```
[root@controller ~]# chronyc add server time1.cloud.tencent.com
200 OK
```

显示"200 OK"表示操作成功。接下来将该 NTP 服务器删除。

```
[root@controller ~]# chronyc delete time1.cloud.tencent.com
200 OK
```

2. OpenStack 云计算平台框架

OpenStack 是包含很多独立组件的一个云计算平台框架。在安装组件前，需要先将框架搭建出来，才能向其中放置组件。

首先，请按照下面的步骤，在控制节点与计算节点上安装由 CentOS 官方发布的 OpenStack 云计算平台框架与客户端管理工具。

V5-1 基础环境
配置——安装时间
同步服务

（1）安装 OpenStack 云计算平台框架

安装命令如下所示。

```
yum -y install centos-release-openstack-train
```

这里安装的"centos-release-openstack-train"软件包的命名方式如下：CentOS 发布（"release"）的 OpenStack，其版本为 Train（"train"）。其他版本的命名方式也是如此。如果觉得名称过长记不住，则可以使用 YUM 软件包管理器的模糊查询功能，代码如下所示。

```
yum list *openstack-train
```

（2）升级所有软件包

升级软件包的命令如下所示。

```
yum upgrade -y
```

这条命令会自动检查所有可以升级的软件包（不包括系统内核）并进行自动升级。

（3）安装 OpenStack 云计算平台客户端

OpenStack 的管理功能大部分集成在 openstack 命令中，而 openstack 命令是由 OpenStack 的客户端提供的。以下命令将安装 OpenStack 云计算平台的客户端。

```
yum -y install python-openstackclient
```

安装好客户端以后，即可使用 openstack 命令管理云计算平台，如查看 OpenStack 的版本号的命令如下所示。

```
openstack --version
```

（4）安装 OpenStack SELinux 管理包

安全增强型 Linux（Security Enhanced Linux，SELinux）是一套基于 Linux 内核的安全子系统，2.6 以上版本的 Linux 内核都已经集成了 SELinux 模块。SELinux 有 3 种工作模式，包括强制模式（enforcing）、宽容模式（permissive）、禁用模式（disabled），其中，"enforcing"模式是默认模式，强制使用 SELinux 安全策略；"permissive"模式不使用安全策略，只把相关信息写入日志，通常在调试时使用；"disabled"模式禁用 SELinux。可以通过 SELinux 的配置文件"/etc/selinux/config"中的"SELINUX"参数来设置它的工作模式，如下代码就禁用了 SELinux。

```
SELINUX=disabled
```

修改配置文件后需要重启系统才能生效。

"enforcing"和"permissive"模式还可以通过命令进行快速切换，其命令如下所示。

```
setenforce 1|0
```

例 5-11：将 SELinux 切换到"enforceing"模式，使 SELinux 启用

```
setenforce 1
```

例 5-12：将 SELinux 切换到"permissive"模式，临时关闭 SELinux

```
setenforce 0
```

OpenStack 云计算平台通常会禁用 CentOS 中的 SELinux 安全策略，并安装"openstack-selinux"软件包，以帮助 OpenStack 云计算平台自动控制与管理 SELinux 安全策略。以下是"openstack-selinux"软件包的安装命令。

```
yum -y install openstack-selinux
```

如果在以前的任务中没有手动关闭 SELinux，则在安装"openstack-selinux"软件包时将自动关闭系统的 SELinux 模块，而 SELinux 安全策略将被"openstack-selinux"自动管理。

3. MariaDB 数据库服务

V5-2　基础环境
配置——安装
OpenStack 框架

数据库（Database，DB）是用于存储和处理数据的软件系统。在目前常用的 Oracle、MySQL、SQL Server 等数据库中，MySQL 得益于其开源、免费、轻量级等特点，成为众多用户的首选。但是在 2009 年甲骨文公司收购了 MySQL 后，人们担忧 MySQL 存在被闭源的潜在风险，因此 MySQL 的创始人迈克尔·维德纽斯（Michel Widenius）主导开发了完全兼容 MySQL、开源、免费的 MariaDB 数据库。MariaDB 是一个采用 Maria 存储引擎的 MySQL 数据库的分支版本。在 OpenStack 中，MariaDB 被用于存储用户、角色、网络等信息。MariaDB 没有包含在默认安装的 CentOS 中，需要从软件仓库中获取并安装。

（1）安装 MariaDB 数据库

可使用以下命令安装 MariaDB 数据库。

```
[root@controller ~]# yum install -y mariadb-server python2-PyMySQL
```

以上命令安装了两个软件包，其中，"mariadb-server"是 MariaDB 数据库的后台服务，"python2-PyMySQL"是实现 OpenStack 与数据库相连的软件模块。

（2）编辑数据库配置文件

接下来对数据库进行配置。MariaDB 数据库的配置文件是"/etc/my.cnf.d/"下所有后缀为"cnf"的文件。可以新建一个文件进行配置，如下命令将新建一个"openstack.cnf"配置文件。

```
[root@controller ~]# vi /etc/my.cnf.d/openstack.cnf
```

编辑新建的配置文件，按如下内容对数据库服务端进行设置。

```
[mysqld]
bind-address = 192.168.10.10
default-storage-engine = innodb
innodb_file_per_table = on
max_connections = 4096
collation-server = utf8_general_ci
character-set-server = utf8
```

其中，"[mysqld]"即表示设置的是数据库的服务端。MariaDB 配置文件中能够进行设置的主要参数及其功能说明如表 5-6 所示。

表 5-6　MariaDB 配置文件中能够进行设置的主要参数及其功能说明

参数	功能说明
port	数据库对外服务的端口号，默认为 3306
datadir	数据库文件存放目录
bind-address	绑定远程访问地址，只允许从该地址访问数据库
default-storage-engine	默认存储引擎，MariaDB 支持几十种存储引擎，其中 InnoDB 是比较常用的支持事务的存储引擎
innodb_file_per_table	InnoDB 引擎的独立表空间，使每张表的数据都单独保存
max_connections	最大连接数
collation-server	字符的排序规则，也称为排列字符集，每个字符集都对应一个或多个排列字符集
character-set-server	字符集

（3）启动数据库

启动数据库，使数据库的配置生效。如果数据库无法启动或者启动后数据库的初始化有异常，则可检查配置文件中的参数是否有错。

```
[root@controller ~]# systemctl enable mariadb        #设置开机启动
[root@controller ~]# systemctl start mariadb         #立即启动服务
```

（4）初始化数据库

输入如下命令，并回答其后给出的问题，实现对数据库的初始化工作。

```
[root@controller ~]# mysql_secure_installation
Enter current password for root （enter for none）: #输入当前密码，若没有密码则直接按【Enter】键
Set root password? [Y/n] Y                          #是否设置新密码
New password:000000                                 #输入新密码
Re-enter new password:000000                        #确认新密码
Remove anonymous users? [Y/n]Y                      #是否去掉匿名用户
Disallow root login remotely? [Y/n] Y               #是否禁止 root 用户远程登录
Remove test database and access to it? [Y/n] Y      #是否去掉测试数据库
Reload privilege tables now? [Y/n] Y                #是否重新加载权限表
```

完成后将得到如下文字提示，表示初始化成功。

```
All done!  If you've completed all of the above steps, your MariaDB
installation should now be secure.

Thanks for using MariaDB!
```

（5）使用数据库

MariaDB 数据库需要先登录再使用，登录使用 mysql 命令实现，登录的基本语法如下所示。

```
mysql -h<数据库服务器地址> -u<用户名> -p<密码>
```

例 5-13：登录 MariaDB 数据库

```
[root@controller ~]# mysql -hlocalhost -uroot -p000000
Welcome to the MariaDB monitor.  Commands end with ; or \g.
Your MariaDB connection id is 12
Server version: 5.5.68-MariaDB MariaDB Server

Copyright (c) 2000, 2018, Oracle, MariaDB Corporation Ab and others.

Type 'help;' or '\h' for help. Type '\c' to clear the current input statement.

MariaDB [(none)]>
```

这里的 "mysql -hlocalhost -uroot -p000000" 由于是登录本机的数据库，因此可以不用写 "-h"服务器选项，可以直接写为"mysql -uroot -p000000"。登录以后，出现"MariaDB [(none)]>" 命令行后，即可使用结构化查询语言（Structured Query Language，SQL）来操作数据库。

例 5-14：查询所有存在的数据库

```
MariaDB [(none)]> show databases;
+--------------------+
| Database           |
+--------------------+
| information_schema |
| mysql              |
| performance_schema |
+--------------------+
3 rows in set (0.00 sec)
```

这里显示出来的是 MariaDB 中存在 3 个数据库。

例 5-15：查询"mysql"数据库中存在哪些表

```
MariaDB [(none)]> use mysql;
Reading table information for completion of table and column names
You can turn off this feature to get a quicker startup with -A

Database changed
MariaDB [mysql]> show tables;
+---------------------------+
| Tables_in_mysql           |
+---------------------------+
| columns_priv              |
| db                        |
| event                     |
| func                      |
| general_log               |
| help_category             |
| help_keyword              |
| help_relation             |
| help_topic                |
| host                      |
| ndb_binlog_index          |
| plugin                    |
| proc                      |
| procs_priv                |
| proxies_priv              |
| servers                   |
| slow_log                  |
| tables_priv               |
| time_zone                 |
| time_zone_leap_second     |
| time_zone_name            |
| time_zone_transition      |
| time_zone_transition_type |
| user                      |
+---------------------------+
24 rows in set (0.00 sec)
```

这里用到了两条语句，即"use mysql;"和"show tables;"，第一条语句用于改变当前操作的数据库为"mysql"，第二条语句用于显示"mysql"数据库中的表名列表。

4. RabbitMQ 消息队列服务

消息队列（Message Queue，MQ）是一种应用间的通信方式，消息发送到消息队列后由消息队列来确保消息的可靠传递，即消息发布者和消息使用者之间并不产生直接关系。消息发布者只管把消息发布到消息队列中而不用管对方有没有收到，消息使用者只管从消息队列中取出发送给自己的消息，如图 5-2所示。

V5-3 基础环境
配置——数据库
安装与配置

图 5-2　消息队列示意

　　OpenStack 各个组件之间就是通过消息队列进行相互通信的。市面上存在多种消息队列应用，其中，RabbitMQ 是一个开源的、应用广泛的消息服务系统，通常使用它来为 OpenStack 提供消息队列服务。RabbitMQ 和 MariaDB 一样，需要先安装再使用。

　　（1）安装 RabbitMQ 消息队列服务

　　可使用以下命令安装 RabbitMQ 的服务端。

```
[root@controller ~]# yum -y install rabbitmq-server
```

　　（2）启动 RabbitMQ 消息队列服务

　　按照以下命令可以启动 RabbitMQ 消息队列服务。

```
[root@controller ~]# systemctl enable rabbitmq-server    #设置开机启动
[root@controller ~]# systemctl start rabbitmq-server     #立即启动服务
```

　　（3）管理用户与密码

　　为了保证安全性，不能让用户任意在消息队列中存放或获取消息，需要先进行用户名和密码的认证。给 RabbitMQ 添加一个用户并设置密码以后，用户即可使用消息队列服务。RabbitMQ 用户的用户名和密码由 rabbitmqctl 命令进行管理。

　　新建 RabbitMQ 用户的命令如下。

```
rabbitmqctl add_user <用户名> <密码>
```

　　删除 RabbitMQ 用户的命令如下。

```
rabbitmqctl delete_user <用户名>
```

　　修改 RabbitMQ 用户密码的命令如下。

```
rabbitmqctl change_password <用户名> <新密码>
```

　　下面用几个例子来进行说明。

　　例 5-16：给 RabbitMQ 消息队列创建一个名为"openstack"的用户，密码为"RABBIT_PASS"

```
[root@controller ~]# rabbitmqctl add_user openstack RABBIT_PASS
Creating user "openstack"
```

　　例 5-17：将 RabbitMQ 消息队列中名为"openstack"的用户更改密码为"000000"

```
[root@controller ~]# rabbitmqctl change_password openstack 000000
Changing password for user "openstack"
```

　　例 5-18：删除 RabbitMQ 消息队列中名为"openstack"的用户

```
[root@controller ~]# rabbitmqctl delete_user openstack
Deleting user "openstack"
```

　　（4）管理用户权限

　　管理 RabbitMQ 用户权限的代码如下所示。

```
[root@controller ~]# rabbitmqctl set_permissions openstack ".*" ".*" ".*"
```

　　以上命令给"openstack"这个用户设置了使用队列的权限。命令中的 3 个".*"分别对应配置、写入、读取权限，其中".*"表示所有资源。命令执行完成后，"openstack"用户就拥有了对 RabbitMQ 所有资源的配置、写入、读取权限。

　　如果要查看 RabbitMQ 的某个用户权限，则可以用以下代码。

```
[root@controller ~]# rabbitmqctl list_user_permissions openstack
Listing permissions for user "openstack"
/       .*      .*      .*
```

从运行结果中可以看出，每一个 RabbitMQ 服务器都有一个默认的虚拟机 "/"，"openstack"
用户对该虚拟机的所有资源拥有配置、写入、读取的权限。

（5）检查服务运行情况

每一个服务都是通过特定的一个或者数个端口对外提供服务的，只要查看对应端口占用状态，就
可以分析出当前服务是否正常运行。RabbitMQ 消息队列服务对外服务端口为 25672 和 5672。

```
[root@controller ~]# netstat -tnlup
Active Internet connections (only servers)
Proto Recv-Q Send-Q   Local Address    Foreign Address   State      PID/Program name
tcp       0       0 0.0.0.0:25672      0.0.0.0:*         LISTEN     50115/beam.smp
tcp6      0       0 :::5672            :::*              LISTEN     50115/beam.smp
```

如果能看到 25672 和 5672 端口正在监听中，则说明 RabbitMQ 安装成功。

5. Memcached 内存缓存服务

内存缓存（Memcached）是一个高性能的分布式内存对象缓存系统，能够
存储各种格式的数据，包括图像、视频、文件，以及数据库检索的结果等。经常
用到的数据先存放到内存缓存中，使用时直接从内存缓存中读取，由于内存缓存
比硬盘的读取速度快很多，因此可以大大提高读取速度。内存缓存服务对于"云"
这种多人使用的系统来说可以大大提高效率和降低硬盘的损耗。想要使用
Memcached 内存缓存服务，需要从软件仓库中对其进行下载和安装。

V5-4　基础环境
配置——安装消息
队列服务

（1）安装内存缓存服务软件

安装代码如下所示。

```
[root@controller ~]# yum -y install memcached python-memcached
```

以上代码安装了 "memcached" 和 "python-memcached" 两款软件，"memcached" 是
内存缓存服务软件，"python-memcached" 是对该服务进行管理的接口程序软件。安装完成后，
系统将自动创建名为 "memcached" 的用户，可以通过如下代码查询系统用户。

```
[root@localhost ~]# cat /etc/passwd|grep memcached
memcached:x:995:992:Memcached daemon:/run/memcached:/sbin/nologin
```

（2）配置内存缓存服务

Memcached 的配置文件为 "/etc/sysconfig/memcached"，其文件内容如下。

```
[root@controller ~]# vi /etc/sysconfig/memcached
PORT="11211"
USER="memcached"
MAXCONN="1024"
CACHESIZE="64"
OPTIONS="-l 127.0.0.1,::1"
```

这里的 "PORT" 是服务端口，默认是 "11211"；"USER" 是用户名，默认是自动创建的用
户 "memcached"；"MAXCONN" 是允许的最大连接数；"CACHESIZE" 是最大缓存大小，单
位为 MB；"OPTIONS" 是其他选项，默认设置为指定监听地址，表示默认对本地访问进行监听。
如果想对其他地址进行监听，则可以将要监听的地址加到 "OPTIONS" 中，如以下代码可实现对
"192.168.10.10" 的监听。

```
OPTIONS = "-l 127.0.0.1,::1,192.168.10.10"
```

（3）启动内存缓存服务

启动内存缓存服务的方式如下。

```
[root@controller ~]# systemctl enable memcached    #设置开机启动
[root@controller ~]# systemctl start memcached     #立即启动服务
```

（4）检查服务运行情况

方法一：通过端口检查服务运行情况

由于 Memcached 服务器要通过 11211 端口对外提供服务，因此通过查看 11211 端口是否启用可以判断该服务是否启动。

```
[root@localhost ~]# netstat -tnlup|grep memcached
tcp    0    0 192.168.10.10:11211    0.0.0.0:*    LISTEN    9283/memcached
tcp    0    0 127.0.0.1:11211        0.0.0.0:*    LISTEN    9283/memcached
tcp6   0    0 ::1:11211              :::*         LISTEN    9283/Memcached
```

可以看到 192.168.10.10 服务器的 11211 端口已经处于 LISTEN 状态，说明服务正在运行。

方法二：通过 telnet 命令连接服务器进行检查

telnet 命令用于远端登录，通常用于测试服务的端口状态。telnet 命令需要安装后才能使用。

```
[root@controller ~]# yum -y install telnet
```

使用 telnet 命令连接服务器的方式如下。

```
telnet <服务器地址> <端口号>
```

如果不输入端口号，则默认连接 23 端口。下面演示如何与 Memcached 服务器相连。

```
[root@controller opt]# telnet 192.168.10.10 11211
Trying 192.168.10.10...
Connected to 192.168.10.10.
Escape character is '^]'.
```

连接上服务器后就进入命令等待状态，如果要退出程序，则输入"quit"再按【Enter】键即可。在这里输入"stats"后按【Enter】键可以查看服务器运行状态。

```
Escape character is '^]'.
stats
STAT pid 9283
STAT uptime 4973
STAT time 1629643005
STAT version 1.5.6
STAT libevent 2.0.21-stable
STAT pointer_size 64
STAT rusage_user 0.961383
STAT rusage_system 0.589234
STAT max_connections 1024
STAT curr_connections 3
STAT total_connections 5
STAT rejected_connections 0
STAT connection_structures 4
STAT reserved_fds 20
```

从显示出来的一长串的结果中可以看到当前 Memcached 服务器运行的各种状态信息。例如，"uptime"表示服务器已经运行的秒数，"version"表示版本号，"curr_connections"表示当前的连接数等。

6. etcd 分布式键-值对存储系统

etcd 是一个开源项目，它的目标是构建一个高可用的分布式键-值(Key-Value)数据库用于配置共享和服务发现。"etcd"这个名称由单机系统存储配置数据的"/etc"目录和分布式系统对应英文名中的"distributed"各取部分构成，即"etc"加上"distributed"的"d"，以说明这款软件的作用类似于

V5-5 基础环境
配置——安装内存
缓存服务

分布式系统中"/etc"目录的功能，即存储大规模分布式系统的配置信息。

（1）安装 etcd 分布式键-值对存储系统

etcd 需要安装后才能使用，可使用以下方式进行安装。

```
[root@controller ~]# yum -y install etcd
```

（2）配置服务器

etcd 服务器的配置文件为"etc/etcd/etcd.conf"。打开文件后按照以下内容修改参数的值（提示：可以使用 Vi 文本编辑器的查找功能查找到参数所在的位置）。

```
[root@controller ~]# vi /etc/etcd/etcd.conf
ETCD_LISTEN_PEER_URLS="http://192.168.10.10:2380"
ETCD_LISTEN_CLIENT_URLS="http://192.168.10.10:2379,http://127.0.0.1:2379"
ETCD_NAME="controller"
ETCD_INITIAL_ADVERTISE_PEER_URLS="http://192.168.10.10:2380"
ETCD_ADVERTISE_CLIENT_URLS="http://192.168.10.10:2379"
ETCD_INITIAL_CLUSTER="controller=http://192.168.10.10:2380"
ETCD_INITIAL_CLUSTER_TOKEN="etcd-cluster-01"
ETCD_INITIAL_CLUSTER_STATE="new"
```

etcd 的配置参数很多，本书仅介绍在安装 OpenStack 时涉及的配置参数。表 5-7 所示为 etcd 服务端配置文件的配置参数及其说明。

表 5-7 etcd 服务端配置文件的配置参数及其说明

配置参数	说明
ETCD_LISTEN_PEER_URLS	用于监听其他 etcd 成员的地址，只能是 IP 地址，不能是域名
ETCD_LISTEN_CLIENT_URLS	对外提供服务的地址，只能是 IP 地址，不能是域名
ETCD_NAME	当前 etcd 成员的名称，成员必须有唯一名称，建议采用主机名
ETCD_INITIAL_ADVERTISE_PEER_URLS	列出这个成员的伙伴地址，通告给集群中的其他成员
ETCD_ADVERTISE_CLIENT_URLS	列出这个成员的客户端地址，通告给集群中的其他成员
ETCD_INITIAL_CLUSTER	启动初始化集群配置，值为"成员名=该成员服务地址"
ETCD_INITIAL_CLUSTER_TOKEN	初始化 etcd 集群标识，用于多个 etcd 集群相互识别
ETCD_INITIAL_CLUSTER_STATE	初始化集群状态(新建值为"new"，已存在值为"existing")。如果这个选项被设置为 existing，则 etcd 将试图加入已有的集群

（3）启动服务器

启动服务器的命令如下。

```
[root@controller ~]# systemctl enable etcd        #设置开机启动
[root@controller ~]# systemctl start etcd         #立即启动服务
```

（4）检查服务运行情况

etcd 服务正如在配置文件中配置的，需要监听 2379 和 2380 端口，故可以通过检查这两个端口的情况来判断服务运行情况。

```
[root@controller ~]# netstat -tnlup|grep etcd
tcp        0      0 192.168.10.10:2379      0.0.0.0:*               LISTEN      3706/etcd
tcp        0      0 192.168.10.10:2380      0.0.0.0:*               LISTEN      3706/etcd
```

（5）etcd 服务管理

etcdctl 是管理 etcd 服务的工具，利用它可以实现数据的存取。下面用两个例子来演示在 etcd 中如何实现对数据的存取。

例 5-19:向 etcd 中存入一个键-值对,键为"testkey",值为"001"

```
[root@controller ~]# etcdctl set testkey 001
```

其中,"set"表示执行存入键-值对操作,后面跟的两个数据中,第一个数据是键,第二个数据是值。

例 5-20:从 etcd 中读取键"testkey"所对应的值

```
[root@controller ~]# etcdctl get testkey
001
```

其中,"get"表示读取操作,通过键来读取其对应的值。

V5-6 基础环境
配置——安装分布
式键-值对存储系统

5.3 项目实施

5.3.1 从网络中获取安装包

要安装 OpenStack 云计算平台,首先要有它的安装包,安装包在 CentOS 官方的 YUM 源中就可以找到,可以直接通过互联网使用 yum 命令进行安装。但是整个安装包体积很大,每次安装都通过互联网实现会很耗费时间。同时,用作私有云的 OpenStack 云计算平台为了安全起见,通常不和互联网相连,因此先下载好安装包,再在本地安装是常用的解决方案。本小节介绍了一种从互联网上下载 OpenStack 安装包到本地的方法。

如果不能访问互联网,则读者可以跳过本小节,直接使用本书附送的软件资源(该资源也是根据本小节任务流程制作的)即可。

第 1 步,安装以下 3 款软件,用于制作本地 YUM 源。

```
[root@controller ~]# yum  -y  install  yum-utils  createrepo  yum-plugin-priorities
```

这里安装的"yum-utils"软件是一个 YUM 工具包,其中的"reposync"软件用于将网络中的 YUM 源数据同步到本地;"createrepo"软件用于将同步到本地的数据生成对应的软件仓库;"yum-plugin-priorities"是一个插件,用于管理 YUM 源中软件的优先级。

第 2 步,编辑 YUM 源文件。

首先,按照以下命令创建一个 YUM 源文件。

```
[root@controller ~]# cd /etc/yum.repos.d/          #进入 YUM 源配置文件目录
[root@controller yum.repos.d]# mkdir bak           #创建一个备份目录
[root@controller yum.repos.d]# mv *.repo bak       #将所有的"repo"文件移动到备份文件中保存
[root@controller yum.repos.d]# vi OpenStack.repo   #创建一个新的配置文件 OpenStack.repo
```

其次,按照下面的信息编辑该文件的配置地址信息,保存文件并退出。

```
[base]
name=base
baseurl=http://repo.huaweicloud.com/centos/7/os/x86_64/
enable=1
gpgcheck=0
[extras]
name=extras
baseurl=http://repo.huaweicloud.com/centos/7/extras/x86_64/
enable=1
gpgcheck=0
[updates]
name=updates
```

```
baseurl=http://repo.huaweicloud.com/centos/7/updates/x86_64/
enable=1
gpgcheck=0
[train]
name=train
baseurl=http://repo.huaweicloud.com/centos/7/cloud/x86_64/openstack-train/
enable=1
gpgcheck=0
[virt]
name=virt
baseurl=http://repo.huaweicloud.com/centos/7/virt/x86_64/kvm-common/
enable=1
gpgcheck=0
```

这里使用了华为云提供的 CentOS Linux 的国内镜像，其包含 5 个仓库："base""extras"
"updates""train""virt"。

第 3 步，检查 YUM 源是否可用。

```
[root@controller ~]# yum clean all            #清除缓存
[root@controller ~]# yum makecache            #重建缓存
[root@controller ~]# yum repolist             #查看已经启用的仓库列表
Loaded plugins: fastestmirror, priorities
Loading mirror speeds from cached hostfile
repo id              repo name                   status
base                 base                        10,072
extras               extras                      500
train                train                       3,164
updates              updates                     2,750
virt                 virt                        63
repolist: 16,549
```

第 4 步，同步远端安装包到本地。

从第 3 步的运行结果中可以看到，已经启用的本地仓库名分别为"base""extras""updates"
"train""virt"，它们分别对应 CentOS 系统软件库、CentOS 附加软件库、CentOS 升级软件库、
OpenStack（Train 版）软件库、虚拟化软件库。接下来运行以下命令，将对应的软件仓库文件从
网络中下载下来。

```
[root@controller ~]# mkdir /opt/openstack           #在/opt 目录下创建一个空目录
[root@controller ~]# cd /opt/openstack              #转换目录到新目录
[root@controller openstack]# reposync              #下载所有软件仓库文件到本地
```

reposync 命令将从网络中下载近 30GB 的文件，耗时较长，也可以用其他下载工具通过对应
的网址下载文件到本地再上传到虚拟机中。下载完成后，可以在当前目录下看到"base""extras"
"updates""train""virt"这 5 个目录，每个目录中都存在一个"Package"子目录，其中有很多
后缀为"rpm"的文件，这些就是安装包。

第 5 步，创建 YUM 源。

将安装包下载到本地后，在安装包的存放路径下运行以下命令来创建本地可用的 YUM 源。

```
[root@controller openstack]# createrepo -v base
[root@controller openstack]# createrepo -v updates
[root@controller openstack]# createrepo -v extras
[root@controller openstack]# createrepo -v train
```

```
[root@controller openstack]# createrepo -v virt
```

完成后在 5 个目录中都多出了一个 "repodata" 子目录，其中存放的是用于检索的数据库文件。至此，软件仓库已经同步到本地可供使用。此时，可以将这 5 个目录的文件保存起来，以便以后应用于其他主机而不用再从网络中下载。

5.3.2　克隆虚拟机

本书搭建的是 OpenStack 双节点平台，需要两台带双网卡的计算机主机，分别作为控制节点（主机名为 "controller"）和计算节点（主机名为 "compute"）。本书采用 VMware Workstation 虚拟两台主机进行实验，每台主机需要至少 4GB 内存，因此安装 VMware Workstation 的物理机需要至少 8GB 内存（含 Windows 运行所需要的内存），并需要支持虚拟化功能（部分计算机需要在 BIOS 中开启支持虚拟化功能），可用硬盘空间建议在 200GB 以上，双节点 OpenStack 云计算平台的虚拟机需求清单如表 5-8 所示。

表 5-8　双节点 OpenStack 云计算平台的虚拟机需求清单

虚拟机	控制节点	计算节点
主机名	controller	compute
CPU	2 核	2 核
硬盘	100GB	100GB
内存	4GB	4GB
网卡 1	192.168.10.10/24，仅主机模式网络，用于内网通信	192.168.10.20/24，仅主机模式网络，用于内网通信
网卡 2	192.168.20.10/24，NAT 模式网络，用于外网通信	192.168.20.20/24，NAT 模式网络，用于外网通信

现在已经有了一台满足条件的虚拟机可以用作控制节点，还差一台计算节点。VMware Workstation 具有虚拟机克隆功能，可以将现有的一台虚拟机整体克隆生成完全一样的主机。下面就利用这个功能来克隆生成计算节点。

第 1 步，打开 VMware Workstation 的【克隆虚拟机向导】对话框。

在 VMware Workstation 主界面中右键单击【我的计算机】下的虚拟机（虚拟机需处于关闭状态），在弹出的快捷菜单中依次选择【管理】→【克隆】选项，如图 5-3 所示。弹出图 5-4 所示的【克隆虚拟机向导】对话框。

图 5-3　选择虚拟机进行克隆

图 5-4　【克隆虚拟机向导】对话框

第 2 步，选择克隆源与克隆类型。

在图 5-4 所示的【克隆虚拟机向导】对话框中单击【下一步】按钮，进入图 5-5 所示的【克隆源】界面。

图 5-5　【克隆源】界面

在【克隆源】界面中选中【虚拟机中的当前状态】单选按钮，单击【下一步】按钮，进入图 5-6 所示的【克隆类型】界面。

在【克隆类型】界面中选中【创建完整克隆】单选按钮，单击【下一步】按钮，进入图 5-7 所示的【新虚拟机名称】界面。

图 5-6 【克隆类型】界面

图 5-7 【新虚拟机名称】界面

第 3 步，设置新的虚拟机名称及存储位置，开始克隆虚拟机。

在【新虚拟机名称】界面的【虚拟机名称】和【位置】文本框中填写并选择新克隆的虚拟机的名称及虚拟机存储的位置，设置完成后单击【完成】按钮，虚拟机开始克隆，显示"正在克隆虚拟机"，如图 5-8 所示。

图 5-8 正在克隆虚拟机

计算机经过一段时间的克隆作业，克隆成功后将进入图 5-9 所示的克隆完成的界面。

单击【关闭】按钮，结束任务，可以在主界面中看到【我的计算机】下多出了一个虚拟机图标，如图 5-10 所示。

图 5-9　克隆完成的界面

图 5-10　克隆成功后的主界面

目前已经有了两台虚拟机，可将它们分别作为控制节点主机和计算节点主机使用。

5.3.3　设置主机 IP 地址

由于计算节点克隆于控制节点，因此其内部软硬件配置和控制节点的保持一致，包括网卡配置。由于在同一个网络中不允许出现两个相同的 IP 地址，因此需要更改计算节点的网卡 IP 地址。

V5-7　VMware Workstation 克隆主机

V5-8　OpenStack 双节点云计算平台网络环境准备

第 1 步，更改计算节点内网网卡 IP 地址。

V5-9　配置网络
环境

```
[root@controller ~]# cd /etc/sysconfig/network-scripts/
[root@controller network-scripts]# vi ifcfg-ens33
```

在文件中删除 UUID，并按以下代码更改 IP 地址。

```
IPADDR=192.168.10.20
```

保存文件并退出编辑。

第 2 步，更改计算节点外网网卡 IP 地址。

```
[root@controller network-scripts]# vi ifcfg-ens34
```

在文件中删除 UUID，并按以下代码更改 IP 地址。

```
IPADDR=192.168.20.20
```

保存文件并退出编辑。

第 3 步，重启并查看网络。

```
[root@controller ~]# systemctl restart network
```

重启以后，因为 IP 地址已经更改，SSH 远程连接工具将会丢失连接，所以要重新用新的 IP 地址 "192.168.10.20" 进行连接。重新连接后查看网络信息，具体信息如下。

```
[root@controller ~]# ip a
1: lo: <LOOPBACK,UP,LOWER_UP> mtu 65536 qdisc noqueue state UNKNOWN group
default qlen 1000
    link/loopback 00:00:00:00:00:00 brd 00:00:00:00:00:00
    inet 127.0.0.1/8 scope host lo
        valid_lft forever preferred_lft forever
    inet6 ::1/128 scope host
        valid_lft forever preferred_lft forever
2: ens33: <BROADCAST,MULTICAST,UP,LOWER_UP> mtu 1500 qdisc pfifo_fast state UP
group default
    link/ether 00:0c:29:d1:e1:8b brd ff:ff:ff:ff:ff:ff
    inet 192.168.10.20/24 brd 192.168.10.255 scope global noprefixroute ens33
        valid_lft forever preferred_lft forever
    inet6 fe80::51d2:3101:32d7:3dae/64 scope link noprefixroute
        valid_lft forever preferred_lft forever
3: ens34: <BROADCAST,MULTICAST,UP,LOWER_UP> mtu 1500 qdisc pfifo_fast state UP
group default
    link/ether 00:0c:29:d1:e1:95 brd ff:ff:ff:ff:ff:ff
    inet 192.168.20.20/24 brd 192.168.20.255 scope global noprefixroute ens34
        valid_lft forever preferred_lft forever
    inet6 fe80::6d31:b55f:450b:adaf/64 scope link noprefixroute
        valid_lft forever preferred_lft forever
```

5.3.4　主机名更改与域名解析

本小节将更改主机名，并将主机名与 IP 地址绑定。

1. 更改主机名

目前，登录以后两台虚拟机命令行前面都是 "[root@controller ~]"，从中可以看出它们的主机名都是 "controller"，这是在项目 3 中更改的。为了区分两台主机，在这里将计算节点主机名更改为 "compute"。在计算节点中运行以下代码。

```
[root@controller ~]# hostnamectl set-hostname compute
```

```
[root@controller ~]# exit
```
退出系统后重新登录系统，计算节点最左边的部分变成"[root@compute ~]"，表示主机名更改成功。

2. 本地域名解析

将主机名和 IP 地址绑定，以后应用主机名就等同于应用对应的 IP 地址，以提高工作效率。该任务对控制节点和计算节点都要进行操作。

第 1 步，修改控制节点的 hosts 文件。

```
[root@controller ~]# vi /etc/hosts
127.0.0.1      localhost localhost.localdomain localhost4 localhost4.localdomain4
::1            localhost localhost.localdomain localhost6 localhost6.localdomain6
```
在文件最后增加以下两行映射代码。

```
192.168.10.10  controller
192.168.10.20  compute
```
增加的两行代码将"controller"和"compute"主机名和对应的内网 IP 地址进行了绑定。以后使用主机名就如同使用内网 IP 地址一样。

第 2 步，修改计算节点的 hosts 文件。

```
[root@compute ~]# vi /etc/hosts
127.0.0.1      localhost localhost.localdomain localhost4 localhost4.localdomain4
::1            localhost localhost.localdomain localhost6 localhost6.localdomain6
```
在文件最后增加以下两行映射代码。

```
192.168.10.10  controller
192.168.10.20  compute
```

5.3.5 关闭系统防火墙

V5-10　更改hosts
文件以绑定主机名
和 IP 地址

防火墙是一种在内、外网之间构建一道相对隔绝的保护屏障，以保护用户资料与信息安全性的技术。在安装 OpenStack 之前应将 Linux 操作系统自带的 SELinux 安全系统和 Fiewall 防火墙关闭，避免防火墙设置的问题造成无法连接相关服务。本任务对控制节点和计算节点都要执行相同的操作。

第 1 步，禁用 SELinux。
编辑 SELinux 配置文件，设置开机禁用 SELinux。

```
# vi /etc/selinux/config
```
将其中的"SELINUX=enforcing"更改为"SELINUX=disabled"。
使用以下命令设置立即禁用 SELinux。

```
# setenforce 0
```
第 2 步，停用 Firewall 防火墙。
首先，使用以下命令设置开机时禁用防火墙。

```
# systemctl disable firewalld
```
其次，使用以下命令立即停用防火墙。

```
# systemctl stop firewalld
```
第 3 步，验证网络连通性，保证两台虚拟机能够相互连通。
在计算节点中测试其与控制节点的连通性。

```
[root@compute ~]# ping controller
```
在控制节点中测试其与计算节点的连通性。

```
[root@controller ~]# ping compute
```

本任务完成后，请按照 5.3.14 小节中的表 5-9 进行自检，自检通过后再进入下一个任务。

5.3.6　搭建本地软件仓库

CentOS 的软件仓库类似于手机中的应用商城，就是下载软件的地方。CentOS 中用 YUM 管理软件仓库，因此软件仓库也称为 YUM 源。如果能访问外网，则读者可以直接使用操作系统默认配置的 YUM 源。如果不能访问外网，则需要自己搭建本地的 YUM 源。由于每台主机都需要安装软件，故而都需要配置 YUM 源，因此在控制节点和计算节点上均要完成 YUM 源配置操作。另外，由于软件仓库很大，没有必要在每台主机上都放置同样的软件仓库，可以通过共享的方式为其他主机提供服务。下面将演示如何在控制节点上配置 YUM 源，并搭建文件传输服务器为计算节点提供服务。本任务需要使用控制节点和计算节点。

V5-11　主机名更改与防火墙关闭

1．在控制节点中配置 YUM 源

随书提供的资源包中有"openStack-train.iso"文件，这个镜像文件中包括从网上下载好的 YUM 源文件，具体请参看 5.3.1 小节"从网络中获取安装包"。如果读者使用自己同步的文件，则可跳过以下第 1 步与第 2 步上传文件和挂载文件的操作。

第 1 步，上传文件到控制节点中。

如图 5-11 所示，将"openStack-train.iso"镜像文件上传到"/opt"目录下。

图 5-11　上传镜像文件

第 2 步，将镜像文件挂载到文件夹中。

先创建一个新文件夹，再将"openStack-train.iso"文件挂载到上面。

```
[root@controller ~]# cd    /opt
[root@controller opt]# mkdir    openstack
[root@controller opt]# mount    openStack-train.iso    openstack
```

这里采用了 mount 命令将镜像文件挂载到"/opt/openstack"目录下，这样就可以通过访问该文件夹来访问镜像文件中的内容。

 注意

当系统重启后，使用 mount 命令的挂载将失效，需要重新挂载。

第 3 步，备份原有 YUM 源的配置文件。

```
[root@controller opt]# cd /etc/yum.repos.d/
[root@controller yum.repos.d]# mkdir bak
[root@controller yum.repos.d]# mv *.repo bak
```

第 4 步，编辑本地 YUM 源文件，使其指向本地文件。

```
[root@controller yum.repos.d]# vi OpenStack.repo
[base]
name=base
baseurl=file:///opt/openstack/base/
enable=1
gpgcheck=0
[extras]
name=extras
baseurl=file:///opt/openstack/extras/
enable=1
gpgcheck=0
[updates]
name=updates
baseurl=file:///opt/openstack/updates/
enable=1
gpgcheck=0
[train]
name=train
baseurl=file:///opt/openstack/train/
enable=1
gpgcheck=0
[virt]
name=virt
baseurl=file:///opt/openstack/virt/
enable=1
gpgcheck=0
```

这里的"file:///"表示链接到本地文件系统的地址。

第 5 步，清除原有 YUM 源缓存并重建缓存，再次检测 YUM 源是否可用。

首先，清除缓存。

```
[root@controller yum.repos.d]# yum clean all
Loaded plugins: fastestmirror, priorities
Cleaning repos: base extras updates train virt
Cleaning up list of fastest mirrors
```

其次，重新建立 YUM 源缓存。

```
[root@controller yum.repos.d]# yum makecache
```

最后，检测 YUM 源是否可用。

```
[root@controller yum.repos.d]# yum repolist
Loaded plugins: fastestmirror, priorities
```

```
Loading mirror speeds from cached hostfile
repo id              repo name              status
base                 base                   10,072
extras               extras                 500
train                train                  3,164
updates              updates                2,750
virt                 virt                   63
repolist: 16,549
```

如果可以看到"base""extras""train""updates""virt"这 5 个库，则说明配置正确。

2. 在控制节点中配置 FTP 服务器

控制节点上的 YUM 源已经配置成功，在计算节点上同样可以按照控制节点的操作步骤进行配置。但通常不应该把软件仓库复制后存放在多个服务器，因为这样会占用很多硬盘资源。为了共享控制节点上的软件仓库，可以在控制节点上搭建一个 FTP 服务器，利用共享控制节点上已有的软件仓库来为计算节点提供服务。

第 1 步，安装 FTP 软件包。

安全 FTP（Very Secure FTP，VSFTP）是一款在 Linux 中非常常用的 FTP 服务器，这里选择它来作为 FTP 服务器。

```
[root@controller ~]# yum -y install  vsftpd
```

第 2 步，配置 FTP 主目录为软件仓库目录。

```
[root@controller ~]# vi /etc/vsftpd/vsftpd.conf
```

在配置文件中增加一行配置"anon_root=/opt"，将匿名用户访问的主目录指向软件仓库所在的实际目录。

第 3 步，启动 FTP 服务。

```
[root@controller ~]# systemctl start vsftpd
[root@controller ~]# systemctl enable vsftpd
```

3. 在计算节点上配置 YUM 源

接下来修改计算节点的 YUM 源配置文件，使 YUM 源指向控制节点 FTP 服务器中的软件仓库。

第 1 步，备份原有 YUM 源的配置文件。

```
[root@compute ~]# cd /etc/yum.repos.d/
[root@compute yum.repos.d]# mkdir bak
[root@compute yum.repos.d]# mv *.repo bak
```

第 2 步，从控制节点中远程复制配置文件，以减少修改工作量。

```
[root@compute yum.repos.d]#scp  root@controller:/etc/yum.repos.d/OpenStack.repo  OpenStack.repo
The authenticity of host 'controller (192.168.10.10)' can't be established.
ECDSA key fingerprint is SHA256:p8f5bWWbpeUX3DiZiLCx6qeVZPwqHcV2FCc2aKTcTRc.
ECDSA key fingerprint is MD5:2a:52:b1:b6:25:88:c7:0a:d9:f8:0f:07:95:b9:b3:f7.
Are you sure you want to continue connecting (yes/no)? yes
Warning: Permanently added 'controller,192.168.10.10' (ECDSA) to the list of known hosts.
root@controller's password:
OpenStack.repo                    100%   423    402.4KB/s   00:00
```

scp 命令是远程复制命令，这里用它将控制节点的 YUM 源配置文件"OpenStack.repo"复制到计算节点中。当显示"root@controller's password:"时，输入控制节点的密码，如"000000"。

第 3 步，编辑 YUM 源配置文件，使用控制节点 FTP 服务器中的软件仓库。

```
[root@compute yum.repos.d]# vi OpenStack.repo
```

按照如下内容进行修改。

```
[base]
name=base
baseurl=ftp://controller/openstack/base/
enable=1
gpgcheck=0
[extras]
name=extras
baseurl=ftp://controller/openstack/extras/
enable=1
gpgcheck=0
[updates]
name=updates
baseurl= ftp://controller/openstack/updates/
enable=1
gpgcheck=0
[train]
name=train
baseurl=ftp://controller/openstack/train/
enable=1
gpgcheck=0
[virt]
name=virt
baseurl=ftp://controller/openstack/virt/
enable=1
gpgcheck=0
```

注意

在 YUM 源配置文件中，"**baseurl**"参数的地址值必须以"**/**"结尾。

第 4 步，清除原有 YUM 源缓存并重建缓存。

```
[root@compute ~]# yum clean all
[root@compute ~]# yum makecache
```

第 5 步，安装网络工具箱软件，测试 YUM 源是否可用。

在控制节点和计算节点中均运行以下语句。

```
# yum -y install net-tools
```

当看到最后结果有"Complete！"字样时，说明安装成功。如果在 5.2.1 小节的任务中已经安装过"net-tools"软件包，则最后会显示"Nothing to do"，说明已经安装过该软件包，这也是正确的。

本任务完成后，请按照 5.3.14 小节中的表 5-10 进行自检，自检通过后再进入下一个任务。

5.3.7 拍摄系统快照

安装系统并部署好基础环境会花费较长时间。为了避免在接下来的工作中由于失误而出现需要重装系统以致前功尽弃的情况，可以利用 VMware Workstation 的快照功能将操作系统现有状态进行保存，当出现需要重装系统的状况时，只需要花几分钟恢复到拍照时的状态即可。下面演示用

VMware Workstation 快照功能拍摄快照的步骤。

第 1 步，选择【拍摄快照】选项。

在 VMware Workstation 主界面的【我的计算机】中右键单击需要拍摄快照的主机，在弹出的快捷菜单中依次选择【快照】→【拍摄快照】选项，如图 5-12 所示。

第 2 步，设置快照名称并拍摄快照。

选择【拍摄快照】选项以后，将弹出图 5-13 所示的【控制节点-拍摄快照】对话框。

图 5-12　选择【拍摄快照】选项

图 5-13　【控制节点-拍摄快照】对话框

在【控制节点-拍摄快照】对话框的【名称】文本框中填写快照的名称，单击【拍摄快照】按钮，完成快照拍摄工作。

第 3 步，查看与管理快照。

当再次右键单击相应的主机查看快照时，就可以看到刚才创建的快照名称，如图 5-14 所示，以后即可利用创建的快照进行快速系统还原操作。

图 5-14　查看与管理快照

5.3.8　安装 Chrony 时间同步服务

在双主机环境或多机环境中，要让系统正常通信，必须保证其时间的一致性。

V5-12　Chrony 时间同步服务安装

本任务将实现控制节点和计算节点的时间同步，控制节点作为时间同步系统服务端，计算节点作为客户端。本任务将配置控制节点与计算节点。

1. 设置局域网时间同步

（1）配置控制节点为 NTP 时间服务器

第 1 步，打开 Chrony 的配置文件。

```
[root@controller ~]# vi /etc/chrony.conf
```

第 2 步，编辑配置文件。

首先，在配置文件中将默认的同步服务器的以下配置行删除。

```
server 0.centos.pool.ntp.org iburst
server 1.centos.pool.ntp.org iburst
server 2.centos.pool.ntp.org iburst
server 3.centos.pool.ntp.org iburst
```

其次，增加阿里云提供的 NTP 服务器，使控制节点的系统时间和阿里云服务器的系统时间保持一致，此配置仅在连接互联网时有效。

```
server ntp.aliyun.com iburst
```

当外网的 NTP 服务器不可用时，可采用本地时间作为同步标准。

```
local stratum 1
```

最后，在配置文件中设置允许同网段的主机使用本机的 NTP 服务。

```
allow 192.168.10.0/24
```

第 3 步，重启时间同步服务使配置生效。

```
[root@controller ~]# systemctl restart chronyd
```

（2）配置计算节点与控制节点时间同步

第 1 步，打开 Chrony 的配置文件。

```
[root@compute ~]# vi /etc/chrony.conf
```

第 2 步，编辑配置文件。

首先，将配置文件中默认的同步服务器删除。

```
server 0.centos.pool.ntp.org iburst
server 1.centos.pool.ntp.org iburst
server 2.centos.pool.ntp.org iburst
server 3.centos.pool.ntp.org iburst
```

其次，增加控制节点的时间同步服务器，即使计算节点与控制节点进行对时。

```
server controller iburst
```

第 3 步，重启时间同步服务使配置生效。

```
[root@compute ~]# systemctl restart chronyd
```

2. 检查时间同步服务状态

查看计算节点与控制节点的同步情况。

```
[root@compute ~]# chronyc sources
 210 Number of sources = 1
MS Name/IP address         Stratum Poll Reach LastRx Last sample
===============================================================================
^* controller                3   6   17    3   +1552ns[ +294us] +/- 1215ms
```

从结果中可以看到，时间同步服务器为"controller"，结果的左下方显示"*"表示连接成功，如果显示"? "，则表示连接时间同步服务器不成功。如果有不成功的情况，则应检查配置是否写错，并检查是否重启了服务。注意，所有配置文件的修改都需要重启服务后才能生效。

本任务完成后，请按照 5.3.14 小节中的表 5-11 进行自检，自检通过后再进入下一个任务。

5.3.9　安装 OpenStack 云计算平台基础框架

V5-13　OpenStack
平台框架安装

OpenStack 是一个云计算平台基础框架，它包含很多独立的组件。本任务将搭建 OpenStack 云计算平台基础框架。在控制节点与计算节点上均需要执行以下操作。

第 1 步，安装 OpenStack（Train 版）软件框架。

yum -y install centos-release-openstack-train

这条命令会在"/etc/yum.repos.d"下生成多个后缀为"repo"的文件，在未连接外网时用不到这些文件，需要将这些文件删除。

rm -rf /etc/yum.repos.d/C*.repo

第 2 步，升级所有软件。

将现有软件除了内核外升级到最新版本。

yum -y upgrade

升级完成后会找回原来已经删除的后缀为"repo"的文件，应一并将其删除。

rm -rf /etc/yum.repos.d/C*.repo

第 3 步，安装 OpenStack 云计算平台管理客户端。

yum 　-y install python-openstackclient

安装客户端以后，即可使用 openstack 命令管理云计算平台。

第 4 步，安装 OpenStack SELinux 防火墙管理包。

V5-14　MariaDB
数据库安装

yum -y install openstack-selinux

本任务完成后，请按照 5.3.14 小节中的表 5-12 进行自检，自检通过后再进入下一个任务。

5.3.10　安装 MariaDB 数据库服务

数据库服务在 OpenStack 中是非常重要的基础服务，OpenStack 云计算平台的每个核心组件都会使用到它。本任务将安装在 Linux 中常用的 MariaDB 数据库。

MariaDB 数据库的安装与配置只需在控制节点上进行操作。

第 1 步，安装 MariaDB 数据库。

安装 MariaDB 数据库的方法如下。

[root@controller ~]# yum -y install　mariadb-server python2-PyMySQL

以上语句安装了两款软件，"mariadb-server"是数据库的服务端、"python2-PyMySQL"是数据库的管理接口，OpenStack 云计算平台通过它管理数据库。

第 2 步，创建数据库配置文件。

首先，在数据库配置文件目录中新建一个配置文件，文件名任取，但后缀必须为"cnf"。

[root@controller ~]# vi /etc/my.cnf.d/openstack.cnf

其次，在文件中新增以下内容。

```
[mysqld]
bind-address = 192.168.10.10
default-storage-engine = innodb
innodb_file_per_table = on
max_connections = 4096
collation-server = utf8_general_ci
character-set-server = utf8
```

第 3 步，启动数据库。

首先，设置开机启动数据库服务。

```
[root@controller ~]# systemctl enable mariadb
```

其次，立即启动数据库服务。

```
[root@controller ~]# systemctl start mariadb
```

如果启动出现问题，则应认真检查第 2 步中的配置文件内容是否正确。

第 4 步，初始化数据库。

在数据库启动成功的情况下，按以下方法初始化数据库。

```
[root@controller ~]# mysql_secure_installation
Enter current password for root （enter for none）:        #输入当前密码，直接按【Enter】键
Set root password? [Y/n] Y                                #是否设置新密码
New password:000000                                       #输入新密码
Re-enter new password:000000                              #确认新密码
Remove anonymous users? [Y/n]Y                           #是否去掉匿名用户
Disallow root login remotely? [Y/n] Y                    #是否禁止 root 用户远程登录
Remove test database and access to it? [Y/n] Y          #是否去掉测试数据库
Reload privilege tables now? [Y/n] Y                     #是否重新加载权限表
```

第 5 步，登录数据库进行测试。

```
[root@controller ~]# mysql –uroot –p000000
Welcome to the MariaDB monitor.   Commands end with ; or \g.
Your MariaDB connection id is 9
Server version: 10.3.20–MariaDB MariaDB Server

Copyright (c) 2000, 2018, Oracle, MariaDB Corporation Ab and others.

Type 'help;' or '\h' for help. Type '\c' to clear the current input statement.

MariaDB [(none)]>
```

登录成功后输入"quit"并按【Enter】键退出。

本任务完成后，请按照 5.3.14 小节中的表 5-13 进行自检，自检通过后再进入下一个任务。

5.3.11 安装 RabbitMQ 消息队列服务

V5-15   RabbitMQ
消息队列安装

OpenStack 各个组件之间是通过消息队列进行相互通信的，因此消息队列
也是一个必不可少的基础支持组件。本任务将安装常用的 RabbitMQ 消息队列
服务。

RabbitMQ 消息队列服务只需要在控制节点上进行安装与设置。

第 1 步，安装 RabbitMQ 消息队列服务软件包。

```
[root@controller ~]# yum –y install rabbitmq-server
```

第 2 步，启动消息队列服务。

首先，设置开机启动消息队列服务。

```
[root@controller ~]# systemctl enable rabbitmq-server
```

其次，立即启动消息队列服务。

```
[root@controller ~]# systemctl start rabbitmq-server
```

第 3 步，添加用户，并设置用户权限。

为 RabbitMQ 系统添加一个名为"rabbitmq"的用户并设置其密码为"000000"，以后通过

该用户使用消息队列服务。

```
[root@controller ~]# rabbitmqctl add_user rabbitmq 000000
```

为"rabbitmq"用户授予对消息队列服务中所有资源的配置、写入、读取权限。

```
[root@controller ~]# rabbitmqctl set_permissions rabbitmq ".*" ".*" ".*"
```

第 4 步，检查服务运行情况。

检查 RabbitMQ 消息队列服务的对外服务端口 25672 和 5672 是否处于监听状态。

```
[root@controller ~]# netstat -tnlup|grep 5672
tcp        0      0 0.0.0.0:25672        0.0.0.0:*         LISTEN      977/beam.smp
tcp6       0      0 :::5672              :::*              LISTEN      977/beam.smp
```

如果能看到 25672 和 5672 端口正处于监听（LISTEN）状态中，则说明 RabbitMQ 消息队列服务处于运行状态。

本任务完成后，请按照 5.3.14 小节中的表 5-14 进行自检，自检通过后再进入下一个任务。

5.3.12 安装 Memcached 缓存服务

Memcached 是一个高性能的分布式内存对象缓存系统，能大大提高云计算平台的数据分发效率，是 OpenStack 云计算平台的一个重要的基础服务。

Memcached 缓存服务只需要在控制节点上进行安装和设置。

第 1 步，安装 Memcached 缓存服务软件。

V5-16　安装
Memcached
缓存服务

```
[root@controller ~]# yum -y install memcached python-memcached
```

以上语句安装了"memcached"和"python-memcached"两款软件，"memcached"就是缓存服务，而"python-memcached"是该服务的管理接口，OpenStack 通过它管理缓存服务。

第 2 步，配置缓存服务，设置对控制节点的访问进行监听。

```
[root@controller ~]# vi /etc/sysconfig/memcached
```

将配置文件内容中的"OPTIONS"参数的值更改为以下内容。

```
-l 127.0.0.1,::1,controller
```

第 3 步，启动缓存服务。

```
[root@controller ~]# systemctl enable memcached      #设置开机启动
[root@controller ~]# systemctl start memcached       #立即启动服务
```

第 4 步，检查服务运行情况。

由于 Memcached 服务器要通过 11211 端口对外服务，因此通过查看 11211 端口是否处于监听状态可以判断该服务是否处于运行状态。

```
[root@controller ~]# netstat -tnlup|grep 11211
tcp        0      0 192.168.10.10:11211    0.0.0.0:*       LISTEN      3394/memcached
tcp        0      0 127.0.0.1:11211        0.0.0.0:*       LISTEN      3394/memcached
tcp6       0      0 ::1:11211              :::*            LISTEN      3394/memcached
```

本任务完成后，请按照 5.3.14 小节中的表 5-15 进行自检，自检通过后再进入下一个任务。

5.3.13 安装 etcd 分布式键-值对存储系统

etcd 分布式键-值对存储系统用于存储大规模分布系统的配置信息，用于组件的注册和服务发现等，它也是 OpenStack 的一个重要支持应用。

etcd 分布式键-值对系统只需要在控制节点上进行安装与设置。

V5-17　安装 etcd
分布式键-值对存储
系统

第 1 步，安装 etcd 软件。

```
[root@controller ~]# yum -y install etcd
```

第 2 步，配置服务器。

```
[root@controller ~]# vi /etc/etcd/etcd.conf
```

修改并启用（取消注释）以下数据。

```
ETCD_LISTEN_PEER_URLS="http://192.168.10.10:2380"
ETCD_LISTEN_CLIENT_URLS="http://192.168.10.10:2379,http://127.0.0.1:2379"
ETCD_NAME="controller"
ETCD_INITIAL_ADVERTISE_PEER_URLS="http://192.168.10.10:2380"
ETCD_ADVERTISE_CLIENT_URLS="http://192.168.10.10:2379"
ETCD_INITIAL_CLUSTER="controller=http://192.168.10.10:2380"
ETCD_INITIAL_CLUSTER_TOKEN="etcd-cluster-01"
ETCD_INITIAL_CLUSTER_STATE="new"
```

对于长文件的编辑，可以使用 Vi 文本编辑器的查找功能 "/" 和 "?"。另外，"#" 表示注释，如果要启用配置，则需要将行首的#删除。

第 3 步，启动 etcd 服务。

首先，设置开机启动 etcd 服务。

```
[root@controller ~]# systemctl enable etcd
```

其次，立即启动 etcd 服务。

```
[root@controller ~]# systemctl start etcd
```

第 4 步，检查服务运行情况。

etcd 服务正如在配置文件中配置的，需要监听 2379 和 2380 端口，所以通过查看 2379 和 2380 端口是否处于监听状态，可以判断该服务是否处于运行状态。

```
[root@controller ~]# netstat -tnlup|grep etcd
tcp        0      0 192.168.10.10:2379      0.0.0.0:*      LISTEN      51560/etcd
tcp        0      0 127.0.0.1:2379          0.0.0.0:*      LISTEN      51560/etcd
tcp        0      0 192.168.10.10:2380      0.0.0.0:*      LISTEN      51560/etcd
```

本任务完成后，请按照 5.3.14 小节中的表 5-16 进行自检，自检通过后再进入下一个任务。

5.3.14　安装完成情况检测

安装 OpenStack 的各个任务之间是相互关联的，必须在保证前一个任务成功完成后才能继续其下的任务。因此本书针对每个重要任务设计了检测环节，以方便读者自行检测任务完成情况。

表 5-9 所示为 5.3.3~5.3.5 这 3 小节结束后，也就是网络环境配置好以后的完成情况自检工单，读者可按照表中所列举的项对实施情况进行自我评估，同时对相应项失败的原因进行分析和记录，这将有助于定位问题，并能通过解决问题积攒经验。

表 5-9　网络环境配置自检工单

检测内容	检测方法	合格标准	检测结果		失败原因
			成功	失败	
从控制节点到计算节点的连通性检测	ping 计算节点的内网 IP 地址	ping 通			
	ping 计算节点的外网 IP 地址	ping 通			
	ping 计算节点的主机名	ping 通			

检测内容	检测方法	合格标准	检测结果		失败原因
			成功	失败	
从计算节点到控制节点的连通性检测	ping 控制节点的内网 IP 地址	ping 通			
	ping 控制节点的外网 IP 地址	ping 通			
	ping 控制节点的主机名	ping 通			
从宿主机到控制节点的连通性检测	ping 控制节点的内网 IP 地址	ping 通			
	ping 控制节点的外网 IP 地址	ping 通			
从宿主机到计算节点的连通性检测	ping 计算节点的内网 IP 地址	ping 通			
	ping 计算节点的外网 IP 地址	ping 通			

表 5-10 所示为 5.3.6 小节"搭建本地软件仓库"结束后的完成情况自检工单，读者可按照表中所列举的项对实施情况进行自我评估，同时对相应项失败的原因进行分析和记录，这将有助于定位问题，并能通过解决问题积攒经验。

表 5-10　本地 YUM 源搭建自检工单

检测内容	检测方法	合格标准	检测结果		失败原因
			成功	失败	
控制节点YUM 源检测	yum repolist	存在"base""extra""train""updates""virt"这 5 个库			
	使用 yum 命令安装"net-tools"	能正常安装			
	使用 yum 命令安装"telnet"	能正常安装			
控制节点 FTP服务检测	使用"systemctl status vsftpd"命令检测 FTP 服务的开启情况	运行态，显示"active (running)"			
计算节点YUM 源检测	yum repolist	存在"base""extras""train""updates""virt"这 5 个库			
	使用 yum 命令安装"net-tools"	能正常安装			
	使用 yum 命令安装"telnet"	能正常安装			

表 5-11 所示为 5.3.8 小节"安装 Chrony 时间同步服务"结束后的完成情况自检工单，读者可按照表中所列举的项对实施情况进行自我评估，同时对相应项失败的原因进行分析和记录，这将有助于定位问题，并能通过解决问题积攒经验。

表 5-11　Chrony 安装自检工单

检测内容	检测方法	合格标准	检测结果		失败原因
			成功	失败	
在计算节点上检测与控制节点的时间同步情况	"chronyc sources" 查询计算节点连接的 NTP 服务器	NTP 服务器源为控制节点，显示成功连接			
	用 date 命令查询当前时间	控制节点与计算节点的时间一致			

　　表 5-12 所示为 5.3.9 小节"安装 OpenStack 云计算平台基础框架"结束后的完成情况自检工单，读者可按照表中所列举的项对实施情况进行自我评估，同时对相应项失败的原因进行分析和记录，这将有助于定位问题，并能通过解决问题积攒经验。

表 5-12　OpenStack 云计算平台基础框架安装自检工单

检测内容	检测方法	合格标准	检测结果		失败原因
			成功	失败	
在控制节点上检测安装结果	查看 "/etc/yum.repos.d/" 目录下的文件	只有自建的后缀为 "repo" 的文件			
	使用 "openstack --version" 命令检测 OpenStack 版本号	显示版本号			
在计算节点上检测安装结果	查看 "/etc/yum.repos.d/" 目录下的文件	只有自建的后缀为 "repo" 的文件			
	使用 "openstack --version" 命令检测 OpenStack 版本号	显示版本号			

　　表 5-13 所示为 5.3.10 小节"安装 MariaDB 数据库服务"结束后的完成情况自检工单，读者可按照表中所列举的项对实施情况进行自我评估，同时对相应项失败的原因进行分析和记录，这将有助于定位问题，并能通过解决问题积攒经验。

表 5-13　MariaDB 安装自检工单

检测内容	检测方法	合格标准	检测结果		失败原因
			成功	失败	
控制节点上的 MariaDB 是否安装成功	重启服务器后，使用 "netstat -tnlup" 命令查看端口占用情况	3306 端口为 LISTEN 状态			
	使用 "mysql -uroot -p000000" 命令登录数据库	能够登录数据库			
	在登录的情况下查询数据库列表 "show databases;"	存在名为 "mysql" 的数据库			

　　表 5-14 所示为 5.3.11 小节"安装 RabbitMQ 消息队列服务"结束后的完成情况自检工单，读者可按照表中所列举的项对实施情况进行自我评估，同时对相应项失败的原因进行分析和记录，这将有助于定位问题，并能通过解决问题积攒经验。

表 5-14　RabbitMQ 安装自检工单

检测内容	检测方法	合格标准	检测结果		失败原因
			成功	失败	
控制节点上的 RabbitMQ 是否启用	重启服务器后，使用"netstat -tnlup"命令查看端口占用情况	25672 与 5672 端口处于监听状态			
RabbitMQ 的用户是否正确	使用" rabbitmqctl list_users"命令查看用户列表	存在自建的用户			
权限是否正确	查看自建用户的权限	具有对所有资源配置、写入、读取的权限			

表 5-15 所示为 5.3.12 小节"安装 Memcached 缓存服务"结束后的完成情况自检工单，读者可按照表中所列举的项对实施情况进行自我评估，同时对相应项失败的原因进行分析和记录，这将有助于定位问题，并能通过解决问题积攒经验。

表 5-15　Memcached 安装自检工单

检测内容	检测方法	合格标准	检测结果		失败原因
			成功	失败	
控制节点上服务是否启用	重启服务器后，使用"netstat -tnlup"命令查看端口占用情况	11211 端口处于监听状态			
控制节点用Telnet 能否连接	用 Telnet 连接服务器，输入"stats"	能连接，并且在"stats"状态下能看到服务器已经运行的时间"uptime"			
计算节点用Telnet 能否连接	用 Telnet 连接服务器，输入"stats"	能连接，并且在"stats"状态下能看到服务器已经运行的时间"uptime"			

表 5-16 所示为 5.3.13 小节"安装 etcd 分布式键-值对存储系统"结束后的完成情况自检工单，读者可按照表中所列举的项对实施情况进行自我评估，同时对相应项失败的原因进行分析和记录，这将有助于定位问题，并能通过解决问题积攒经验。

表 5-16　etcd 安装自检工单

检测内容	检测方法	合格标准	检测结果		失败原因
			成功	失败	
控制节点上的etcd 服务是否启用	重启服务器后，使用 "netstat -tnlup"命令查看端口占用情况	2379 与 2380 端口处于监听状态			
能否正常存取数据	使用etcdctl命令向键"mykey"存入值 "007"；使用 etcdctl 命令读取键"mykey"的值	能存入，也能正确读到值			

5.4 项目小结

　　OpenStack 云计算平台是一个复杂的软件框架结构，可以把它类比为一栋公司大楼，其中完成具体工作的是大楼内的各个业务部门，如财务部、保卫部、经营部等，这些"部门"就是 OpenStack 中的组件。要想让这栋大楼真正运转起来，首先要建造大楼主体，而在建设过程中又需要有电力公司、水力公司、交通运输公司等提供基础服务的机构的配合，这些机构显然不属于这栋大楼，但它们保障了这栋大楼的建造过程。相似的，OpenStack 云计算平台能够搭建和运行也离不开相关的基础服务，其中就包括数据库服务、时间同步服务、消息队列服务、缓存服务、分布式键-值对存储系统等。

　　本项目围绕如何搭建 OpenStack 云计算平台相关的基础服务展开。首先，使用虚拟机克隆获得双节点 OpenStack 云计算平台所需的两台节点主机，再为两台节点主机的双网卡绑定了内、外网地址，并通过修改 hostname 和 hosts 文件实现了主机名修改与域名解析，并关闭了防火墙，这些操作为 OpenStack 云计算平台构建了基础网络环境；其次，为 YUM 软件包管理器配置了 YUM 源，并使用 yum 命令解决了如何安装软件的问题；最后，在以上网络条件准备好的情况下，安装并配置了相关服务，分别是提供主机间对时的 Chrony 时间同步服务、提供数据存储与处理的 MariaDB 数据库服务、OpenStack 云计算平台基础框架、用于 OpenStack 组件之间消息传递的 RabbitMQ 消息队列服务、能有效提高 OpenStack 数据分发效率的 Memcached 缓存服务、用于服务注册和服务发现的 etcd 分布式键-值对存储系统。另外，为了达到离线安装的目的，本项目还介绍了 YUM 源同步的方法，即将互联网中的软件仓库下载到本地后生成 YUM 源，再将 YUM 配置文件中的源地址指向本地 YUM 源的地址。在项目实施过程中，为了防止虚拟机数据丢失，还额外介绍并示范了 VMware Workstation 的拍摄快照功能，学会使用这项功能后，以后每完成一个任务就可以拍摄一个快照，这样能够避免很多由于误操作而造成的返工。

5.5 项目练习题

1. 选择题

（1）以下（　　　）参数是 yum 命令中用来安装软件包的。

  A. install   B. update   C. remove   D. search

（2）以下（　　　）参数是 yum 命令中用来卸载软件包的。

  A. install   B. update   C. remove   D. search

（3）以下（　　　）参数是 yum 命令中用来升级软件包的。

  A. install   B. update   C. remove   D. search

（4）以下（　　　）参数是 yum 命令中用来搜索软件包的。

  A. install   B. update   C. remove   D. search

（5）修改主机名需要修改（　　　）文件。

  A. hosts   B. hostname   C. ifcfg-ens33   D. chrony.conf

（6）修改域名映射需要修改（　　　）文件。

  A. hosts   B. hostname   C. ifcfg-ens33   D. chrony.conf

（7）CentOS 7 的防火墙是（　　　）。

  A. Windows Defender   B. 360 防火墙

  C. Firewall   D. Iptables

（8）查看时间同步源的命令是（　　　）。

    A．chronyc add server   B．chronyc sources

    C．chronyc delete server   D．chronyc clients

（9）MariaDB 数据库兼容（　　　）数据库。

    A．MySQL   B．SQL Server   C．Oracle   D．SQLite

（10）以下（　　　）命令是用来管理 RabbitMQ 消息队列的。

    A．chronyc   B．rabbitmqctl   C．mysql   D．telnet

2．填空题

（1）修改主机名时需要修改的文件是＿＿＿＿＿＿＿＿＿＿。

（2）用于本地域名解析的文件是＿＿＿＿＿＿＿＿＿。

（3）yum 命令中的＿＿＿＿＿＿＿参数用于安装软件包，＿＿＿＿＿＿参数用于删除软件包。

（4）Firewall 防火墙的启动命令是＿＿＿＿＿＿＿＿＿＿＿＿＿。

（5）重启 Chrony 时间同步服务的命令是＿＿＿＿＿＿＿＿＿＿＿＿＿。

（6）Memcached 缓存服务的默认用户名是＿＿＿＿＿＿＿＿＿＿＿＿。

（7）etcdctl 命令中获取值的参数是＿＿＿＿＿，存放键-值对的参数是＿＿＿＿＿＿。

3．实训题

（1）只知道一个网桥软件包的前缀是"bridge"，现在需要查询到这个网桥软件包并安装它，请写出过程命令。

（2）假设数据库允许远程连接，数据库的 IP 地址是"10.10.0.1"，用户是"abc"，密码是"123456"，请写出登录该数据库的命令。

项目6
认证服务（Keystone）安装

06

学习目标

【知识目标】

（1）了解Keystone的功能。

（2）理解角色、用户、服务、端点等专业名词。

（3）了解Keystone的组件架构。

（4）了解Keystone认证的基本步骤。

【技能目标】

（1）能够安装与配置Keystone组件。

（2）能够配置Web服务。

（3）能够初始化身份认证信息。

（4）能够用命令创建项目、角色。

（5）能够用命令查阅用户、域名、项目、角色等信息。

引例描述

小王已经完成了OpenStack云计算平台基础环境的部署，这类似于公司大楼已经建好，接下来就该让各个业务部门入驻大楼开始工作了，这里的业务部门就是OpenStack云计算平台的各个组件。但此时小王发现了一个问题，OpenStack云计算平台的组件有很多，该先安装哪个组件呢？

6.1 项目陈述

小王通过调研了解到，由于 OpenStack 云计算平台是由众多组件构成的一套复杂系统，哪些组件被允许连入系统、进入系统后允许使用哪些组件功能，都需要一个认证单元去判断和决定。Keystone 在 OpenStack 云计算平台中就是这个认证单元，负责各个组件的认证工作。既然OpenStack 云计算平台的所有组件都要通过 Keystone 组件的认证才能进入云计算平台，那么应该首先安装 Keystone 组件。

在具体安装 Keystone 之前，小王将先学习以下必备知识。

- 通过"Keystone 的基本概念"学习与身份认证相关的专业名词；
- 通过"Keystone 的组件架构"了解 Keystone 的组成结构；
- 通过"Keystone 的基本工作流程"了解 Keystone 在组件交互中如何发挥作用。

最后，在项目实施环节，小王将在项目操作手册的指导下，在控制节点端完成 Keystone 的安装与配置工作，为 OpenStack 云计算平台后续核心组件的加入打下基础。

6.2 必备知识

6.2.1 Keystone 的基本概念

V6-1 OpenStack
的认证中心——
Keystone

从本项目开始将出现很多 OpenStack 的专业名词，如域、项目、服务、端点、用户、角色、凭据、认证、令牌、组等，理解这些名词对初学者来说比较难。下面通过一个浅显的例子来介绍它们。

假设李四投资了一个会员制网吧，这个网吧就是项目（Project）。该网吧提供多种服务（Service），如上网、喝咖啡、阅览室读书等。每个服务都有一个不同的服务地址，不同的地址对应着不同的服务，如到网吧的咖啡屋中就可以喝咖啡，这里的咖啡屋的地址就是服务端点（Endpoint）。在这个项目中，李四、网管和来上网的人都是用户（User），因为他们都可以使用该网吧的服务。但他们在网吧中的权限是不一样的，因为他们的角色（Role）不一样。李四的角色是老板，有查账权限；网管的角色是管理人员，有收银和软硬件管理权限；其他人的角色是顾客，只有上网与消费权限。用户来到网吧将出示用户名和密码作为身份凭据（Credentials）来认证（Authentication）其身份，只有网吧会员才允许进入。认证通过后获得一个令牌（Token），这个令牌的形式可能是手环或者上网卡。进入网吧后，每次使用服务都要先验证持有该令牌的用户是否有权使用该服务（如不是 VIP 用户，则不能进入 VIP 区）。如果用户很多，给每个用户单独分配权限非常麻烦，则可以将若干个用户分为一组（Group），如 VIP 组、战队组等，只需要给组分配权限，用户加入某个组就自动拥有了这个组的所有权限。随着业务扩大，有其他网吧（不同的项目）加盟，此时，其中一个网吧的会员到其他网吧中也是会员。为便于管理，可以把部分项目和用户划分到一个域（Domain）中，并规定只有本域中的用户才能使用本域中项目的资源。

其中，域、项目、组、用户、角色的关系模型如图 6-1 所示。

图 6-1 域、项目、组、用户和角色的关系模型

OpenStack 常用专业名词解释如表 6-1 表示。

表 6-1 OpenStack 常用专业名词解释

名词	解释
项目	项目是供用户使用的资源集合，不同的项目之间的资源是隔离的。OpenStack 自带 "admin" 项目

名词	解释
用户	用户是任何拥有身份验证信息来使用 OpenStack 的实体，可以是真正的使用人、其他系统或者某一服务。OpenStack 中自带"admin"用户，该用户属于"admin"项目并分配有"admin"角色。用户必须要指定一个项目才可以申请使用 OpenStack 的服务
域	域是项目和用户的集合。OpenStack 默认存在"Default"域，如果没有另外创建域，则所有项目和用户都将属于"Default"域。用户只可以使用同域中的项目
角色	角色是预定义的权限集合。OpenStack 自带两个预定义角色，即"admin"和"member"。其中，"member"角色集合了普通用户的访问权限，而"admin"角色集合了对整个 OpenStack 进行管理的特权。角色可以分配给用户或者组，如果某个用户被分配了"admin"角色，则该用户将获得与"admin"用户相同的权限
组	组是域中部分用户的集合。通过分配角色到组中，可以批量向在该组中的所有用户分配权限
认证	认证是 Keystone 认证用户身份的过程
凭据	凭据是 Keystone 认证用户身份时需要的身份验证数据。这些数据可以是用户名/密码、令牌等
令牌	令牌是一个加密字符串，是访问资源的"通行证"。一个令牌包含在指定范围和有效时间内可以被访问的资源信息
服务	服务是 OpenStack 云计算平台中所提供的组件服务，如计算服务、镜像服务等
端点	端点是一个用来访问或定位某个服务的地址，通常是一个 URL。每个服务的端点都有如下 3 类。 • admin-url：给 admin 用户提供服务的地址。 • internal-url：给内部组件提供服务的地址。 • public-url：给其他公共用户提供服务的地址。 在 OpenStack（Train 版）中，这 3 类端点已经统一，只保留了不同的类型，如 Keystone 组件对外提供服务的端点都是"http:// [控制节点 IP 地址]:5000/v3"

6.2.2 Keystone 的组件架构

OpenStack 云计算平台中的组件是由不同的服务模块构成的，每个模块各自负责一些任务，它们各司其职，一起形成了一个有机整体。Keystone 的组件架构如图 6-2 所示。

图 6-2　Keystone 的组件架构

由图 6-2 可知，Keystone 服务是由令牌、目录、验证、策略四大后端模块所支持的。Keystone 组成模块的功能说明如表 6-2 所示。

表 6-2　Keystone 组成模块的功能说明

模块	功能说明
令牌	令牌模块，该模块用来生成和管理令牌
目录	目录模块，用来存储和管理服务以及与之对应的端点信息

续表

模块	功能
验证	验证模块，用来管理项目、用户、角色和提供认证服务
策略	策略模块，用来存储和管理所有的访问权限

6.2.3 Keystone 认证的基本步骤

OpenStack 云计算平台的各个组件在加入云计算平台系统或者使用其他组件服务的时候都需要通过 Keystone 的认证。例如，在用户创建虚拟机的过程中，各个组件的相互协作关系如图 6-3 所示。

图 6-3　创建虚拟机的过程中各个组件的相互协作关系

从图 6-3 中可以看到，每项服务请求都需要经过 Keystone 的认证。Keystone 的认证分为两种。

第 1 种，判断用户凭证是否合法。用户初次登录系统时，需要向 Keystone 提交用户名、密码等用户凭证信息。Keystone 进行认证以判断其是否为合法用户，如果是合法用户，则给用户颁发令牌，用于后续认证使用。在颁发的令牌中包含用户对服务的使用权限、令牌的失效时间等信息。

第 2 种，判断用户令牌是否合法。当用户已经登录系统并开始使用 OpenStack 的任一组件服务时，都需要提交已获得的令牌。提供服务的组件将收到的令牌转交给 Keystone 判断该令牌是否合法、是否过期、是否有权获得服务等。只有通过了 Keystone 的认证，服务才会响应相应的请求。

6.3　项目实施

6.3.1　安装与配置 Keystone

为了避免接下来的工作中由于操作不当造成需要重装系统的情况发生，请将前期工作拍摄快照保存。由于本任务只在控制节点上实施，因此仅需要给控制节点拍摄快照。以下安装与配置 Keystone 的工作皆在控制节点上进行。Keystone 的安装与配置需要经历如下 4 个阶段。

1. 安装 Keystone 软件包

使用以下命令安装 Keystone 组件的必要软件包。

```
[root@controller ~]# yum  -y install openstack-keystone httpd mod_wsgi
```

Keystone 实际是运行在 Web 服务器上的一个支持 Web 服务器网关接口（Web Server Gateway Interface，WSGI）的 Web 应用。因此，这里安装了 3 款软件："openstack-keystone" "httpd" "mod_wsgi"。其中，"openstack-keystone" 是 Keystone 的软件包；"httpd" 是阿帕奇（Apache）Web 服务器的软件包名；"mod_wsgi" 是使 Web 服务器支持 WSGI 的插件。

在安装 "openstack-keystone" 软件包的时候，会自动创建名为 "keystone" 的 Linux 用户及同名用户组。可以用以下方式查看系统自动生成的 "keystone" 用户和 "keystone" 用户组的相关信息。

（1）查看用户信息

在 "passwd" 文件中查看所有包含 "keystone" 字符串的行。

```
[root@controller ~]# cat /etc/passwd | grep keystone
keystone:x:163:163:OpenStack Keystone Daemons:/var/lib/keystone:/sbin/nologin
```

在结果中能看到已经存在 "keystone" 用户。

（2）查看用户组信息

在 "group" 文件中查看所有包含 "keystone" 字符串的行。

```
[root@controller ~]# cat /etc/group | grep keystone
keystone:x:163:
```

在结果中能看到已经存在 "keystone" 用户组。

2. 创建 Keystone 的数据库并授权

（1）进入数据库服务器

使用以下方法进入 MariaDB 数据库服务器。

```
[root@controller ~]# mysql -uroot -p000000
Welcome to the MariaDB monitor.   Commands end with ; or \g.
Your MariaDB connection id is 10
Server version: 10.3.20-MariaDB MariaDB Server

Copyright (c) 2000, 2018, Oracle, MariaDB Corporation Ab and others.

Type 'help;' or '\h' for help. Type '\c' to clear the current input statement.

MariaDB [(none)]>
```

（2）新建 "keystone" 数据库

在数据库服务器中创建一个名为 "keystone" 的数据库。

```
MariaDB [（none）]> CREATE DATABASE keystone;
```

注意

SQL 命令需要以 ";" 作为结束符。

（3）给用户授权使用新建数据库

将新建数据库的管理权限授予本地登录和远程登录的 "keystone" 用户。

```
MariaDB [（none）]> GRANT ALL PRIVILEGES ON keystone.* TO 'keystone'@'localhost'
IDENTIFIED BY '000000';
```

MariaDB [（none）]> GRANT ALL PRIVILEGES ON keystone.* TO 'keystone'@'%' IDENTIFIED BY '000000';

上面两条语句把"keystone"数据库的所有表（keystone.*）的所有权限（ALL PRIVILEGES）授予本地主机（'localhost'）及任意远程主机（'%'）上登录的名为"keystone"的用户，验证密码为"000000"。

> **注意**
>
> 对本地主机和远程主机的用户授权操作均要执行，不能只执行其中一个操作。

（4）退出数据库

输入"quit"并按【Enter】键退出数据库。

MariaDB [（none）]> quit

3. 修改 Keystone 配置文件

修改配置文件包括两个步骤，找到并打开配置文件，以及编辑配置文件。

（1）找到并打开配置文件

Keystone 的配置文件为"/etc/keystone/keystone.conf"。用以下方法打开文件。

[root@controller ~]# vi /etc/keystone/keystone.conf

（2）编辑配置文件

这是一个很长的配置文件，请使用 Vi 文本编辑器的搜索功能完成任务。

第 1 步，修改"[database]"部分实现与数据库的连接。在文件中搜索到"[database]"，增加或者修改以下代码。

connection = mysql+pymysql://keystone:000000@controller/keystone

以上代码配置了数据库连接信息，用"keystone"用户和密码"000000"去连接"controller"主机中的名为"keystone"的数据库。

第 2 步，修改"[token]"部分配置令牌的加密方式。在"[token]"部分取消注释，使以下设置生效。

provider = fernet

Keystone 令牌有 3 种生成方式：UUID、PKI、Fernet。其中，"Fernet Token"是当前主流推荐的令牌加密格式。它是一种轻量级的消息格式。一个"Fernet Token"是一个很长的字符串，这个字符串中存储了被加密的用户信息、权限信息、过期时间信息等。Keystone 在验证的时候将用解密密钥对其进行解密以获得原始信息。

4. 初始化 Keystone 的数据库

Keystone 安装文件提供了数据库的基础表数据，此时还没有将数据导入到"keystone"数据库中，需要手动将数据同步导入到数据库中。

（1）同步数据库

同步数据库的方法如下。

[root@controller ~]# su keystone -s /bin/sh -c "keystone-manage db_sync"

该命令的解释如下。

"su keystone"：su 命令用于用户切换。这里切换到"keystone"用户，是因为"keystone"用户（安装时自动创建的用户）拥有对"keystone"数据库的管理权限。执行完后将把用户切换回"root"用户。

"-s /bin/sh"：-s 为 su 命令的选项，指定了使用什么编译器（Shell）来执行命令，"/bin/sh"就是指定的编译器。

115

"-c"：su 命令的选项，在其后引号内的是具体执行的命令。

这里用到了 keystone-manage 命令，keystone-manage 命令是 Keystone 服务的管理工具。它的基本使用方法如下所示。

```
keystone-manage [选项] <操作>
```

keystone-manage 命令的常见操作及其功能说明如表 6-3 所示。

表 6-3　keystone-manage 命令的常见操作及其功能说明

常见操作	功能说明
db_sync	同步数据库
fernet_setup	创建一个 Fernet 密钥库，用于令牌加密
credential_setup	创建一个 Fernet 密钥库，用于凭证加密
bootstrap	初始化身份认证信息，并将这些信息存入数据库
token_flush	清除过期的令牌

（2）检查数据库

通过以下方法检查数据库是否同步成功。

```
[root@controller ~]# mysql -uroot -p000000          #进入数据库
MariaDB [（none）]> use keystone;                    #转换到"keystone"数据库
MariaDB [keystone]> show tables;                    #查询该数据库中的所有表
 Reading table information for completion of table and column names
You can turn off this feature to get a quicker startup with -A

Database changed
MariaDB [keystone]> show tables;
+--------------------------------+
| Tables_in_keystone             |
+--------------------------------+
| access_rule                    |
| access_token                   |
| application_credential         |
| application_credential_access_rule |
| application_credential_role    |
| assignment                     |
| config_register                |
```

如果见到如上所示的"keystone"数据库中的数据表列表，则表示数据库已经同步成功。

6.3.2　Keystone 组件初始化

Keystone 及相关软件安装好以后，需要为 Keystone 初始化密钥库、初始化用户身份认证信息、初始化服务和服务端点等，使之能够启用。这些操作分为以下 3 个主要步骤。

V6-2　Keystone
认证组件安装

1．初始化 Fernet 密钥库

以下命令将自动创建"/etc/keystone/fernet-keys/"目录，并在该目录下生成两个 Fernet 密钥。这两个密钥用于加密和解密令牌。

```
[root@controller ~]# keystone-manage fernet_setup --keystone-user keystone --keystone-
```

group keystone

以下命令将自动创建"/etc/keystone/credential-keys/"目录，并在该目录下生成两个 Fernet 密钥。这两个密钥用于加密/解密用户凭证。

[root@controller ~]# keystone-manage credential_setup --keystone-user keystone --keystone-group keystone

2. 初始化用户身份认证信息

已知 OpenStack 有一个默认用户为"admin"，但现在还没有对应的密码等登录所必需的信息。以下使用"keystone-manage bootstrap"命令给"admin"用户初始化登录凭证，以后登录时出示凭证与此比对即可进行认证。

[root@controller ~]# keystone-manage bootstrap --bootstrap-password 000000 --bootstrap-admin-url http://controller:5000/v3 --bootstrap-internal-url http://controller:5000/v3 --bootstrap-public-url http://controller:5000/v3 --bootstrap-region-id RegionOne

这里的"keystone-manage bootstrap"命令初始化验证所需要的登录相关信息，并把这些信息存入到 MariaDB 的"keystone"数据库的相应表中，它的各项参数及其功能说明如表 6-4 所示。

表 6-4 "keystone-manage bootstrap"命令的参数及其功能说明

参数	功能说明
--bootstrap-username	设置登录用户名，如果没有该参数则默认登录用户为"admin"用户
--bootstrap-password	设置登录用户的密码
--bootstrap-admin-url	设置"admin"用户使用的服务端点
--bootstrap-internal-url	设置内部用户使用的服务端点
--bootstrap-public-url	设置公共用户使用的服务端点
--bootstrap-region-id	设置区域 ID 名称，用于配置集群服务

运行该命令后，在"keystone"数据库中就已经存放了登录时需要验证的信息。登录时把用户提供的用户名及密码等信息与数据库中的数据进行比对，一致则通过认证，否则认证失败。

3. 配置 Web 服务

Keystone 实际上是一个运行在支持 WSGI 的 Web 服务器上的应用，所以要为它先配置好 Web 服务。本项目采用的是 Apache 服务器，它是一种常见的 Web 服务器，它的服务名为 "httpd"。通过以下 3 个步骤来配置 Web 服务。

（1）为 Apache 服务器增加 WSGI 支持

为 Apache 服务器增加 WSGI 支持的方法如下。

[root@controller ~]# ln -s /usr/share/keystone/wsgi-keystone.conf /etc/httpd/conf.d/

以上命令将"wsgi-keystone.conf"文件软链接到"/etc/httpd/conf.d/"目录，链接完成后，在该目录下可以看到"wsgi-keystone.conf"文件。这里并没把文件复制过去，只是建立了一个映射，类似于快捷方式。因为"/etc/httpd/conf.d/"目录下的"conf"文件都是 Apache 服务器的配置文件，所以这个命令使"wsgi-keystone.conf"成为 Apache 服务器的配置文件之一，使 Apache 服务器能够应用前面安装的"mod_wsgi"插件以支持 WSGI 协议。

（2）修改 Apache 服务器配置并启动 Apache 服务

由于 Keystone 本质上是一个 Web 应用，因此要借助 Web 服务器运行。Apache 服务器的配置文件为"/etc/httpd/conf/httpd.conf"。使用以下命令打开配置文件并进行修改。

[root@controller ~]# vi /etc/httpd/conf/httpd.conf

修改"ServerName"的值为 Web 服务所在的域名或 IP 地址，以下所示表示将其设为本机域名。

ServerName controller

（3）重启 Apache 服务

首先，设置开机启动 Apache 服务。

```
[root@controller ~]# systemctl enable httpd
```

其次，立即启动 Apache 服务。

```
[root@controller ~]# systemctl start httpd
```

6.3.3　模拟登录验证

在以上的操作中已经初始化了 OpenStack 用户"admin"的登录密码为"000000"。那么如何通过 Keystone 的认证登录系统呢？通过环境变量可以传送用户名及密码等凭证给 Keystone，再由它进行验证。下面两个步骤实现了模拟登录认证的过程。

1.　创建初始化环境变量文件

新建一个文件用于存储身份凭证。

```
[root@controller ~]# vi admin-login
```

在文件中写入如下信息。

```
export OS_USERNAME=admin
export OS_PASSWORD=000000
export OS_PROJECT_NAME=admin
export OS_USER_DOMAIN_NAME=Default
export OS_PROJECT_DOMAIN_NAME=Default
export OS_AUTH_URL=http://controller:5000/v3
export OS_IDENTITY_API_VERSION=3
export OS_IMAGE_API_VERSION=2
```

在文件中定义了要登录 OpenStack 云计算平台的用户名（OS_USERNAME）是"admin"，登录密码（OS_PASSWORD）是"000000"，用户属于的域（OS_USER_DOMAIN_NAME）是"Default"，项目属于的域（OS_PROJECT_DOMAIN_NAME）是"Default"，认证地址（OS_AUTH_URL）是"http://controller:5000/v3"，Keystone 版本号（OS_IDENTITY_API_VERSION）是"3"，镜像管理应用的版本号（OS_IMAGE_API_VERSION）是"2"。

2.　导入环境变量进行验证

有了身份凭证文件后，通过以下方法将它导入环境变量。

```
[root@controller ~]# source admin-login
```

再使用以下方法查看现有环境变量。

```
[root@controller ~]# export -p
declare -x OS_AUTH_URL="http://controller:5000/v3"
declare -x OS_IDENTITY_API_VERSION="3"
declare -x OS_IMAGE_API_VERSION="2"
declare -x OS_PASSWORD="000000"
declare -x OS_PROJECT_DOMAIN_NAME="Default"
declare -x OS_PROJECT_NAME="admin"
declare -x OS_USERNAME="admin"
declare -x OS_USER_DOMAIN_NAME="Default"
```

如能看到如上结果，则说明环境变量已经导入成功。这里初始化环境变量的目的就是模拟用户登录，Keystone 从环境变量中获取相关信息并将之和数据库中的登录信息进行比对，一致则通过认证。

6.3.4　检测 Keystone 服务

OpenStack 云计算平台所有对组件的操作都需要 Keystone 认证后才能进行，所以如果使用 OpenStack 的管理命令 openstack 能正常执行云计算平台管理操作，则说明 Keystone 的服务运行正常。

如果在以后的操作中看到 "Missing value auth-url required for auth plugin password" 类似的错误信息，则说明用户的登录信息还没有导入环境变量，此时将前面创建的 "admin-login" 文件数据使用 source 命令导入环境变量进行模拟登录即可。

1．创建与查阅项目列表

（1）创建名为 "project" 的项目

使用以下命令在默认域中创建一个名为 "project" 的项目。

```
[root@controller ~]# openstack project create --domain default project
+-------------+----------------------------------+
| Field       | Value                            |
+-------------+----------------------------------+
| description |                                  |
| domain_id   | default                          |
| enabled     | True                             |
| id          | 3f3fa121deae46079f27dc03d2b1e485 |
| is_domain   | False                            |
| name        | project                          |
| options     | {}                               |
| parent_id   | default                          |
| tags        | []                               |
+-------------+----------------------------------+
```

该命令的解释如下。

"openstack project create"：创建一个项目。

"--domain default"：该项目属于 ID 为 "default" 的域。

"project"：新项目的名称。

> **注意**　系统默认有一个名为 "Default"、ID 为 "default" 的域，由于在 "--domain" 后的输入既可以是域的名称，又可以是域的 ID，因此在这里输入 "Default" 或 "default" 都可以。

（2）查看现有项目列表

使用以下代码查看 OpenStack 云计算平台中现有的项目列表。

```
[root@controller ~]# openstack project list
+----------------------------------+---------+
| ID                               | Name    |
+----------------------------------+---------+
| 3f3fa121deae46079f27dc03d2b1e485 | project |
| ed09f9f4fd19492c8eaebc2528bd3d86 | admin   |
+----------------------------------+---------+
```

可以从列表中看到刚才创建的 "project" 项目。

2. 创建角色与查阅角色列表

（1）创建一个名为"user"的角色。

使用以下代码为 OpenStack 云计算平台创建一个名为"user"的角色。

```
[root@controller ~]# openstack role create user
+-------------+----------------------------------+
| Field       | Value                            |
+-------------+----------------------------------+
| description | None                             |
| domain_id   | None                             |
| id          | 50cc688a185d405e958cd34de6309870 |
| name        | user                             |
| options     | {}                               |
+-------------+----------------------------------+
```

（2）查看现有角色列表

使用以下代码查看 OpenStack 云计算平台现有的角色列表。

```
[root@controller ~]# openstack role list
+----------------------------------+--------+
| ID                               | Name   |
+----------------------------------+--------+
| 472e186620d140a6839ddc4bd465d54e | reader |
| 50cc688a185d405e958cd34de6309870 | user   |
| 7667090decdf41e2b246ff1e1784bcd3 | member |
| 781e4bd9baeb41e7ba4f13bd3cdda206 | admin  |
+----------------------------------+--------+
```

可以从列表中看到刚才创建的"user"角色。

3. 查看阅域列表、用户列表

（1）查看现有域列表

使用以下代码查看 OpenStack 云计算平台现有的域列表。

```
[root@controller ~]# openstack domain list
+---------+---------+---------+--------------------+
| ID      | Name    | Enabled | Description        |
+---------+---------+---------+--------------------+
| default | Default | True    | The default domain |
+---------+---------+---------+--------------------+
```

这里能够看到系统中存在一个名为"Default"、ID 为"default"的域。

（2）查看现有用户列表

使用以下代码查看 OpenStack 云计算平台现有的用户列表。

```
[root@controller ~]# openstack user list
+----------------------------------+-------+
| ID                               | Name  |
+----------------------------------+-------+
| 3ca51679a28a450d8d8e4d9f9bcb1a07 | admin |
+----------------------------------+-------+
```

可以看到目前只存在一个名为"admin"的用户。

6.3.5　安装完成情况检测

安装 OpenStack 的各个任务之间是相互关联的，必须保证前一个任务成功完成后才能继续其下的任务。因此，本书针对每个重要任务设计了检测环节，方便读者自行检测任务完成情况。

表 6-5 所示为 6.3.1～6.3.4 这 4 个小节，即 Keystone 安装自检工单，读者可按照表中所列举的项对实施情况进行自我评估，同时对相应项失败的原因进行分析和记录，这将有助于定位问题，并能通过解决问题积攒经验。

表 6-5　Keystone 安装自检工单

检测内容	检测方法	合格标准	检测结果		失败原因
			成功	失败	
控制节点是否有"keystone"用户	使用" cat /etc/passwd ｜ grep keystone"命令	能看到"keystone"用户信息			
控制节点是否有" keystone " 用户组	使用" cat /etc/group ｜ grep keystone"命令	能看到"keystone"用户组信息			
控制节点是否有" keystone " 数据库	进入数据库使用"show database;"命令	能看到"keystone"数据库			
"keystone"用户对数据库是否拥有完全权限	在数据库中使用"show grants for 'keystone'@'%';"和 show grants for 'keystone'@'localhost';命令	远程与本地的"keystone"用户被授予了对"keystone"数据库的完全控制权限			
"keystone"数据库是否同步成功	进入数据库查看"keystone"数据库中的数据表列表	存在相应的数据表			
检查 Fernet 密钥库是否创建	查看"/etc/keystone/fernet-keys/"目录和 "/etc/keystone/credential-keys/"目录	均存在 0 和 1 两个文件（密钥文件）			
"wsgi"配置文件是否成为 Apache 服务器的配置文件	查看"/etc/httpd/conf.d/"目录下的文件	能看到"wsgi-keystone.conf"			
登录信息是否导入环境变量	使用"export -p"命令	输出结果中存在"OS_USERNAME""OS_PASSWORD""OS_PROJECT_NAME"等信息			
在控制节点上查看现有域信息是否正确	使用"openstack domain list"命令	看到存在"Default"域			
在控制节点上查看现有用户信息是否正确	使用"openstack user list"命令	看到"admin"用户			
在控制节点上查看现有角色信息是否正确	使用"openstack role list"命令	看到"admin""user"角色			

续表

检测内容	检测方法	合格标准	检测结果		失败原因
			成功	失败	
在控制节点上查看现有项目信息是否正确	使用"openstack project list"命令	看到"admin"项目和"service"项目			
Keystone 服务端点是否运行正常	使用"curl http://controller:5000"命令	能够获得 Web 服务器返回数据			

6.4 项目小结

如果说 OpenStack 云计算平台是一栋办公大楼，那么 Keystone 就是它的安保部门。新加入的业务部门需要通过其认证后才能入驻，部门之间相互调用服务也要通过它来评判是否有权调用。Keystone 的认证服务由令牌、目录、验证、策略四大后端模块支持。OpenStack 云计算平台主要存在两种情况需要 Keystone 进行认证，第一种是登录系统时，用户提供凭证如用户名和密码等进行验证，验证通过后 Keystone 签发一个令牌；第二种是用户已经进入系统想调用其他组件的服务时，需要出示登录时获得的令牌，由 Keystone 验证令牌的有效期和权限等，通过后才能继续调用组件服务。

本项目带领读者在控制节点上搭建了 Keystone 组件。第 1 步，安装与配置 Keystone。Keystone 实际上是一个运行在 Web 服务器上的应用，因此要想安装和运行 Keystone 还需要为它安装和配置好 Web 服务器，本书采用的是 Apache 服务器。Keystone 安装时将会自动在 Linux 操作系统中创建名为"keystone"的用户，它负责对 Keystone 对应的数据库"Keystone"进行操作，因此在数据库中需要开放"keystone"用户对数据库的操作权限，这里的操作权限包括从本地和远程登录两种。在配置 Keystone 时主要配置了它和数据库的连接方式，以及令牌的加密方式。连接上数据库以后，通过数据库同步将安装文件中的数据库基础数据上传到数据库中。第 2 步，Keysteone 组件初始化。这里进行了密钥库初始化、登录用的身份认证信息初始化、Apache 服务初始化。经过这两步操作以后，Keystone 组件就已经安装完毕。接下来通过环境变量为 Keystone 传递凭证进行身份认证。认证通过后即可使用 openstack 命令对 OpenStack 云计算平台的用户、域、服务、角色、项目等进行各种管理操作。

6.5 项目练习题

1. 选择题

（1）供用户访问的资源集合是（　　）。

    A. 用户　　　　　　　B. 项目　　　　　　　C. 组　　　　　　　D. 域

（2）项目和用户的集合是（　　）。

    A. 用户　　　　　　　B. 项目　　　　　　　C. 组　　　　　　　D. 域

（3）（　　）是一个用来访问和定位某个服务的地址，通常是一个 URL。

    A. 服务　　　　　　　B. 端点　　　　　　　C. 凭证　　　　　　　D. 令牌

（4）在登录时，用户将提交（　　）给 Keystone 进行认证。

    A. 服务　　　　　　　B. 端点　　　　　　　C. 凭证　　　　　　　D. 令牌

（5）登录成功后，Keystone 将给用户签发（　　），用于后续认证。

    A. 服务　　　　　　　B. 端点　　　　　　　C. 凭证　　　　　　　D. 令牌

（6）四大后端组件模块中，（　　　）用于管理认证。

    A．令牌　　　　　　　　B．目录　　　　　　　　C．验证　　　　　　　　D．策略

（7）四大后端组件模块中，（　　　）用于存储与管理服务和端点的对应关系。

    A．令牌　　　　　　　　B．目录　　　　　　　　C．验证　　　　　　　　D．策略

（8）以下（　　　）是 Keystone 从环境信息中获取到的用户名变量。

    A．OS_USERNAME　　　　　　　　　　　B．OS_PASSWORD

    C．OS_PROJECT_NAME　　　　　　　　　D．OS_USER_DOMAIN_NAME

（9）以下（　　　）是 Keystone 从环境信息中获取到的密码变量。

    A．OS_USERNAME　　　　　　　　　　　B．OS_PASSWORD

    C．OS_PROJECT_NAME　　　　　　　　　D．OS_USER_DOMAIN_NAME

2．填空题

（1）端点有 3 种类型，分别是_____、_____和_____。

（2）Keystone 安装后将自动创建一个名为_____的用户。

（3）数据库授权命令 GRANT 中表示任意远程主机的是_____。

（4）数据库授权命令 GRANT 中表示本地主机的是_____。

3．实训题

（1）创建和删除用户"myuser"。

（2）创建和删除角色"myrole"。

（3）列出所有权限列表，并用 openstack 命令的"show"操作查看"admin"用户的权限详细信息。

项目7
镜像服务（Glance）安装

07

学习目标

【知识目标】

（1）了解Glance的功能。

（2）理解镜像的概念及功能。

（3）了解Glance管理的镜像数据类型。

（4）了解磁盘与容器的概念。

（5）了解Glance的组件架构。

（6）了解Glance的基本工作流程。

【技能目标】

（1）能够安装与配置Glance组件。

（2）能够为Glance创建用户与分配角色。

（3）能够初始化Glance服务与端点。

（4）能够用命令检测Glance服务。

（5）能够用命令创建与查看镜像。

引例描述

小王安装完Keystone以后，接下来的任务就是让其他组件依次进入云计算平台。当他看到放在角落里的Windows操作系统安装光盘时想到一个问题：云计算平台中的虚拟机怎么安装操作系统呢？

7.1 项目陈述

云计算平台是供多用户同时使用的系统，在云计算平台上同时运行着非常多的虚拟机，如果还是像本地安装操作系统一样一台一台虚拟机分别进行安装，将大大增加硬盘吞吐量，影响云计算平台的性能，甚至会让整个系统崩溃；用户体验也会很糟糕，因为用户会花费大量的时间在安装操作系统上。小王经过调研得知，云计算平台通常采用镜像（Image）来解决安装操作系统的问题，OpenStack 云计算平台中的镜像管理是通过 Glance 组件来实现的。本项目将给 OpenStack 云计算平台安装 Glance 组件。

在开始安装 Glance 之前，小王将先学习以下必备知识。

- 通过"Glance 的基本概念"学习镜像的概念，了解 Glance 的功能。

- 通过"Glance 的组件架构"了解 Glance 的组成结构。
- 通过"Glance 的基本工作流程"了解 Glance 是如何与数据库和后端存储配合实现镜像管理的。

最后，在项目实施环节，小王将在项目操作手册的指导下，在控制节点端完成 Glance 组件的安装与配置工作，并亲手在 OpenStack 云计算平台上创建一个可以使用的 Linux 操作系统镜像。

7.2 必备知识

7.2.1 Glance 的基本概念

Glance 是镜像服务（Image Service）的项目代号，是 OpenStack 的核心组件之一。它和 Keystone 一样是一个支持 WSGI 协议的 Web 服务，用户可以通过 Web 访问或者用命令行控制 Glance 对镜像进行管理，其功能包括虚拟机镜像和快照的注册、检索、删除、权限管理等。下面介绍 Glance 组件涉及的几个基本概念。

V7-1 OpenStack 的镜像管理专家——Glance

1. 镜像的概念及功能

镜像是给云计算平台中的虚拟机安装和备份操作系统的一种解决方案。在传统 IT 环境下，通常如何为计算机安装操作系统呢？答案是使用安装 CD 或者 U 盘来安装，或者通过克隆文件安装。这些方法存在要么安装效率低、安装时间长，要么安装完成后必须重新配置网络环境等问题。对于云计算平台这种成千上万人同时使用的系统来说，这些传统的方法已经不适合使用了。云计算平台需要一种在几秒之内可以完成系统安装、备份甚至批量生成虚拟机并使之立即可用的解决方案，这就是镜像所能提供的服务。下面用一个例子来说明镜像是如何工作的。如有一家公司需要为每位员工在云端分配一台虚拟机用于办公，这台虚拟机需要安装 Windows 操作系统及相关办公软件，则这在 OpenStack 云计算平台上是按如下操作实现的。

第 1 步，手动为一台虚拟机安装好系统和软件。这个安装过程和传统的安装计算机操作系统和软件的过程并没有太大不同，也需要手动安装，会花费相当长时间。

第 2 步，获得虚拟机镜像。对安装好的虚拟机执行拍摄快照（Snapshot）操作，这就得到了一个镜像。得到镜像后，其后的工作就和传统的安装操作系统不同了。

第 3 步，利用镜像创建新的虚拟机。当需要一台或者多台新的虚拟机时，只要用该镜像生成一台或者多台虚拟机就可以了。这一步执行速度非常快，可以在几秒之内同时批量生成多台虚拟机，且它们的网络环境会同时被配置好，因此这些虚拟机可以直接使用。

2. Glance 管理的镜像数据类型

Glance 支持用多种方式存储镜像，包括操作系统的文件系统、Swift（OpenStack 的对象存储）、S3（亚马逊云对象存储格式）等。这些存储方式都包括以下两种类型的镜像数据。

（1）镜像元数据

镜像元数据（Metadata）是存放在数据库中的关于镜像的相关信息，如文件名、大小、状态等字符串信息，用于快速检索。例如，想查询云计算平台中存在哪些镜像、镜像处于什么状态，均可以从镜像元数据中获取。

（2）镜像文件

镜像文件（Image File）即镜像本身，它存储于后端存储，所谓的后端存储就是第三方存储系统，如文件系统、Swift、S3、Cinder 等。

3. 磁盘格式与容器格式

（1）磁盘格式

Glance 中的磁盘格式（Disk Format）指的是镜像文件的存储格式。在创建镜像时，必须声明生成的镜像文件的磁盘格式。表 7-1 所示为 Glance 支持的部分磁盘格式。

表 7-1　Glance 支持的部分磁盘格式

格式类型	格式描述
raw	无结构的磁盘格式
vhd	通用的虚拟机磁盘格式，适用于 VMware、Xen、Microsoft Virtual PC、VirtualBox 等虚拟机
vmdk	和 vhd 类似的一种通用虚拟机磁盘格式
vdi	VirtualBox 和 QEMU 支持的一种磁盘格式
iso	光盘磁盘格式
qcow2	QEMU 支持的一种动态可扩展并支持快照的磁盘格式，是 OpenStack 的常用磁盘格式
ami、ari、aki	亚马逊云支持的磁盘格式

（2）容器格式

容器格式（Container Format）是镜像元数据的存放方式。可以理解为有一个"容器"，其中存放着镜像元数据及用户自定义的数据，该容器有多种"格式"用于打包。在创建镜像时，必须告诉系统镜像元数据如何存放，也就是要声明容器格式。表 7-2 所示为 Glance 支持的部分容器格式。

表 7-2　Glance 支持的部分容器格式

格式类型	格式描述
bare	没有容器的镜像元数据格式，OpenStack 通常采用的格式
ovf	开放虚拟化格式（Open Virtualization Format）
ova	开放虚拟化设备（Open Virtualization Appliance）格式

OpenStack 云计算平台通常使用"bare"这种只有镜像元数据而没有外层容器的格式。

7.2.2　Glance 的组件架构

如图 7-1 所示，OpenStack（Train 版）中的 Glance 组件为 v2 版，它主要通过一个应用接口（Glance-API）对外提供服务，在应用接口中集成了存储适配器（Store Adapter）。存储适配器通过调用后端存储（Store Backend）的文件管理功能来实现对镜像文件的操作。

图 7-1　Glance 的基本架构

下面对 3 个专用名词进行解释。

1. 应用接口

应用接口是提供对外服务的接口。当外部服务请求是对镜像元数据进行操作时，Glance-API 会与数据库进行交互，实现对镜像元数据的检索、存储等功能；如果外部服务请求是对镜像文件进行操作，则 Glance-API 将会通过存储适配器调用后端存储对镜像文件进行操作，完成具体镜像文件的上传、删除等工作。

2. 存储适配器

存储适配器是一个接口层，其中包含对镜像文件的各种操作方法，但这些方法都需要调用后端存储中的具体文件系统（Swift、S3、Cinder 等）来进行相应的文件处理。

3. 后端存储

后端存储独立于 Glance，不是 Glance 的组件。Glance 自己并不存储镜像，真正的镜像文件是存放在独立的存储系统中的，这些独立的存储系统被统称为后端存储。表 7-3 所示为 Glance 支持的部分后端存储。

表 7-3　Glance 支持的部分后端存储

存储系统	简介
本地文件系统（File System）	这是默认配置，在本地的文件系统里进行镜像保存
GridFS	一种文件存储系统，使用 MongoDB 数据库存储镜像
Ceph RBD	Ceph 分布式系统的 RBD 块存储系统
S3	亚马逊云的 S3 存储系统
Sheepdog	专为 QEMU/KVM 提供的一个分布式存储系统
Cinder	OpenStack 的块存储系统
Swift	OpenStack 的对象存储系统

对于 OpenStack 使用的后端存储的类型，可以在 Glance 的配置文件中根据具体需要进行指定。

7.2.3　Glance 的基本工作流程

所有对 Glance 合法的请求都会通过 Glance-API 这个入口，如果是对镜像元数据的处理请求，则 Glance-API 会与数据库交互进行处理。而所有对镜像文件的操作都是通过调用存储接口执行的，因为存储接口负责与后端存储的交互。图 7-2 所示为计算组件（Nova）在生成虚拟机时向 Glance 请求镜像的工作流程示意。

图 7-2　计算组件（Nova）在生成虚拟机时向 Glance 请求镜像的工作流程示意

从图 7-2 中可以看出，当计算组件向 Glance-API 请求镜像后，Glance-API 先向数据库进行查询，看有没有这个镜像，如果有，则获得镜像文件地址；再根据镜像文件地址到后端存储获得具体的镜像文件；最后，将获得的镜像文件返回给计算组件。

7.3 项目实施

7.3.1 安装与配置 Glance 镜像服务

为了避免在接下来的工作中由于操作不当造成需要重装系统的情况出现，请将前期工作拍摄快照进行保存。安装与配置 Glance 镜像服务只在控制节点上进行，因此仅需要给控制节点拍摄快照。Glance 的安装与配置需经历如下 4 个阶段。

1. 安装 Glance 软件包

安装 Glance 软件包的方法如下所示。

```
[root@controller ~]# yum -y install openstack-glance
```

在安装"openstack-glance"软件包的时候，它会自动在 CentOS Linux 中生成一个名为"glance"的用户和同名用户组。可以用以下两种方法查看 Linux 操作系统用户及用户组信息。

（1）查看用户信息

在"passwd"文件中查看所有包含"glance"字符串的行。

```
[root@controller ~]# cat /etc/passwd | grep glance
glance:x:161:161:OpenStack Glance Daemons:/var/lib/glance:/sbin/nologin
```

在结果中能看见已经存在"glance"用户。

（2）查看用户组信息

在"group"文件中查看所有包含"glance"字符串的行。

```
[root@controller ~]# cat /etc/group | grep glance
glance:x:161:
```

在结果中能看见已经存在"glance"用户组。

2. 创建 Glance 的数据库并授权

（1）进入数据库服务器

使用以下方法进入 MariaDB 数据库服务器。

```
[root@controller ~]# mysql -uroot -p000000
Welcome to the MariaDB monitor.   Commands end with ; or \g.
Your MariaDB connection id is 10
Server version: 10.3.20-MariaDB MariaDB Server

Copyright (c) 2000, 2018, Oracle, MariaDB Corporation Ab and others.

Type 'help;' or '\h' for help. Type '\c' to clear the current input statement.

MariaDB [(none)]>
```

（2）新建"glance"数据库

在数据库服务器中创建一个名为"glance"的数据库。

```
MariaDB [（none）]> CREATE DATABASE glance;
```

（3）为用户授权使用新建数据库

将新建数据库的管理权限授予本地登录和远程登录的"glance"用户。

MariaDB [(none)]> GRANT ALL PRIVILEGES ON glance.* TO 'glance'@'localhost' IDENTIFIED BY '000000';

MariaDB [(none)]> GRANT ALL PRIVILEGES ON glance.* TO 'glance'@'%' IDENTIFIED BY '000000';

上面两条语句把 "glance" 数据库中的所有表（glance.*）的所有权限（ALL PRIVILEGES）授予本地主机（'localhost'）及任意远程主机（'%'）上登录的名为 "glance" 的用户，验证密码为 "000000"。

> **注意**
>
> 对本地主机和远程主机的用户授权操作均要执行，不能只执行一个。

（4）退出数据库

输入 "quit" 并按【Enter】键退出数据库。

MariaDB [(none)]> quit

3. 修改 Glance 配置文件

Glance 的配置文件是 "/etc/glance/glance-api.conf"。通过修改它可以实现 Glance 与数据库及 Keystone 的连接。由于 "glance-api.conf" 文件的内容中存在很多注释，直接进行编辑比较麻烦，可以将注释和空行去掉后再对其进行编辑。

（1）将配置文件中的注释和空行去掉

第 1 步，备份配置文件。

[root@controller ~]# cp /etc/glance/glance-api.conf /etc/glance/glance-api.bak

第 2 步，去掉配置文件中的所有注释和空行，生成新的配置文件。

[root@controller ~]# grep –Ev '^$|#' /etc/glance/glance-api.bak > /etc/glance/glance-api.conf

以上命令采用了正则表达式的方法将配置文件中的注释去掉后再进行编辑。其中，grep 命令用于查找文件中符合条件的字符串；"–E" 选项表示采用匹配正则表达式的方法读取文件内容；选项 "–v" 表示匹配所有不满足正则表达式的行。所以，这里的正则表达式 "^$|#" 的具体含义如下：匹配空行（"^$"，其中 "^" 是一行的开头，"$" 是一行的结尾），或者（符号 "|" 表示或者）匹配第一个字符为 "#" 的行。结合反向匹配参数 "–v"，最终匹配的是所有不为空和不以注释符号 "#" 开头的行。将匹配后的结果写入（">" 表示写入）"/etc/glance/glance-api.conf" 文件。

（2）编辑新的配置文件

第 1 步，打开配置文件进行编辑。

[root@controller ~]# vi /etc/glance/glance-api.conf
[DEFAULT]
[cinder]
[cors]
[database]
[file]
[glance.store.http.store]
[glance.store.rbd.store]
[glance.store.sheepdog.store]
[glance.store.swift.store]
[glance.store.vmware_datastore.store]
[glance_store]
[image_format]
[keystone_authtoken]

```
[oslo_concurrency]
[oslo_messaging_amqp]
[oslo_messaging_kafka]
[oslo_messaging_notifications]
[oslo_messaging_rabbit]
[oslo_middleware]
[oslo_policy]
[paste_deploy]
[profiler]
[store_type_location_strategy]
[task]
[taskflow_executor]
```

可以看到，这个新的配置文件已经不存在空行和注释行了。

第 2 步，修改"[database]"部分，实现与数据库的连接。

```
[database]
connection = mysql+pymysql://glance:000000@controller/glance
```

第 3 步，修改"[keystone_authtoken]"和"[paste_deploy]"部分，实现与 Keystone 的交互。

```
[keystone_authtoken]
auth_url = http://controller:5000
memcached_servers = controller:11211
auth_type = password
username = glance
password = 000000
project_name = project
user_domain_name = Default
project_domain_name = Default
[paste_deploy]
flavor = keystone
```

第 4 步，修改"[glance_store]"部分，指定后端存储系统。

```
[glance_store]
stores = file
default_store = file                                      #默认存储系统为本地文件系统
filesystem_store_datadir = /var/lib/glance/images/        #镜像文件实际存储的目录
```

 注意　"/var/lib/glance/"文件夹是在安装 Glance 的时候自动生成的，"glance"用户具有该文件夹的完全操作权限，请不要随意将其更改为其他"glance"用户没有权限的目录。

4．初始化 Glance 的数据库

（1）同步数据库

同步数据库的目的是将安装文件中的数据库的表信息填充到数据库中，Glance 数据库同步的方法如下。

```
[root@controller ~]# su glance -s /bin/sh -c "glance-manage db_sync"
```

（2）检查数据库

通过以下方法检查数据库是否同步成功。

```
[root@controller ~]# mysql -uroot -p000000          #进入数据库
MariaDB [（none）]> use glance;                      #转换到"glance"数据库
```

```
MariaDB [glance]> show tables;                      #查询该数据库中的所有表
+---------------------------------------+
| Tables_in_glance                      |
+---------------------------------------+
| alembic_version                       |
| image_locations                       |
| image_members                         |
| image_properties                      |
| image_tags                            |
| images                                |
| metadef_namespace_resource_types      |
| metadef_namespaces                    |
| metadef_objects                       |
| metadef_properties                    |
| metadef_resource_types                |
| metadef_tags                          |
| migrate_version                       |
| task_info                             |
| tasks                                 |
+---------------------------------------+
```

如果在"glance"数据库中存在以上数据表，则表示数据库已经同步成功。

7.3.2　Glance 组件初始化

V7-2　安装
Glance 镜像组件

Glance 安装与配置成功以后，需要给 Glance 初始化用户及密码并分配用户角色、初始化服务和服务端点等，使 Glance 组件可以启用。这些操作分为以下 3 个主要步骤。

1. 创建 Glance 用户并分配角色

（1）为 OpenStack 云计算平台创建"glance"用户

第 1 步，导入环境变量模拟登录。

使用"source"或者"."都可以执行环境变量导入操作，代码如下所示。

```
[root@controller ~]# . admin-login
```

第 2 步，在 OpenStack 云计算平台中创建用户"glance"。

通过以下代码在"default"域中创建一个名为"glance"、密码为"000000"的用户。

```
[root@controller ~]# openstack user create --domain default --password 000000 glance
+---------------------+----------------------------------+
| Field               | Value                            |
+---------------------+----------------------------------+
| domain_id           | default                          |
| enabled             | True                             |
| id                  | 7d80962724eb4943ab4fd45dfc63c43a |
| name                | glance                           |
| options             | {}                               |
| password_expires_at | None                             |
+---------------------+----------------------------------+
```

注意 这里的用户名和密码一定要与"glance-api.conf"文件中"[keystone_authtoken]"中的用户名和密码一致。

（2）为用户"glance"分配"admin"角色

以下代码授予"glance"用户操作"project"项目时的"admin"的权限。

```
[root@controller ~]# openstack role add --project project --user glance admin
```

2. 创建 Glance 服务及服务端点

（1）创建服务

以下语句创建了一个名为"glance"、类型为"image"的服务。

```
[root@controller ~]# openstack service create --name glance image
+----------+----------------------------------+
| Field    | Value                            |
+----------+----------------------------------+
| enabled  | True                             |
| id       | fd12fe55c6d74b2b8adbd37ed0ee8a1c |
| name     | glance                           |
| type     | image                            |
+----------+----------------------------------+
```

（2）创建镜像服务端点

OpenStack 组件的服务端点有 3 种，分别对应公众用户（public）、内部组件（internal）、Admin 用户（admin）服务的地址。

第 1 步，创建公众用户访问的服务端点。

```
[root@controller ~]# openstack endpoint create --region RegionOne glance public
http://controller:9292
+--------------+----------------------------------+
| Field        | Value                            |
+--------------+----------------------------------+
| enabled      | True                             |
| id           | 30dabafa8d1148dca4b6cd3b35d7bf32 |
| interface    | public                           |
| region       | RegionOne                        |
| region_id    | RegionOne                        |
| service_id   | fd12fe55c6d74b2b8adbd37ed0ee8a1c |
| service_name | glance                           |
| service_type | image                            |
| url          | http://controller:9292           |
+--------------+----------------------------------+
```

第 2 步，创建内部组件访问的服务端点。

```
[root@controller~]# openstack endpoint create --region RegionOne glance internal
http://controller:9292
+--------------+----------------------------------+
| Field        | Value                            |
+--------------+----------------------------------+
| enabled      | True                             |
| id           | cd8b433a47ac4095b5481d55877d0560 |
```

```
| interface      | internal                         |
| region         | RegionOne                        |
| region_id      | RegionOne                        |
| service_id     | fd12fe55c6d74b2b8adbd37ed0ee8a1c |
| service_name   | glance                           |
| service_type   | image                            |
| url            | http://controller:9292           |
+----------------+----------------------------------+
```

第 3 步，创建 Admin 用户访问的服务端点。

[root@controller ~]# openstack endpoint create --region RegionOne glance admin http://controller:9292

```
+----------------+----------------------------------+
| Field          | Value                            |
+----------------+----------------------------------+
| enabled        | True                             |
| id             | cd1f6454f7aa4959baaa1fc68cd216ed |
| interface      | admin                            |
| region         | RegionOne                        |
| region_id      | RegionOne                        |
| service_id     | fd12fe55c6d74b2b8adbd37ed0ee8a1c |
| service_name   | glance                           |
| service_type   | image                            |
| url            | http://controller:9292           |
+----------------+----------------------------------+
```

3. 启动 Glance 服务

首先，设置开机启动 Glance 服务。

[root@controller ~]# systemctl enable openstack-glance-api

其次，立即启动 Glance 服务。

[root@controller ~]# systemctl start openstack-glance-api

7.3.3　验证 Glance 服务

这里介绍两种方法来验证 Glance 服务是否正常，通常只采用其中一种方法即可。

1. 查看端口占用情况

Glance 服务要占用 9292 端口，因此查看 9292 端口的状态就可以判断服务是否运行。可使用以下代码查看端口占用情况。

```
[root@controller ~]# netstat -tnlup|grep 9292
tcp        0      0 0.0.0.0:9292          0.0.0.0:*              LISTEN      5805/python2
```

在结果中可见 9292 端口，且其正处于"LISTEN"状态，因此服务为正常开启。

2. 查看服务运行状态

也可以通过使用 systemctl status 命令查看服务的运行状态。

```
[root@controller ~]# systemctl status openstack-glance-api
  Active: active (running) since Tue 2021-09-07 03:08:52 EDT; 1min 42s ago
```

当结果中出现"activie（running）"时说明该服务正处于运行状态。

7.3.4 用 Glance 制作镜像

CirrOS 是一种很小的 Linux 操作系统，仅有十几兆字节大小，这里 Glance 将用它来制作一个镜像。CirrOS 镜像文件可以在其官网上下载，下载后可通过 MobaXterm 的文件上传功能将安装镜像文件上传到控制节点上。下面的步骤是已将 CirrOS 镜像文件"cirros-0.5.1-x86_64-disk.img"上传到"/root"目录下再开展的。

1. 制作镜像

以下代码将调用 Glance 创建一个镜像。

```
[root@controller ~]# openstack image create --file cirros-0.5.1-x86_64-disk.img --disk-format qcow2 --container-format bare --public cirros
```

"openstack image create"语句表示对镜像（image）执行了创建（create）操作，创建了一个名为"cirros"的公有（public）镜像，它由当前目录的"cirros-0.5.1-x86_64-disk.img"文件制作而成，生成的镜像磁盘格式为"qcow2"，容器格式为"bare"。

2. 查看镜像

可以通过使用 openstack 命令查阅镜像元数据而获知镜像的相关信息，也可以到后端存储中直接查看物理镜像文件。

（1）查看镜像列表

以下是通过使用 openstack 命令查阅镜像元数据以获得镜像列表的方法。

```
[root@controller ~]# openstack image list
+--------------------------------------+--------+--------+
| ID                                   | Name   | Status |
+--------------------------------------+--------+--------+
| 1b8c2eec-e906-4ac4-8e35-ce6de8ce53a2 | cirros | active |
+--------------------------------------+--------+--------+
```

从列表中可以看到，刚创建的镜像状态（Status）为有效可用（active）。

镜像的状态信息作为镜像元数据存放在数据库中，用户可以根据状态的描述了解当前镜像的大致情况。表 7-4 所示为镜像的各种状态及其说明。

表 7-4 镜像的各种状态及其说明

状态	说明
queued	表示 Glance 注册表中已保留该镜像标识，但还没有镜像数据上传到 Glance 中
saving	表示镜像的原始数据正在上传到 Glance 中
active	表示在 Glance 中完全可用的镜像
deactivated	表示不允许任何非管理员用户访问镜像数据
killed	表示在上传镜像数据期间发生错误，且镜像不可读
deleted	Glance 保留了关于镜像的信息，但镜像不再可用。此状态下的镜像将在以后自动删除
ending_delete	Glance 尚未删除的镜像数据。处于此状态的镜像无法恢复

（2）查看镜像物理文件

以下代码用于直接进入后端存储查看镜像物理文件。

```
[root@controller ~]# ll /var/lib/glance/images/
-rw-r----- 1 glance glance 16338944 Sep  7 03:29 1b8c2eec-e906-4ac4-8e35-ce6de8ce53a2
```

"/var/lib/glance/images/" 文件夹是在 "glance-api.conf" 配置文件中定义的镜像文件的存储位置。可以看到，在文件夹中存在以镜像 ID 为文件名的镜像文件，可以获知镜像文件大小、创建时间、创建人等信息。

7.3.5　安装完成情况检测

安装 OpenStack 的各个任务之间是相互关联的，必须保证前一个任务成功完成后才能继续其下的任务。因此，本书针对每个重要任务设计了检测环节，以便读者自行检测任务完成情况。

V7-3　Glance
镜像创建

表 7-5 所示为 7.3.1～7.3.4 这 4 个小节完成后的自检工单，读者可按照表中所列举的项对实施情况进行自我评估，同时对相应项失败的原因进行分析和记录，这将有助于定位问题，并能通过解决问题积攒经验。

表 7-5　Glance 安装自检工单

检测内容	检测方法	合格标准	检测结果 成功	检测结果 失败	失败原因
控制节点是否建立了 "glance" 用户	运行 "cat /etc/ passwd | grep glance" 命令	能看到 "glance" 用户信息			
控制节点是否建立了 "glance" 用户组	运行 "cat /etc/group | grep glance" 命令	能看到 "glance" 用户组信息			
是否建立了 "glance" 数据库	运行 "show database;" 命令	能看到 "glance" 数据库			
"glance" 用户对数据库的权限	在数据库中运行 "show grants for 'glance' @'%';" 和 "show grants for 'glance'@'localhost';" 命令	远程与本地的 "glance" 用户被授予了对 "glance" 数据库的完全控制权限			
"glance" 数据库是否同步成功	进入数据库查看 "glance" 数据库中的数据表列表	存在相应的数据表			
检查 OpenStack 中 "glance" 用户是否存在	使用 "openstack user list" 命令查询用户列表	存在 "glance" 用户			
检查 "glance" 用户是否具有 "admin" 权限	① 使用 "openstack user list" 命令获得用户 ID；② 使用 "openstack role list" 命令获得角色 ID；③ 使用 "openstack role assignment list" 命令查看 "glance" 用户是否和 "admin" 角色绑定	能看到 "glance" 用户和 "admin" 角色的绑定			
检查是否创建了服务实体 "glance"	使用 "openstack service list" 命令查看服务列表	能看到 "glance" 实体，类型为 "image"			
Glance 的 3 个服务端点是否建立	使用 "openstack endpoint list" 命令	应该看到 3 行 "Service Name" 为 "glance" 的信息，且其具有相同的 URL			
Glance 服务运行是否正常	使用 "systemctl status openstack-glance-api" 命令查看 Glance 服务状态	能够看到 Active 状态为 "active（running）"			

续表

检测内容	检测方法	合格标准	检测结果		失败原因
			成功	失败	
查看 Glance 服务端口运行是否正常	使用 "curl controller: 9292" 命令查看对外服务端口是否正常	能够获得数据			
上传的镜像是否存在	使用 "openstack image list" 命令查看镜像信息	能够看到上传的镜像信息，且 "Status" 列为 "active"			
镜像物理文件是否存在	查看配置的镜像文件存放目录，如 "/var/lib/ glance/ images/" 目录下的文件信息	应该存在相应的镜像物理文件			

7.4 项目小结

　　OpenStack 云计算平台是一个产生虚拟机给用户使用的系统。虚拟机和一般计算机一样，必须要安装操作系统才能使用。为虚拟机提供操作系统的是镜像。Glance 是 OpenStack 云计算平台中用于镜像管理的组件。Glance 实现了镜像数据的上传、创建、注册、检索、删除等功能。镜像数据分为两种，一种是用于信息检索的镜像元数据，它是一些字符串，存储于数据库中；另一种就是镜像文件，它是实现具体功能的物理文件，存储于后端存储系统中。Glance 不具体存取数据，它只与后端存储系统交互，让后端存储完成存取具体镜像文件的操作。Glance 支持的后端存储类型有很多，如本地文件系统、独立的存储系统等。

　　本项目带领读者在控制节点上搭建了 Glance 组件。第 1 步，安装与配置 Glance 镜像服务。Glance 在安装时将会自动在 Linux 操作系统中创建名为 "glance" 的用户，它负责对 Glance 的数据库进行管理，因此在数据库中需要开放该用户对数据库的操作权限，开放的操作权限包括用户从本地登录和远程登录两种。在配置 Glance 时，主要配置了它和数据库的连接方式以及提供给 Keystone 认证的凭证信息。修改完配置文件后，利用 "glance" 用户可以对数据库进行修改的权限，将安装文件中的数据库基础数据同步到数据库中。第 2 步，Glance 组件初始化。在 OpenStack 云计算平台中创建了 Glance 的用户并为其分配了角色、创建了 Glance 的服务及服务端点后启动服务。经过以上两步，Glance 组件就能够正常启用了。可以通过查看端口情况和服务运行状态来检测 Glance 服务。最后，使用 openstack 命令中的镜像管理功能创建了一个 CirrOS 镜像。

7.5 项目练习题

1. 选择题

（1）云计算平台采用（　　）来安装系统。

　　　A. 磁盘　　　　　　　B. 镜像文件　　　　　　C. 服务　　　　　　D. 光盘镜像文件

（2）Glance 管理的镜像数据存在数据库中的是（　　）。

　　　A. 镜像文件　　　　　B. 镜像元数据　　　　　C. 用户自定义数据　　D. 其他

（3）Glance 管理的镜像数据存在后端存储中的是（　　）。

　　　A. 镜像文件　　　　　B. 镜像元数据　　　　　C. 用户自定义数据　　D. 其他

（4）以下（　　　）磁盘格式支持动态扩展和快照，是 OpenStack 云计算平台常用的磁盘格式。

　　A. vmdk　　　　　　B. vdi　　　　　　　C. iso　　　　　　　　D. qcow2

（5）以下（　　　）容器格式表示没有容器。

　　A. bare　　　　　　B. ovf　　　　　　　C. ova　　　　　　　　D. aki

（6）安装 Glance 软件包的时候，名为（　　　）的 Linux 操作系统用户将被创建。

　　A. keystone　　　　B. glance　　　　　　C. Glance　　　　　　D. admin

（7）安装 Glance 软件包的时候，名为（　　　）的 Linux 操作系统用户组将被创建。

　　A. keystone　　　　B. glance　　　　　　C. Glance　　　　　　D. admin

（8）命令"openstack（　　　）..."是对服务进行管理。

　　A. service　　　　　B. image　　　　　　C. role　　　　　　　D. user

（9）命令"openstack（　　　）..."是对角色进行管理。

　　A. service　　　　　B. image　　　　　　C. role　　　　　　　D. user

（10）命令"openstack endpoint create ..."表示（　　　）。

　　A. 创建端点　　　　B. 查看端点　　　　　C. 列出端点　　　　　D. 删除端点

2. 填空题

（1）创建 Glance 服务的 3 个端点分别为_____、_____和_____用户提供服务。

（2）正则表达式_____表示匹配空行。

（3）创建镜像时必须要指定_____和_____两种格式。

（4）Glance 服务的默认端口是_____。

3. 实训题

（1）请写出查看镜像列表的命令。

（2）请写出删除某个镜像的命令。

（3）请写出查看某个镜像的详细信息的命令。提示："openstack image show"。

项目8
放置服务（Placement）安装

08

学习目标

【知识目标】

（1）了解Placement的功能。

（2）了解Placement的组件架构。

（3）了解Placement的基本工作流程。

【技能目标】

（1）能够安装与配置Placement组件。

（2）能够初始化Placement用户与服务。

（3）能够用命令检测Placement服务。

引例描述

小王安装完了Glance，OpenStack云计算平台增加了镜像支持功能。在准备进行下一个组件安装的时候，小王又发现了一个新问题，那就是云计算平台是由很多计算机组成的集群，当用户想租用一台云主机的时候，云计算平台怎么知道该由计算机集群中的哪一台计算机来生成云主机为用户服务呢？

8.1 项目陈述

IaaS 云计算平台是一个集合了多种计算资源的系统，这些资源包括主机、网络、存储等。云计算平台将这些资源通过虚拟化的方式提供给用户使用。由于资源很多，因此云计算平台只有在获得系统现有资源信息的情况下才能够决定选择哪些资源来为用户服务。小王经过调研得知，OpenStack 云计算平台用放置组件 Placement 和计算组件 Nova 一起来完成选择资源这一工作。Placement 在其中起着重要作用，它监控着整个系统中的资源使用情况。本项目将为 OpenStack 云计算平台安装 Placement 组件。

在开始安装 Placement 之前，小王首先将学习以下必备知识。

- 通过"Placement 的基本概念"学习 Placement 的基本概念，了解 Placement 的功能。
- 通过"Placement 的组件架构"了解 Placement 的组成结构。
- 通过"Placement 的基本工作流程"了解 Placement 是如何与 Nova 一起实现资源选择的。

最后，在项目实施环节，小王将在项目操作手册的指导下，在控制节点上完成 Placement 组件的安装与配置工作，为下一个项目安装计算组件 Nova 打好基础。

8.2 必备知识

8.2.1 Placement 的基本概念

V8-1 OpenStack
的资源监控者——
Placement

云计算平台中的云主机（虚拟机）不是凭空出现的，它是从云中现有的硬件资源中划分出来的。每创建一台云主机都会使用一部分物理主机资源，如 CPU、磁盘、内存等。因此，在创建某台云主机前，OpenStack 云计算平台需要知道在云中所有的计算机集群中还有哪些计算机拥有足够的硬件资源能够用来创建云主机，然后才能做出判断选择哪台计算机来产生这台云主机。Placement 就是监控云中所有硬件资源使用情况的组件。

在 OpenStack 的 Stein 版出现之前，对系统资源的监控和云主机资源的选择都是由计算组件 Nova 独立完成的。从 OpenStack（Stein 版）开始，对系统资源的监控功能才从 Nova 中独立出来，成为一个独立的组件，该组件名为 Placement。

8.2.2 Placement 的组件架构

Placement 的主要组成是它的接口模块（Placement-API），该模块监控系统资源信息并给 Nova 提供它获得的系统资源信息，Placement-API 与 Nova 相关模块之间的关系如图 8-1 所示。

图 8-1　Placement-API 与 Nova 相关模块之间的关系

从图 8-1 可知，Placement 和 Nova 之间的合作关系大致是这样的：Nova 的计算模块（Nova-Compute）将要创建的云主机的硬件需求提交给 Placement-API；Placement-API 收到需求后从系统资源库中查询到现有资源满足创建云主机的所有计算机的信息，并将结果返回给 Nova 的计划模块（Nova-Scheduler）；Nova-Scheduler 根据获得的信息选择其中一台计算机来生成云主机并将结果告诉 Nova-Compute。

8.2.3 Placement 的基本工作流程

Placement 的系统监测功能主要是为 Nova 在创建云主机时提供支持服务的，其基本工作流程如图 8-2 所示。

Nova 在创建云主机前需要调用 Placement 获得系统资源信息，并根据获得的信息选择其中一台主机来创建新的云主机。这个过程大致分为如下 6 步。第 1 步，Nova 告诉 Placement 要创建的云主机需要什么资源、数量如何（如云主机需要 2 核 CPU、4GB 内存、100GB 硬盘等）。第 2 步，Placement 从数据库中查询获得两个数据，第一个数据是现有空闲资源足以创建云主机的物理主机以及它们所剩资源信息，第二个数据是这些物理主机原有的资源信息。第 3 步，数据库为 Placement 返回查询到的数据。第 4 步，Placement 将获得的两个数据告知 Nova。第 5 步，Nova 用这两个数据通过算法选择好创建云主机的物理主机，并将选择的结果告诉 Placement。第 6 步，Placement 修改数据库，将相应资源从该物理主机的资源中扣除。

图 8-2　Placement 的基本工作流程

8.3　项目实施

8.3.1　安装与配置 Placement 放置服务

1. 安装 Placement 软件包

使用以下方法安装 Placement 软件包。

```
[root@controller ~]# yum -y install openstack-placement-api
```

安装"openstack-placement-api"软件包的时候会自动在 CentOS Linux 中生成一个名为"placement"的用户和同名用户组。可以使用以下两种方法查看 Linux 操作系统的用户及用户组信息。

（1）查看用户信息

在"passwd"文件中查看所有包含"placement"字符串的行。

```
[root@controller ~]# cat /etc/passwd | grep placement
placement:x:993:990:OpenStack Placement:/:/bin/bash
```

在结果中能看见已经存在"placement"用户。

（2）查看用户组信息

在"group"文件中查看所有包含"placement"字符串的行。

```
[root@controller ~]# cat /etc/group | grep placement
placement:x:990:
```

在结果中能看见已经存在"placement"用户组。

2. 创建 Placement 的数据库并授权

（1）进入数据库

使用以下方法进入 MariaDB 数据库服务器。

```
[root@controller ~]# mysql -uroot -p000000
```

```
Welcome to the MariaDB monitor.   Commands end with ; or \g.
Your MariaDB connection id is 10
Server version: 10.3.20-MariaDB MariaDB Server

Copyright (c) 2000, 2018, Oracle, MariaDB Corporation Ab and others.

Type 'help;' or '\h' for help. Type '\c' to clear the current input statement.

MariaDB [(none)]>
```

（2）新建"placement"数据库

在数据库服务器中创建一个名为"placement"的数据库。

```
MariaDB [（none）]> CREATE DATABASE placement;
```

（3）为数据库授权

授予"placement"用户从本地和远程管理新建数据库的权限。

```
MariaDB [（none）]> GRANT ALL PRIVILEGES ON placement.* TO 'placement'@'localhost'
IDENTIFIED BY '000000';
MariaDB [（none）]> GRANT ALL PRIVILEGES ON placement.* TO 'placement'@'%'
IDENTIFIED BY '000000';
```

上面两条语句把"placement"数据库中的所有表（placement.*）的所有权限（ALL
PRIVILEGES）赋予本地主机（'localhost'）及任意远程主机（'%'）上登录的名为"placement"
的用户，验证密码为"000000"。

（4）退出数据库

输入"quit"并按【Enter】键退出数据库。

```
MariaDB [（none）]> quit
```

3. 修改 Placement 配置文件

Placement 的配置文件是"/etc/placement/ placement.conf"。通过修改它可实现 Placement
与数据库及 Keystone 的连接。由于"placement.conf"文件的内容存在很多注释，直接进行编辑
比较麻烦，可以先将注释和空行去掉后再对其进行编辑。

（1）将配置文件中的注释和空行去掉

第 1 步，备份配置文件。

```
[root@controller ~]# cp /etc/placement/placement.conf   /etc/placement/placement.bak
```

第 2 步，去掉配置文件中的所有注释和空行，生成新的配置文件。

```
[root@controller ~]# grep -Ev '^$|#' /etc/placement/placement.bak > /etc/placement/
placement.conf
```

（2）编辑新的配置文件

对该配置文件的修改可以参考 Placement 配置文件的内容。

第 1 步，打开配置文件进行编辑。

```
[root@controller ~]# vi /etc/placement/placement.conf
[DEFAULT]
[api]
[cors]
[keystone_authtoken]
[oslo_policy]
[placement]
[placement_database]
```

```
[profiler]
```

可以看到，这个新的配置文件已经不存在空行和注释行了。

第 2 步，修改"[placement_database]"部分，实现与数据库的连接。

```
[placement_database]
connection = mysql+pymysql://placement:000000@controller/placement
```

第 3 步，修改"[api]"与"[keystone_authtoken]"部分，实现与 Keystone 的交互。

```
[api]
auth_strategy = keystone
[keystone_authtoken]
auth_url = http://controller:5000
memcached_servers = controller:11211
auth_type = password
project_domain_name = Default
user_domain_name = Default
project_name = project
username = placement
password = 000000
```

4. 修改 Apache 配置文件

Placement 本质上和 Glance 及 Keystone 一样，是运行在 Web 服务器上的应用。安装完 Placement 的软件包以后，将在 Apache 的配置文件目录下自动创建一个名为"00-placement-api.conf"的配置文件，Web 服务器通过它才能知道如何运行 Placement。按照以下代码修改该配置文件。

```
[root@controller ~]# vi /etc/httpd/conf.d/00-placement-api.conf
```

在"VirtualHost"节点中加入以下代码。

```
<Directory /usr/bin>
   <IfVersion >= 2.4>
     Require all granted
   </IfVersion>
 </Directory>
```

此处新增加的内容用于告诉 Web 服务器，如果 Apache 的版本号大于或等于 2.4，则向系统请求获得"/usr/bin"目录的所有操作权限。可以通过以下代码查看 Apache 的版本号。

```
[root@controller ~]# httpd -v
Server version: Apache/2.4.6 (CentOS)
```

可以看到，当前 Apache 的版本号是"2.4.6"。

注意

配置文件中的两个">="运算符两边均要有空格，否则后面运行时会报错。

5. 初始化 Placement 的数据库

（1）同步数据库

同步数据库的目的是将安装文件中的数据库的表信息填充到数据库中，Placement 数据库同步的方法如下。

```
[root@controller ~]# su placement -s /bin/sh -c "placement-manage db sync"
```

（2）检查数据库

通过以下方法检查数据库是否同步成功。

```
[root@controller ~]# mysql -uroot -p000000          #进入数据库
MariaDB [（none）]> use placement;                    #转换到"placement"数据库
MariaDB [placement]> show tables;                    #查询该数据库中的所有表
+----------------------------+
| Tables_in_placement        |
+----------------------------+
| alembic_version            |
| allocations                |
| consumers                  |
| inventories                |
| placement_aggregates       |
| projects                   |
| resource_classes           |
| resource_provider_aggregates |
| resource_provider_traits   |
| resource_providers         |
| traits                     |
| users                      |
+----------------------------+
```

如果"placement"数据库中存在以上数据表，则表示数据库同步成功。

8.3.2 Placement 组件初始化

V8-2 安装
Placement
放置组件

1. 创建 Placement 用户并分配角色

（1）为 OpenStack 云计算平台创建"placement"用户

第 1 步，导入环境变量模拟登录。

使用"source"或者"."都可以执行环境变量导入操作，代码如下所示。

```
[root@controller ~]# source admin-login
```

第 2 步，在 OpenStack 云计算平台中创建用户"placement"。

通过以下代码在"default"域中创建一个名为"placement"、密码为"000000"的用户。

```
[root@controller ~]# openstack user create --domain default --password 000000 placement
+---------------------+----------------------------------+
| Field               | Value                            |
+---------------------+----------------------------------+
| domain_id           | default                          |
| enabled             | True                             |
| id                  | db948c522061476d9f12d7696a7209c1 |
| name                | placement                        |
| options             | {}                               |
| password_expires_at | None                             |
+---------------------+----------------------------------+
```

> **注意**
>
> 这里的用户名和密码一定要与"placement.conf"文件"[keystone_authtoken]"中的用户名和密码一致。

（2）为用户"placement"分配"admin"角色

以下代码授予"placement"用户操作"project"项目时的"admin"的权限。

```
[root@controller ~]# openstack role add --project project --user placement admin
```

2. 创建 Placement 服务及服务端点

（1）创建服务

以下代码创建了一个名为"placement"、类型为"placement"的服务。

```
[root@controller ~]# openstack service create --name placement placement
+-----------+----------------------------------+
| Field     | Value                            |
+-----------+----------------------------------+
| enabled   | True                             |
| id        | 8242bc72b5df4ce3b0936fd7a0ae7a77 |
| name      | placement                        |
| type      | placement                        |
+-----------+----------------------------------+
```

（2）创建服务端点

OpenStack 组件的服务端点有 3 个，分别对应公众用户（public）、内部组件（internal）、Admin 用户（admin）服务的地址。

第 1 步，创建公众用户访问的端点。

```
[root@controller ~]# openstack endpoint create --region RegionOne placement public
http://controller:8778
+--------------+----------------------------------+
| Field        | Value                            |
+--------------+----------------------------------+
| enabled      | True                             |
| id           | 25f711cbfab24c229c6a856c33e98514 |
| interface    | public                           |
| region       | RegionOne                        |
| region_id    | RegionOne                        |
| service_id   | 8242bc72b5df4ce3b0936fd7a0ae7a77 |
| service_name | placement                        |
| service_type | placement                        |
| url          | http://controller:8778           |
+--------------+----------------------------------+
```

第 2 步，创建内部组件访问的端点。

```
[root@controller ~]# openstack endpoint create --region RegionOne placement internal
http://controller:8778
+--------------+----------------------------------+
| Field        | Value                            |
+--------------+----------------------------------+
| enabled      | True                             |
| id           | 262531097f4d4de69307bb7287498aa0 |
| interface    | internal                         |
| region       | RegionOne                        |
| region_id    | RegionOne                        |
| service_id   | 8242bc72b5df4ce3b0936fd7a0ae7a77 |
```

```
| service_name  | placement              |
| service_type  | placement              |
| url           | http://controller:8778 |
+---------------+--------------------------------+
```

第 3 步，创建 Admin 用户访问的端点。

```
[root@controller ~]# openstack endpoint create --region RegionOne placement admin
http://controller:8778
+---------------+------------------------------------+
| Field         | Value                              |
+---------------+------------------------------------+
| enabled       | True                               |
| id            | d1c263823e1d43149c4d8a43e78334d3   |
| interface     | admin                              |
| region        | RegionOne                          |
| region_id     | RegionOne                          |
| service_id    | 8242bc72b5df4ce3b0936fd7a0ae7a77   |
| service_name  | placement                          |
| service_type  | placement                          |
| url           | http://controller:8778             |
+---------------+------------------------------------+
```

3. 启动 Placement 服务

Placement 和 Keystone 及 Glance 一样，需要借助 Apache 的 Web 服务实现功能。这里需要重启 Apache 服务，以使配置文件生效。

```
[root@controller ~]# systemctl restart httpd
```

8.3.3 检测 Placement 服务

这里采用两种方法来检测 Placement 组件的运行状况。

1. 查看端口占用情况

Placement 服务要占用 8778 端口，因此查看 8778 端口是否启用就可以知道 Placement 是否已运行。使用以下代码查看端口占用情况。

```
[root@controller ~]# netstat -tnlup|grep 8778
tcp6      0      0 :::8778         :::*           LISTEN      119996/httpd
```

2. 检验服务端点

通过 curl 命令和 Placement 提供的服务端点通信进行检验。

```
[root@controller ~]# curl http://controller:8778
{"versions": [{"status": "CURRENT", "min_version": "1.0", "max_version": "1.36", "id": "v1.0", "links":
[{"href": "", "rel": "self"}]}]}
```

如能连通，并获得如上所示信息，则表示 Placement 服务运行正常。

8.3.4 安装完成情况检测

安装 OpenStack 的各个任务之间是相互关联的，必须保证前一个任务成功完成后才能继续其下的任务。因此，本书针对每个重要任务设计了检测环节，以便读者自行检测任务完成情况。

表 8-1 所示为 8.3.1~8.3.3 这 3 个小节完成后的自检工单，读者可按照表中所列举的项对实施情况进行自我评估，同时对相应项失败的原因进行分析和记录，这将有助于定位问题，并能通过

解决问题积攒经验。

表 8-1　Placement 安装自检工单

检测内容	检测方法	合格标准	检测结果		失败原因
			成功	失败	
控制节点是否建立了"placement"用户	运行"cat /etc/ passwd | grep placement"命令	能看到"placement"用户信息			
控制节点是否建立了"placement"用户组	运行"cat /etc/group | grep placement"命令	能看到"placement"用户组信息			
是否建立了"placement"数据库	进入数据库使用"show database;"命令	能看到"placement"数据库			
"placement"用户对数据库的权限	在数据库中运行"show grants for 'placement '@'%';"和"show grants for 'placement'@'localhost';"命令	远程与本地的"placement"用户被授予了对"placement"数据库的完全控制权限			
"placement"数据库是否同步成功	进入数据库查看"placement"数据库中的数据表列表	存在相应的数据表			
检查 OpenStack 中"placement"用户是否存在	使用"openstack user list"命令查询用户列表	存在"placement"用户			
检查 OpenStack 中"placement"用户是否具有"admin"权限	使用"openstack user list"命令获得用户ID；使用"openstack role list"命令获得角色ID；使用"openstack role assignment list"命令查看"placement"用户是否和"admin"角色绑定	能看到"placement"用户和"admin"角色已经已经绑定			
检查是否创建了服务实体"placement"	使用"openstack service list"命令查看服务列表	能看到"placement"服务，类型为"placement"			
检查 Placement 的 3 个服务端点是否建立	使用"openstack endpoint list"命令查看端点列表	应该看到 3 行"Service Name"为"placement"的信息，且其具有相同的 URL			
查看 Placement 服务端口运行是否正常	使用"curl http://controller: 8778"命令查看对外服务端口是否正常	能够获得 JSON 数据			

8.4　项目小结

如果说 OpenStack 云计算平台是一栋办公大楼，那么 Placement 就是其中的资产管理部门。当有用户向云计算平台租用资源时，由产生云主机的部门——计算组件（Nova）向 Placement 询问还有哪些主机资源可以使用，以及它们目前的资源占用率如何。Placement 从数据库中查询出相关信息，如实告诉 Nova。Nova 通过算法选择其中一台主机，并将它的选择告诉 Placement。Placement 再把本次被使用的资源数量从数据库中扣除。

本项目带领读者在控制节点上搭建了 Placement 组件。第 1 步，安装 Placement 软件包。

第 2 步，创建一个数据库并授权，数据库创建好以后给数据库定义一个用户，并赋予其从本地登录和远程登录两种操作权限。第 3 步，修改配置文件。在配置 Placement 时主要配置了它和数据库的连接方式以及提供给 Keystone 认证的凭证信息。第 4 步，初始化数据库，将安装文件中的数据库基础数据同步到数据库中。第 5 步，初始化 Placement 服务。创建了 Placement 的用户并分配了角色，创建了 Nova 服务及对应的 3 个服务端点，完成以后启动服务。经过以上 5 步，Placement 组件就能够正常启用了。可以通过查看端口占用情况和测试服务端点等方法来检测 Placement 服务。

8.5 项目练习题

1. 选择题

（1）OpenStack 云计算平台中负责资源监控的组件是（ ）。

    A. Glance   B. Nova   C. Placement   D. Keystone

（2）OpenStack 云计算平台中负责决定使用哪台物理主机来创建云主机的组件是（ ）。

    A. Glance   B. Nova   C. Placement   D. Keystone

（3）以下（ ）命令是用来切换用户的。

    A. su   B. exit   C. cd   D. ls

（4）Placement 的配置文件"placement.conf"在（ ）目录下。

    A. /etc/placement   B. /usr/placement

    C. /home/placement   D. /opt/placement

（5）在 MariaDB 的授权语句中，（ ）表示远程主机。

    A. localhost   B. %   C. *   D. _

2. 填空题

（1）Placement 放置服务的端口默认是_____。

（2）Placement 安装后将自动创建一个名为_____的用户。

3. 实训题

（1）请检测已安装好的 Placement 服务。

（2）请先为 OpenStack 云计算平台创建一个用户"ouser"并赋予"user"角色，再删除该用户。

项目9
计算服务（Nova）安装

09

学习目标

【知识目标】

（1）了解Nova的功能。

（2）了解Nova的组件架构。

（3）了解Nova的基本工作流程。

【技能目标】

（1）能够安装与配置Nova组件。

（2）能够初始化Nova用户与服务。

（3）能够用手动和自动两种方式发现计算节点。

（4）能够用命令检测Nova服务。

引例描述

安装好负责系统安全的Keystone、负责镜像管理的Glance、负责资源监控的Placement这几个OpenStack云计算平台组件后，小王有了新的思考，谁负责OpenStack云计算平台的核心业务，即云主机的创建和管理呢？

9.1 项目陈述

IaaS 云计算平台的核心业务是将资源池中的资源虚拟化成基础硬件为用户提供服务，云主机就是集成这些基础硬件而得到的网上计算机。对于用户来说，云主机除了不能直接触摸以外，其使用起来和一般的计算机没有太大区别。通常，云主机被用户作为发布应用的服务器来使用。小王经过调研得知，OpenStack 云计算平台用计算组件 Nova 对云主机进行整个生命周期内的管理，包括云主机的创建、开机、关机、挂起、删除等。本项目将为 OpenStack 云计算平台安装 Nova 组件。

在开始安装 Nova 之前，小王首先将学习以下必备知识。

- 通过"Nova 的基本概念"学习 Nova 的基本概念，了解 Nova 的功能。
- 通过"Nova 的组件架构"了解 Nova 的组成结构，了解单元（Cell）管理模式。
- 通过"Nova 的基本工作流程"了解 Nova 的各个功能模块是如何与其他组件一起创建云主机的。

最后，在项目实施环节，小王将在项目操作手册的指导下，在控制节点和计算节点上完成 Nova

组件的安装与配置工作。

9.2 必备知识

9.2.1 Nova 的基本概念

Nova 负责管理 OpenStack 中云主机实例的创建、删除、启动、停止等。Nova 位于 OpenStack 架构的中心，其他服务或者组件（如 Glance、Placement、Cinder、Neutron 等）对它提供支持。其中，Glance 为实例提供镜像、Cinder 为实例提供块存储、Neutron 为实例提供网络支持。Nova 自身并没有任何虚拟化能力，它通过虚拟机管理器（Hypervisor）来创建和管理云主机。Hypervisor 为多种虚拟化程序（如 KVM、Xen、VMware ESX、QEMU）提供统一接口服务。

V9-1 OpenStack 的云主机管理者——Nova

9.2.2 Nova 的组件架构

Nova 组件的功能强大且结构复杂，由多种模块组成，这些模块分属若干单元。每个单元又是若干计算节点的集合。

1. Nova 的主要模块

Nova 的主要模块如图 9-1 所示。

图 9-1 Nova 的主要模块

Nova 的主要模块的功能介绍如表 9-1 所示。

表 9-1 Nova 的主要模块的功能介绍

模块	功能介绍
nova-api	该模块用于接收和响应外部请求，也是外部可用于管理 Nova 的唯一入口
nova-scheduler	该模块负责虚拟机调度服务，与 Placement 合作，负责从计算机集群中选择某台主机创建虚拟机

续表

模块	功能介绍
nova-compute	该模块是 Nova 的核心模块，负责虚拟机的创建以及资源的分配。它本身并不提供任何虚拟化功能，但它通过 Hypervisor 调用第三方虚拟化工具（如 KVM、Xen、QEMU 等）创建和管理云主机
nova-conductor	该模块负责与数据库的连接管理，Nova 中的其他组件均通过它与数据库交互

2. Nova 的单元管理模式

从图 9-1 中可以看到，OpenStack 中的计算节点被分成若干小的单元进行管理，除了顶层管理单元"cell0"外，每个单元都有自己的消息队列和数据库，"cell0"只有数据库。其中，单元"cell0"包含接口模块（nova-api）和调度模块（nova-scheduler）；而其余的单元如"cell1""cell2"负责具体的云主机实例的创建与管理。随着计算节点规模的扩大，还可以进行单元新增，如增加"cell3""cell4"等。

为 Nova 各个单元服务的数据库一共有 3 个，分别是"nova_api""nova_cell0""nova"。顶层管理单元"cell0"使用了"nova_api""nova_cell0"数据库。"nova_api"数据库存放的是全局信息，如单元的信息、实例类型（创建云主机的模板）信息等。"nova _cell0"数据库的作用是当某台云主机调度失败时，云主机的信息将不属于任何一个单元，而只能存放到"nova_cell0"数据库中，因此"nova_cell0"数据库用于存放云主机调度失败的数据以集中管理。而"nova"数据库为其他所有单元服务，存储了单元中云主机的相关信息。

9.2.3 Nova 的基本工作流程

Nova 组件的主要功能就是创建与管理云主机，其中创建云主机的基本流程如图 9-2 所示。

图 9-2 创建云主机的基本流程

通过图 9-2 可以知道，在创建云主机的过程中，Nova 各个模块分工合作的大致流程如下（注意，模块之间的通信都是通过消息队列传递的）。

第 1 步，nova-api 接收到用户通过管理界面或命令行发起的云主机创建请求，并将其发送到消息队列中。

第 2 步，nova-conductor 从消息队列中获得请求，从数据库中获得诸如 Cell 等的相关信息，并将请求和获得的数据放入消息队列。

第 3 步，nova-scheduler 从消息队列获得请求和数据以后，与 Placement 组件配合选择创建云主机的物理机，选择完成后，请求转入消息队列等待 nova-compute 处理。

第 4 步，nova-compute 从消息队列获得请求后，分别与 Glance、Neutron 和 Cinder 交互以获取镜像资源、网络资源和云存储资源。一切资源准备就绪后，nova-compute 通过 Hypervisor 调用具体的虚拟化程序，如 KVM、QEMU、Xen 等，以创建虚拟机。

9.3 项目实施

9.3.1 安装与配置控制节点上的 Nova 服务

1. 安装 Nova 软件包

使用以下方法安装 Nova 的软件包。

```
[root@controller ~]# yum -y install openstack-nova-api openstack-nova-conductor openstack-nova-scheduler openstack-nova-novncproxy
```

在控制节点上共安装了 Nova 的 4 个软件包，它们分别如下。

"openstack-nova-api"：Nova 与外部的接口模块。

"openstack-nova-conductor"：Nova 传导服务模块，提供数据库访问。

"nova-scheduler"：Nova 调度服务模块，用以选择某台主机进行云主机创建。

"openstack-nova-novncproxy"：Nova 的虚拟网络控制台（Virtual Network Console，VNC）代理模块，支持用户通过 VNC 访问云主机。

安装 "openstack-nova-api" 软件包时，和安装其他 OpenStack 核心组件时一样，会自动创建名为 "nova" 的 Linux 操作系统用户和同名的用户组。可以使用以下两种方法查看 Linux 操作系统用户及用户组信息。

（1）查看用户信息

在 "passwd" 文件中查看所有包含 "nova" 字符串的行。

```
[root@controller ~]# cat /etc/passwd | grep nova
 nova:x:162:162:OpenStack Nova Daemons:/var/lib/nova:/sbin/nologin
```

在结果中能看见已经存在 "nova" 用户。

（2）查看用户组信息

在 "group" 文件中查看所有包含 "nova" 字符串的行。

```
[root@controller ~]# cat /etc/group | grep nova
nobody:x:99:nova
nova:x:162:nova
```

在结果中能看见已经存在 "nova" 用户组。

2. 创建 Nova 的数据库并授权

支持 Nova 组件的数据库一共有 3 个，即 "nova-api" "nova_cell0" "nova"。下面将创建这 3 个数据库并为数据库用户 "nova" 授权。

（1）进入数据库

使用以下方法进入 MariaDB 数据库服务器。

```
[root@controller ~]# mysql -uroot -p000000
Welcome to the MariaDB monitor.   Commands end with ; or \g.
Your MariaDB connection id is 10
Server version: 10.3.20-MariaDB MariaDB Server
```

Copyright (c) 2000, 2018, Oracle, MariaDB Corporation Ab and others.

Type 'help;' or '\h' for help. Type '\c' to clear the current input statement.

MariaDB [(none)]>

（2）新建 "nova-api" "nova_cell0" "nova" 数据库

使用以下 3 条数据库创建语句在 MariaDB 数据库服务器中创建 3 个数据库。

MariaDB [（none）]> CREATE DATABASE nova_api;
MariaDB [（none）]> CREATE DATABASE nova_cell0;
MariaDB [（none）]> CREATE DATABASE nova;

（3）为数据库授权

授予 "nova" 用户从本地和远程管理 "nova-api" "nova_cell0" "nova" 数据库的权限。

MariaDB [（none）]> GRANT ALL PRIVILEGES ON nova_api.* TO 'nova'@'localhost' IDENTIFIED BY '000000';
MariaDB [（none）]> GRANT ALL PRIVILEGES ON nova_api.* TO 'nova'@'%' IDENTIFIED BY '000000';
MariaDB [（none）]> GRANT ALL PRIVILEGES ON nova_cell0.* TO 'nova'@'localhost' IDENTIFIED BY '000000';
MariaDB [（none）]> GRANT ALL PRIVILEGES ON nova_cell0.* TO 'nova'@'%' IDENTIFIED BY '000000';
MariaDB [（none）]> GRANT ALL PRIVILEGES ON nova.* TO 'nova'@'localhost' IDENTIFIED BY '000000';
MariaDB [（none）]> GRANT ALL PRIVILEGES ON nova.* TO 'nova'@'%' IDENTIFIED BY '000000';

上面 6 条 SQL 语句把 "nova-api" "nova_cell0" "nova" 数据库中的所有表（库名.*）的所有权限（ALL PRIVILEGES）赋予从本地主机（'localhost'）及任意远程主机（'%'）上登录的名为 "nova" 的用户，验证密码为 "000000"。

（4）退出数据库

输入 "quit" 并按【Enter】键退出数据库。

MariaDB [（none）]> quit

3. 修改 Nova 配置文件

Nova 的配置文件是 "/etc/nova/nova.conf"。通过修改它可实现 Nova 与数据库、Keystone 及其他组件的连接。由于 "nova.conf" 文件的内容存在很多注释，直接进行编辑比较麻烦，可以将注释和空行去掉后再对其进行编辑。

（1）将配置文件中的注释和空行去掉

第 1 步，备份配置文件。

[root@controller ~]# cp /etc/nova/nova.conf /etc/nova/nova.bak

第 2 步，去掉配置文件中的所有注释和空行，生成新的配置文件。

[root@controller ~]# grep –Ev '^$|#' /etc/nova/nova.bak >/etc/nova/nova.conf

（2）编辑新的配置文件

第 1 步，打开配置文件进行编辑。

[root@controller ~]# vi /etc/nova/nova.conf
[DEFAULT]
[api]
[api_database]
[barbican]

```
[cache]
[cinder]
[compute]
[conductor]
[console]
[consoleauth]
[cors]
[database]
[devices]
[ephemeral_storage_encryption]
[filter_scheduler]
[glance]
[guestfs]
[healthcheck]
[hyperv]
[ironic]
```

可以看到，这个新的配置文件中已经不存在空行和注释行了。

第 2 步，修改"[api_database]"和"[database]"部分，实现与数据库"nova_api""nova"的连接。

```
[api_database]
connection = mysql+pymysql://nova:000000@controller/nova_api
[database]
connection = mysql+pymysql://nova:000000@controller/nova
```

第 3 步，修改"[api]"与"[keystone_authtoken]"部分，实现与 Keystone 的交互。

```
[api]
auth_strategy = keystone
[keystone_authtoken]
auth_url = http://controller:5000
memcached_servers = controller:11211
auth_type = password
project_domain_name = Default
user_domain_name = Default
project_name = project
username = nova
password = 000000
```

第 4 步，修改"[placement]"部分，实现与 Placement 的交互。

```
[placement]
auth_url = http://controller:5000
auth_type = password
project_domain_name = Default
user_domain_name = Default
project_name = project
username = placement
password = 000000
region_name = RegionOne
```

第 5 步，修改"[glance]"部分，实现与 Glance 的交互。

```
[glance]
```

```
api_servers = http://controller:9292
```

第 6 步，修改"[oslo_concurrency]"部分，配置锁路径。

"oslo_concurrency"模块可以为 OpenStack 中的代码块提供线程及进程锁，以下配置给该模块指定了一条锁路径。

```
[oslo_concurrency]
lock_path = /var/lib/nova/tmp
```

这里的"/var/lib/nova/tmp"是在安装软件包时由"nova"用户创建的，因此"nova"对它拥有所有权限，不要随意更改该路径。

第 7 步，修改"[DEFAULT]"部分，配置使用消息队列及防火墙等信息。

```
[DEFAULT]
enabled_apis = osapi_compute,metadata
transport_url = rabbit://rabbitmq:000000@controller:5672
my_ip = 192.168.10.10
use_neutron = true
firewall_driver = nova.virt.firewall.NoopFirewallDriver
```

第 8 步，修改"[vnc]"部分，配置 VNC 连接模式。

```
[vnc]
enabled = true
server_listen = $my_ip
server_proxyclient_address = $my_ip
```

以上文件内容中的"$"表示取变量值，因此"$my_ip"就是指在"[DEFAULT]"中定义的"my_ip"的值"192.168.10.10"。

4. 初始化 Nova 的数据库

同步数据库的目的是将安装文件中的数据库的表信息填充到数据库中，Nova 数据库同步的方法如下。

第 1 步，初始化"nova_api"数据库。

```
[root@controller ~]# su nova -s /bin/sh -c "nova-manage api_db sync"
```

第 2 步，创建"cell1"单元，该单元将使用"nova"数据库。

```
[root@controller ~]# su nova -s /bin/sh -c "nova-manage cell_v2 create_cell --name=cell1"
```

第 3 步，映射"nova"到"cell0"数据库，使"cell0"的表结构和"nova"的表结构保持一致。

```
[root@controller ~]# su nova -s /bin/sh -c "nova-manage cell_v2 map_cell0"
```

第 4 步，初始化"nova"数据库，由于映射的存在，"cell0"中同时会创建相同数据表。

```
[root@controller ~]# su nova -s /bin/sh -c "nova-manage db sync"
```

5. 验证单元是否都已正确注册

使用下列语句获得已注册的单元列表。

```
[root@controller ~]# nova-manage cell_v2 list_cells
+--------+--------+-------------+-------------------------------------------------+----------+
| Name   | UUID   |Transport URL| Database Connection                             | Disabled |
+--------+--------+-------------+-------------------------------------------------+----------+
| cell0  | *****  | ********    | mysql+pymysql://nova:****@controller/nova_cell0 | False    |
| cell1  | *****  | ********    | mysql+pymysql://nova:****@controller/nova       | False    |
+--------+--------+-------------+-------------------------------------------------+----------+
```

可以看到，当前已经存在"cell0"和"cell1"两个单元。其中，"cell0"是用于系统管理的，"cell1"是用于云主机管理的，每增加一个计算节点就应增加一个和"cell1"功能相同的单元。

V9-2 安装 Nova
计算组件

9.3.2 Nova 组件初始化

1. 创建 Nova 用户并分配角色

（1）为 OpenStack 云计算平台创建"nova"用户

第 1 步，导入环境变量模拟登录。

使用"source"或者"."都可以执行环境变量导入操作，代码如下所示。

```
[root@controller ~]# source admin-login
```

第 2 步，在 OpenStack 云计算平台中创建用户"nova"。

通过使用以下代码在"default"域中创建一个名为"nova"、密码为"000000"的用户。

```
[root@controller ~]# openstack user create --domain default --password 000000 nova
+---------------------+----------------------------------+
| Field               | Value                            |
+---------------------+----------------------------------+
| domain_id           | default                          |
| enabled             | True                             |
| id                  | d88e9e29be264f2a8d2fc5d88a7c5203 |
| name                | nova                             |
| options             | {}                               |
| password_expires_at | None                             |
+---------------------+----------------------------------+
```

> **注意**
>
> 这里的用户名和密码一定要与"nova.conf"文件"[keystone_authtoken]"中的用户名和密码一致。

（2）为用户"nova"分配"admin"角色

以下代码授予"nova"用户操作"project"项目时的"admin"的权限。

```
[root@controller ~]# openstack role add --project project --user nova admin
```

2. 创建 Nova 服务及服务端点

（1）创建服务

以下代码创建了一个名为"nova"、类型为"compute"的服务。

```
[root@controller ~]# openstack service create --name nova compute
+---------+----------------------------------+
| Field   | Value                            |
+---------+----------------------------------+
| enabled | True                             |
| id      | 9ce77aedb70f4996a041ff0608a4f005 |
| name    | nova                             |
| type    | compute                          |
+---------+----------------------------------+
```

（2）创建服务端点

OpenStack 组件的服务端点有 3 个，分别对应公众用户（public）、内部组件（internal）、Admin

用户（admin）服务的地址。

第 1 步，创建公众用户访问的端点。

```
[root@controller ~]# openstack endpoint create --region RegionOne nova public
http://controller:8774/v2.1
+--------------+------------------------------------+
| Field        | Value                              |
+--------------+------------------------------------+
| enabled      | True                               |
| id           | 27fdb3c64ac540eb87a856fad8548743   |
| interface    | public                             |
| region       | RegionOne                          |
| region_id    | RegionOne                          |
| service_id   | 9ce77aedb70f4996a041ff0608a4f005   |
| service_name | nova                               |
| service_type | compute                            |
| url          | http://controller:8774/v2.1        |
+--------------+------------------------------------+
```

第 2 步，创建内部组件访问的端点。

```
[root@controller ~]# openstack endpoint create --region RegionOne nova internal
http://controller:8774/v2.1
+--------------+------------------------------------+
| Field        | Value                              |
+--------------+------------------------------------+
| enabled      | True                               |
| id           | ad64a7d1db9f4f0685855efc50847ecb   |
| interface    | internal                           |
| region       | RegionOne                          |
| region_id    | RegionOne                          |
| service_id   | 9ce77aedb70f4996a041ff0608a4f005   |
| service_name | nova                               |
| service_type | compute                            |
| url          | http://controller:8774/v2.1        |
+--------------+------------------------------------+
```

第 3 步，创建 Admin 用户访问的端点。

```
[root@controller ~]# openstack endpoint create --region RegionOne compute admin
http://controller:8774/v2.1
+--------------+------------------------------------+
| Field        | Value                              |
+--------------+------------------------------------+
| enabled      | True                               |
| id           | 51316472a2f646cc8753ec917b12678a   |
| interface    | admin                              |
| region       | RegionOne                          |
| region_id    | RegionOne                          |
| service_id   | 9ce77aedb70f4996a041ff0608a4f005   |
| service_name | nova                               |
| service_type | compute                            |
```

```
| url                    | http://controller:8774/v2.1        |
+----------------+-----------------------------------+
```

3. 启动控制节点的 Nova 服务

首先，将安装的"openstack-nova-api""openstack-nova-scheduler""openstack-nova-conductor""openstack-nova-novncproxy"四大模块设置为开机启动。

```
[root@controller ~]# systemctl enable openstack-nova-api openstack-nova-scheduler openstack-nova-conductor openstack-nova-novncproxy
```

其次，将这 4 个模块立即启动。

```
[root@controller ~]# systemctl start openstack-nova-api openstack-nova-scheduler openstack-nova-conductor openstack-nova-novncproxy
```

如果有错误，则可以逐一启动这四大模块以找出启动时出错的模块。

9.3.3 检测控制节点的 Nova 服务

这里采用两种方法来检测 Nova 组件的运行状况。

1. 查看端口占用情况

由于 Nova 服务会占用 8774 和 8775 端口，通过查看这两个端口是否启用，可以判断 Nova 服务是否已经运行。

```
[root@controller ~]# netstat –nutpl|grep 877
tcp        0      0 0.0.0.0:8774        0.0.0.0:*              LISTEN      46716/python2
tcp        0      0 0.0.0.0:8775        0.0.0.0:*              LISTEN      46716/python2
tcp6       0      0 :::8778             :::*                   LISTEN      41715/httpd
```

2. 查看计算服务列表

使用以下代码查看计算服务中各个模块的服务状态。

```
[root@controller ~]# openstack compute service list
+----+----------------+------------+----------+---------+-------+----------------------------+
| ID | Binary         | Host       | Zone     | Status  | State | Updated At                 |
+----+----------------+------------+----------+---------+-------+----------------------------+
| 5  | nova-conductor | controller | internal | enabled | up    | 2021-09-22T12:58:44.000000 |
| 7  | nova-scheduler | controller | internal | enabled | up    | 2021-09-22T12:58:45.000000 |
+----+----------------+------------+----------+---------+-------+----------------------------+
```

如获得"nova-conductor""nova-scheduler"两个在控制节点上的模块均处于开启（up）状态，则表示服务正常。

9.3.4 安装与配置计算节点上的 Nova 服务

Nova 需要在计算节点上安装它的"nova-compute"计算模块，所有的云主机均是该模块在计算节点上生成的。在开始安装之前，请先确定计算节点已经启动，并用 SSH 客户端如 MobaXterm 连接计算节点的 IP 地址，如"192.168.10.20"，再按照以下步骤进行安装与配置工作。

1. 安装 Nova 软件包

在计算节点上只需要安装 Nova 的计算模块"nova-compute"，按照以下方法进行安装即可。

```
[root@compute ~]# yum –y install openstack-nova-compute
```

安装完成后，计算节点与控制节点一样，会自动生成 Linux 操作系统的用户"nova"和同名用户组。可以使用以下两种方法查看 Linux 操作系统用户及用户组信息。

（1）查看用户信息

在"passwd"文件中查看所有包含"nova"字符串的行。

```
[root@compute ~]# cat /etc/passwd | grep nova
nova:x:162:162:OpenStack Nova Daemons:/var/lib/nova:/sbin/nologin
```

（2）查看用户组信息

在"group"文件中查看所有包含"nova"字符串的行。

```
[root@compute ~]# cat /etc/group | grep nova
nobody:x:99:nova
qemu:x:107:nova
libvirt:x:991:nova
nova:x:162:nova
```

2. 修改 Nova 配置文件

Nova 的配置文件是"/etc/nova/nova.conf"。通过修改它可实现 Nova 与数据库、Keystone 及其他组件的连接。由于"nova.conf"文件的内容存在很多注释，直接进行编辑比较麻烦，可以将注释和空行去掉后再对其进行编辑。

（1）将配置文件中的注释和空行去掉

第 1 步，备份配置文件。

```
[root@compute ~]# cp /etc/nova/nova.conf /etc/nova/nova.bak
```

第 2 步，去掉配置文件中的所有注释和空行，生成新的配置文件。

```
[root@ compute ~]# grep –Ev '^$|#' /etc/nova/nova.bak >/etc/nova/nova.conf
```

（2）编辑新的配置文件

第 1 步，打开配置文件。

```
[root@compute ~]# vi /etc/nova/nova.conf
```

第 2 步，修改"[api]"与"[keystone_authtoken]"部分，实现与 Keystone 的交互。

```
[api]
auth_strategy = keystone
[keystone_authtoken]
auth_url = http://controller:5000
memcached_servers = controller:11211
auth_type = password
project_domain_name = Default
user_domain_name = Default
project_name = project
username = nova
password = 000000
```

第 3 步，修改"[placement]"部分，实现与 Placement 的交互。

```
[placement]
auth_url = http://controller:5000
auth_type = password
project_domain_name = Default
user_domain_name = Default
project_name = project
username = placement
password = 000000
region_name = RegionOne
```

第 4 步，修改"[glance]"部分，实现与 Glance 的交互。

```
[glance]
api_servers = http://controller:9292
```

第 5 步，修改"[oslo_concurrency]"部分，配置锁路径。

"oslo_concurrency"模块可以为 OpenStack 中的代码块提供线程及进程锁，以下配置为该模块指定了一条锁路径。

```
[oslo_concurrency]
lock_path = /var/lib/nova/tmp
```

这里的"/var/lib/nova/tmp"是在安装软件包时由"nova"用户创建的，因此"nova"对它拥有所有权限，不要随意更改该路径。

第 6 步，修改"[DEFAULT]"部分，配置使用消息队列及防火墙等信息。

```
[DEFAULT]
enabled_apis = osapi_compute,metadata
transport_url = rabbit://rabbitmq:000000@controller:5672
my_ip = 192.168.10.20
use_neutron = true
firewall_driver = nova.virt.firewall.NoopFirewallDriver
```

第 7 步，修改"[vnc]"部分，配置 VNC 连接模式。

```
[vnc]
enabled = true
server_listen = 0.0.0.0
server_proxyclient_address = $my_ip
novncproxy_base_url = http://192.168.10.10:6080/vnc_auto.html
```

以上文件内容中的"$"表示取变量值，因此"$my_ip"就是指在"[DEFAULT]"中定义的"my_ip"的值"192.168.10.20"。

第 8 步，配置"[libvirt]"部分，设置虚拟化类型为 QEMU。

```
[libvirt]
virt_type = qemu
```

3. 启动计算节点的 Nova 服务

首先，设置开机启动服务。

```
[root@compute ~]#   systemctl enable libvirtd openstack-nova-compute
```

其次，立即启动服务。

```
[root@compute ~]#   systemctl start libvirtd openstack-nova-compute
```

其中的"libvirtd"是管理虚拟化平台的开源的接口应用，提供对 KVM、Xen、VMware ESX、QEMU 和其他虚拟化程序的统一管理接口服务。

9.3.5　发现计算节点并检验服务

每当一个计算节点要加入系统时，都需要在控制节点上执行一次发现计算节点的操作，只有被控制节点发现的计算节点才能被映射为一个单元，成为 OpenStack 云计算平台中的一员。

本小节任务的操作均在控制节点上执行。

1. 发现计算节点

请根据以下步骤完成任务。

（1）导入环境变量模拟登录

按以下方法将登录凭证传入系统变量，使当前用户通过 Keystone 的认证进入 OpenStack

系统。

```
[root@controller ~]#  . admin-login
```

（2）发现新的计算节点

切换到"nova"用户执行发现未注册计算节点的命令。

```
[root@controller ~]# su nova -s /bin/sh -c "nova-manage cell_v2 discover_hosts --verbose"
Found 2 cell mappings.
Getting computes from cell 'cell1': 90764975-27f8-4673-a009-2470931be41c
Checking host mapping for compute host 'compute': 949597af-9f89-4d4a-abc7-17bb09638541
Creating host mapping for compute host 'compute': 949597af-9f89-4d4a-abc7-17bb09638541
Found 1 unmapped computes in cell: 90764975-27f8-4673-a009-2470931be41c
Skipping cell0 since it does not contain hosts.
```

发现计算节点后，计算节点将自动与"cell1"单元形成关联，以后即可通过 cell1 对该计算节点进行管理。

（3）设置自动发现

OpenStack 中可以有多个计算节点存在，每增加一个新的节点就需要执行以上命令进行发现。为了减少工作量，可以修改配置文件，设置每隔一段时间就自动执行一次发现命令。

第 1 步，打开配置文件，在配置文件中修改"[scheduler]"部分，设置每隔 60s 自动执行一次发现命令。

```
[root@controller ~]# vi /etc/nova/nova.conf
[scheduler]
discover_hosts_in_cells_interval = 60
```

第 2 步，重启"nova-api"服务，使修改过的配置文件生效。

```
[root@controller ~]# systemctl restart openstack-nova-api
```

2. 验证 Nova 服务

这里介绍 3 种方法来检测 Nova 组件的运行状况，均在控制节点上操作。

（1）查看计算服务列表

使用以下代码查看计算服务中各个模块的服务状态。

```
[root@controller ~]# openstack compute service list
+----+----------------+------------+----------+---------+-------+----------------------------+
| ID | Binary         | Host       | Zone     | Status  | State | Updated At                 |
+----+----------------+------------+----------+---------+-------+----------------------------+
| 5  | nova-conductor | controller | internal | enabled | up    | 2021-09-22T13:12:04.000000 |
| 7  | nova-scheduler | controller | internal | enabled | up    | 2021-09-22T13:12:05.000000 |
| 8  | nova-compute   | compute    | nova     | enabled | up    | 2021-09-22T13:11:57. 000000 |
+----+----------------+------------+----------+---------+-------+----------------------------+
```

在控制节点上运行的"nova-conductor""nova-scheduler"和在计算节点上运行的"nova-compute"都处于启用（enabled）和开启（up）状态。

（2）查看所有 OpenStack 服务及端点列表

使用以下代码查看 OpenStack 现有的服务和服务对应的端点列表。

```
[root@controller ~]# openstack catalog list
+------------+----------+----------------------------------------+
| Name       | Type     | Endpoints                              |
+------------+----------+----------------------------------------+
| glance     | image    | RegionOne                              |
|            |          |   internal: http://controller:9292     |
|            |          | RegionOne                              |
|            |          |   public: http://controller:9292       |
```

```
|          |          |   RegionOne                                |
|          |          |     admin: http://controller:9292          |
|          |          |                                            |
| placement| placement|   RegionOne                                |
|          |          |     admin: http://controller:8778          |
|          |          |   RegionOne                                |
|          |          |     public: http://controller:8778         |
|          |          |   RegionOne                                |
|          |          |     internal: http://controller:8778       |
|          |          |                                            |
| nova     | compute  |   RegionOne                                |
|          |          |     internal: http://controller:8774/v2.1  |
|          |          |   RegionOne                                |
|          |          |     admin: http://controller:8774/v2.1     |
|          |          |   RegionOne                                |
|          |          |     public: http://controller:8774/v2.1    |
|          |          |                                            |
| keystone | identity |   RegionOne                                |
|          |          |     admin: http://controller:5000/v3       |
|          |          |   RegionOne                                |
|          |          |     internal: http://controller:5000/v3    |
|          |          |   RegionOne                                |
|          |          |     public: http://controller:5000/v3      |
|          |          |                                            |
+----------+----------+--------------------------------------------+
```

从结果中可以看到 OpenStack 云计算平台中已有的 4 个服务的名称（Name）、服务类型（Type）及服务端点（Endpoints）的信息。

（3）使用 Nova 状态检测工具进行检查

Nova 提供了一个状态检测工具"nova-status"，其用法如下所示。

```
[root@controller ~]# nova-status upgrade check
+-------------------------------+
| Upgrade Check Results         |
+-------------------------------+
| Check: Cells v2               |
| Result: Success               |
| Details: None                 |
+-------------------------------+
| Check: Placement API          |
| Result: Success               |
| Details: None                 |
+-------------------------------+
| Check: Ironic Flavor Migration|
| Result: Success               |
| Details: None                 |
+-------------------------------+
| Check: Cinder API             |
| Result: Success               |
```

```
| Details: None                          |
+---------------------------------------+
```

如果检查结果中可以看到 4 个"Success"，则表示运行正常。

9.3.6 安装完成情况检测

安装 OpenStack 的各个任务之间是相互关联的，必须保证前一个任务成功完成后才能继续其下的任务。因此，本书针对每个重要任务设计了检测环节，以便读者自行检测任务完成情况。

表 9-2 所示为 9.3.1~9.3.5 这 5 个小节完成后的自检工单，读者可按照表中所列举的项对实施情况进行自我评估，同时对相应项失败的原因进行分析和记录，这将有助于定位问题，并能通过解决问题积攒经验。

表 9-2 Nova 安装自检工单

检测内容	检测方法	合格标准	检测结果 成功	失败	失败原因
控制节点是否建立了"nova"用户	使用"cat /etc/passwd | grep nova"命令	能看到"nova"用户信息			
控制节点是否建立了"nova"用户组	使用"cat /etc/group | grep nova"命令	能看到"nova"用户组信息			
计算节点是否建立了"nova"用户	使用"cat /etc/passwd | grep nova"命令	能看到"nova"用户信息			
计算节点是否建立了"nova"用户组	使用"cat /etc/group | grep nova"命令	能看到"nova"用户组信息			
控制节点是否建立了"nova""nova-api""nova_cell0"数据库	进入数据库使用"show database;"命令	能看到"nova""nova_api""nova_cell0"数据库			
"nova"用户对数据库的权限	在数据库中运行"show grants for 'nova'@'%';"和"show grants for 'nova'@'localhost';"命令	远程与本地的"nova"用户被授予了对"nova""nova_api""nova_cell0"数据库的完全控制权限			
"nova"数据库是否同步成功	进入数据库查看"nova"数据库中的数据表列表	存在相应的数据表			
"nova_api"数据库是否同步成功	进入数据库查看"nova_api"数据库中的数据表列表	存在相应的数据表			
"nova-cell0"数据库是否同步成功	进入数据库查看"nova_cell0"数据库中的数据表列表	存在相应的数据表			
检查"nova"用户是否存在	在控制节点上使用"openstack user list"命令查询用户列表	存在"nova"用户			

续表

检测内容	检测方法	合格标准	检测结果		失败原因
			成功	失败	
检查"nova"用户是否具有"admin"权限	① 使用"openstack user list"命令获得用户 ID； ② 使用"openstack role list"命令获得角色 ID； ③ 使用"openstack role assignment list"命令查看"nova"用户是否和"admin"角色绑定	"nova"用户和"admin"角色绑定			
检查是否创建了服务实体"nova"	使用"openstack service list"命令查看服务列表	能看到"nova"服务，类型为"compute"			
Nova 的 3 个服务端点是否建立	使用"openstack endpoint list"命令	应该看到 3 行"Service Name"为"nova"的信息，且其具有相同的 URL			
Nova 服务是否运行正常	使用"nova-status upgrade check"命令检查 Nova 服务状态	能够看到检查结果（Result）为成功（Success）			

9.4 项目小结

　　Nova 是 OpenStack 云计算平台的核心组件之一，负责云主机的创建及管理。Nova 将计算节点集群分为若干单元进行管理。顶层单元只有一个，名为"cell0"。"cell0"负责管理其他单元，它包含"nova-api""nova-scheduler"模块，"nova-api"是 Nova 对外服务的"前台"，所有请求都需要通过该"前台"；"nova-scheduler"和 Placement 一起负责选择云主机的宿主机。其他单元是同级的关系，根据计算节点的规模可以扩展单元的规模，每个单元中都有"nova-compute""nova-conductor"模块，其中，"nova-compute"负责创建云主机，"nova-conductor"负责与数据库交互并存取云主机信息。

　　本项目带领读者在控制节点和计算节点上搭建了 Nova 组件。第 1 步，在控制节点上安装 Nova 软件包。第 2 步，创建 3 个数据库并授权。其中，"nova-api""nova-cell0"数据库用于对单元"cell0"提供支持，"nova-api"数据库用于存储全局信息。"nova"数据库为其他单元提供支持，用于存储云主机信息。"nova-cell0"和"nova"的表结构一致，用于存放云主机调度失败的信息。3 个数据库创建好以后，要给它们定义一个用户并赋予其从本地登录和远程登录两种操作权限。第 3 步，修改配置文件。在配置 Nova 时，主要配置了它和数据库（两个数据库："nova-api"和"nova"）的连接、Keystone 认证的凭证信息、与 Placement 的连接、与 Glance 的连接等。第 4 步，初始化数据库，将安装文件中的数据库基础数据同步到数据库中。先同步"nova-api"，使得最上层的单元可以工作，再创建新的单元"cell1"，它将与"nova"数据库关联，并把"nova"数据库映射到"cell0"数据库，使下次"nova"数据库发生变更时同时变更"cell0"数据库，最后同步"nova"数据库并在"cell0"中生成相同表。第 5 步，初始化控制节点上的 Nova 服务。和对其他组件的操作类似，创建了 Nova 的用户并分配了角色，创建了 Nova 服务及对应的 3 个服务端点，完成以后启动服务。第 6 步，在计算节点上安装软件包。第 7 步，修改配置文件，和对控制节点的操作类似，用于连接其他组件，修改完成后要让配置文件生效需要重启服务。第 8 步，从控制节点上发现新加入的计算节点服务器。经过以上 8 步，Nova 组件就能够正常工作了。可以通过查看计算服务列表检测 Nova 服务运行是否正常。

9.5 项目练习题

1. 选择题

（1）OpenStack 云计算平台中负责管理云主机的组件是（　　）。

    A. Glance   B. Nova   C. Placement   D. Keystone

（2）Nova 模块中负责创建云主机的模块是（　　）。

    A. nova-conductor B. nova-compute   C. nova-scheduler   D. nova-api

（3）Nova 模块中负责与数据库交互的模块是（　　）。

    A. nova-conductor B. nova-compute   C. nova-scheduler   D. nova-api

（4）Nova 模块中与外部的唯一接口模块是（　　）。

    A. nova-conductor B. nova-compute   C. nova-scheduler   D. nova-api

（5）Nova 模块中与负责选择云主机的宿主机的模块是（　　）。

    A. nova-conductor B. nova-compute   C. nova-scheduler   D. nova-api

（6）OpenStack 云计算平台中，（　　）是最顶层的单元，负责管理单元系统。

    A. cell0   B. cell1   C. cell2   D. cell3

（7）以下（　　）数据库是用来存储单元中云主机的信息的。

    A. nova-api   B. nova-cell0   C. nova   D. nova-cell1

（8）以下（　　）数据库是用来存储调度失败的云主机信息的。

    A. nova-api   B. nova-cell0   C. nova   D. nova-cell1

（9）以下（　　）数据库的表结构和"nova"数据库的一致。

    A. nova-api   B. nova-cell0   C. nova-cell2   D. nova-cell1

2. 填空题

（1）Nova 服务的端口默认是＿＿＿＿＿＿＿＿＿＿＿。

（2）Nova 安装后将自动创建一个名为＿＿＿＿＿＿＿＿＿＿＿＿＿的用户。

（3）每增加一台计算节点，需要在控制节点＿＿＿＿＿＿＿＿＿＿＿一次才能进入系统进行使用。

3. 实训题

（1）请查看服务和端点的对应关系列表。

（2）请查看计算服务列表。

项目10
网络服务（Neutron）安装

10

学习目标

【知识目标】

（1）了解Neutron的功能。

（2）了解Neutron的组件架构。

（3）了解Neutron的基本工作流程。

（4）了解Neutron的Flat、VLAN、XVLAN、GRE网络模式。

【技能目标】

（1）能够安装与配置Neutron组件。

（2）能够初始化Neutron用户与服务。

（3）能够用命令检测Neutron服务。

引例描述

在安装完Nova以后，小王有了新的疑问，OpenStack云计算平台有了Nova计算组件就可以生产出一台又一台的云主机了，但这些云主机毕竟是虚拟出来的，并且只能存在于网络中，用户也必须通过网络才能使用它们，那它们如何联网呢？

10.1 项目陈述

OpenStack 云计算平台提供的云主机只能存在于网络中，因此网络是云主机工作的必要环境。小王通过调研了解到 Neutron 是 OpenStack 云计算平台的核心组件之一，负责为云计算平台提供虚拟网络功能，并且支持多种虚拟网络的拓扑结构。本项目将为 OpenStack 云计算平台安装 Neutron 组件。

在开始安装 Neutron 之前，小王首先将学习以下必备知识。

• 通过"Neutron 的基本概念"学习 Neutron 的基本概念，了解 Neutron 的功能。

• 通过"Neutron 的组件架构"学习 Neutron 的组成结构，了解 Neutron 的插件与代理模式。

• 通过"Neutron 的基本工作流程"了解 Neutron 的各个功能模块是如何与其他组件一起创建云主机的。

• 通过"Neutron 支持的网络类型"了解 Neutron 能够构建的几类网络，学会选用合适的网络类型实现相应的功能。

最后，在项目实施环节，小王将在项目操作手册的指导下，在控制节点和计算节点上完成 Neutron 组件的安装与配置工作。

10.2　必备知识

10.2.1　Neutron 的基本概念

V10-1　OpenStack
的网络建设者——
Neutron

在早期的 OpenStack 中，网络是由 Nova 的 "nova-network" 模块实现
的。之后随着网络功能的日趋复杂，一个叫作 Quantum 的新项目被创建来替代
"nova-network" 模块，它就是 Neutron 的前身。其后，由于发现 Quantum
这一名称已经被注册，项目被改名为 Neutron。Neutron 在 OpenStack 的 H
版本中首次出现。

Neutron 是 OpenStack 云计算平台的核心组件之一，负责虚拟网络设备的创建和管理。这
些虚拟的网络设备包括网桥、网络、端口等，表 10-1 所示为 Neutron 管理的部分网络设备及其
功能说明。

表 10-1　Neutron 管理的部分网络设备及其功能说明

网络设备	功能说明
网桥（Bridge）	网桥类似于交换机，用于连接不同的网络设备。Neutron 把网桥分为内部网桥（bridge-internal，br-int）和外部网桥（bridge-external，ex-int）两类。内部网桥即实现内部网络功能的网桥。外部网桥即负责与外部网络通信的网桥
网络（Network）	一个隔离的二层网段，类似于一个虚拟局域网（Virtual Local Area Network，VLAN）。网络之间是隔离的，不同网络中的 IP 地址可以重复。子网和端口都挂接在某个网络中
子网（Subnet）	子网是一个 IPv4 或者 IPv6 地址段。子网中的云主机的 IP 地址从该地址段中进行分配。子网必须关联一个网络。网络与子网是一对多关系，一个子网只能属于某个网络；一个网络可以有多个子网
端口（Port）	端口可以看作虚拟交换机上的一个端口。端口上定义了硬件物理地址（MAC 地址）和 IP 地址，当云主机的虚拟网卡（Virtual Interface，VIF）绑定到某个端口时，端口就会将 MAC 地址和 IP 地址分配给虚拟网卡。子网与端口是一对多关系，一个端口必须属于某个子网；一个子网可以有多个端口

10.2.2　Neutron 的组件架构

与 OpenStack 的其他服务组件的设计思路
一样，Neutron 也采用分布式架构，由多个模块
（子服务）共同对外提供网络服务。它能通过不同
的插件及代理提供多种不同层级的网络服务。

1. Neutron 的模块构成

Neutron 由对外提供服务的 Neutron 服务
模块 "neutron-server"、任意数量的插件
"neutron-plugin" 和与插件相对应的代理
"neutron-agent"组成。图 10-1 所示为 Neutron
的主要模块构成。

Neutron 的主要模块及其功能说明如表 10-2
所示。

图 10-1　Neutron 的主要模块构成

表 10-2　Neutron 的主要模块及其功能说明

模块	功能说明
neutron-server	Neutron 的服务模块，对外提供 OpenStack 网络 API，接收请求，并调用插件处理请求
neutron-plugin	Neutron 的插件对应某个具体功能，各个厂商可以开发自己的插件放入 Neutron。插件做的事情主要有两件：在数据库中创建资源和发送请求给具体的"neutron-agent"
neutron-agent	Neutron 的代理可以理解为插件在物理设备上的对应代理，插件要实现具体功能必须要通过代理。代理接收"neutron-plugin"通知的业务操作和参数，并在网络提供者（如一块真实的网卡）上实现各种网络功能，如创建网络、子网、网桥等。当设备发生问题时，"neutron-agent"会将情况通知给"neutron-plugin"

一般而言，"neutron-server"和各"neutron-plugin"部署在控制节点或者网络节点上，而"neutron agent"部署在网络节点和计算节点上。

2．Neutron 的网络分层模型

开放系统互连（Open System Interconnection，OSI）参考模型定义了著名的七层网络模型，Neutron 在其第二层到第七层都提供了插件来支持各种不同的网络设备和网络服务。这些插件按照其功能分为两类：核心插件（Core-plugin）和服务插件（Service-pluging）。

（1）核心插件

Neutron 中的核心插件即为二层模块（Modular Layer 2，ML2），它负责管理 OSI 参考模型的第二层的网络连接。ML2 中主要包括网络、子网、端口这 3 类核心资源。Neutron 服务中必须包括核心插件，因此在 Neutron 配置文件中必须配置 ML2，否则无法启动 Neutron 服务。

（2）服务插件

服务插件是除核心插件以外其他的插件的统称，主要实现 OSI 参考模型的第三层到第七层的网络服务。这些插件包括第三层的路由器（L3 Router）、防火墙（Firewall）、负载均衡（Load Balancer）、虚拟专用网络（Virtual Private Network，VPN）、网络监控（Metering）等。与核心插件不同的是，服务插件通常不会影响 Neutron 服务运行，因此在 Neutron 的配置文件中可以不用配置此类插件的信息。

10.2.3　Neutron 的基本工作流程

对网络的操作通常由 Nova 发起请求，该请求将由"neutron-server"接收并向下传达到"neutron-plugin"，再由"neutron-plugin"调用对应的"neutron-agent"来实现具体功能。Neutron 的基本工作流程如图 10-2 所示。

图 10-2　Neutron 的基本工作流程

下面用一个例子来阐述 Neutron 的工作流程。

例 10-1：描述虚拟网络的创建过程

第 1 步，"neutron-server"服务模块收到要创建虚拟网络的请求，并将该请求通过消息队列通知给对应的"neutron-plugin"插件，假设网络提供者为开放虚拟交换机（Open vSwitch，OVS），那么这里的插件对应的就是 OVS 的插件。

第 2 步，当 OVS 插件收到请求后，将需要创建的虚拟网络的信息（名称、ID 等）保存到数据库中并通过消息队列通知运行在各个节点上的"neutron-agent"代理。

第 3 步，"neutron-agent"代理收到消息后会在节点上创建对应设备，如 VLAN 设备。

10.2.4　Neutron 支持的网络模式

Neutron 支持多种网络拓扑结构，可以组建多种不同功能的网络，这里列举几种比较常见的网络模式。

1. Flat 网络模式

扁平（Flat）网络模式在 OSI 参考模型第二层上用虚拟网桥建立了云主机网卡与物理网卡之间的联系，所有虚拟机的网卡 IP 地址和物理机的网卡 IP 地址同处一个网段。图 10-3 所示为 Flat 网络模式的示意。

图 10-3　Flat 网络模式的示意

在 Flat 网络模式中，云主机和物理机属于同一个网段，因此云主机和物理机可以直接通信。其缺点是所有的云主机都在同一个网络内，没有进行网络隔离，容易产生广播风暴。此外，每台虚拟机都要用到宝贵的局域网 IP 地址资源，这就注定 Flat 网络模式的网络中能容纳的云主机数量不会太多。

2. VLAN 网络模式

VLAN 是一种将局域网（Local Area Network，LAN）设备从逻辑上划分成更小的局域网，从而实现虚拟工作组（单元）的数据交换技术。VLAN 网络模块是指将若干云主机按逻辑划分属于不同的 VLAN，此时只有同一个 VLAN 中的虚拟机可以相互访问。图 10-4 所示为 VLAN 网络模式的示意。

共享同一个物理网络的多个 VLAN 是相互隔离的，不同的 VLAN 默认不能相互访问，因此可以有效避免 Flat 网络模式中的广播风暴问题。在图 10-4 所示的 VLAN 接口中，物理网络"ens32.101""ens34.102"中的"101""102"被称为"VLAN ID"，用于标注不同的网络。"VLAN ID"的有效值为 0～4095，其中 0 和 4095 一般被保留不用，所以最多能标识 4094 个网络，故 VLAN 网络模式无法满足公有云超大规模用户的需求，只在私有云中应用较多。

图 10-4　VLAN 网络模式的示意

3. VXLAN 与 GRE 网络模式

OpenStack 还支持虚拟扩展局域网（Virtual Extensible Local Area Network，VXLAN）和通用路由封装（Generic Routing Encapsulation，GRE）这两种延展网络（Overlay Network）。所谓延展网络，是指在其他网络上扩建而来的网络。图 10-5 所示为 VXLAN 和 GRE 网络模式的示意，它们都是建立在隧道技术上的网络模型，只是 VXLAN 构建的隧道是"VXLAN Tunnel"，而 GRE 构建的隧道是"GRE Tunnel"。这两种隧道技术比较复杂，本书对此不进行详细阐述，有兴趣的读者请自行学习。

与 VLAN 相比，VXLAN 与 GRE 支持更多的网段。VXLAN 与 GRE 可以支持的网段数超过 1600 万，因此它们更适用于公有云。

图 10-5　VXLAN 和 GRE 网络模式的示意

10.3　项目实施

本项目将为 OpenStack 云计算平台安装 Neutron 网络服务组件并配置 Flat 网络模式，整个项目将使用到控制节点和计算节点。为了避免在接下来的工作中由于操作不当造成需要重装系统的情况出现，在开始本项目前请对两台节点服务器拍摄快照以保存前期工作成果。

10.3.1　网络初始环境准备

本小节将为安装 Neutron 准备网络初始环境，在控制节点和计算节点上进行以下操作。

1. 将网卡设置为混杂模式

一般计算机网卡工作在非混杂模式下，此时网卡只接收来自网络端口的目的地址指向自己的数据。而当网卡工作在混杂模式下时，网卡能将通过自己接口的所有数据都捕获。为了实现虚拟网络的数据转发，Neutron 需要将外网网卡设置为混杂模式。

第 1 步，将外网网卡"ens34"设置为混杂模式。

```
# ifconfig ens34 promisc
```

第 2 步，查看网卡信息。

```
# ip a
3: ens34: <BROADCAST,MULTICAST,PROMISC,UP,LOWER_UP> mtu 1500 qdisc pfifo_fast
state UP group default
        link/ether 00:0c:29:dc:07:17 brd ff:ff:ff:ff:ff:ff
        inet 192.168.20.10/24 brd 192.168.20.255 scope global noprefixroute ens34
            valid_lft forever preferred_lft forever
        inet6 fe80::41b3:a706:ac8e:a521/64 scope link tentative noprefixroute dadfailed
            valid_lft forever preferred_lft forever
        inet6 fe80::1ca2:8016:4a9d:3dd8/64 scope link noprefixroute
            valid_lft forever preferred_lft forever
```

从结果中可以看到，"ens34"这块网卡的信息中出现了"PROMISC"字样，表示已成功设置了混杂模式，以后凡是通过该网卡的数据（不论接收方是不是该网卡），均可以被该网卡接收。

第 3 步，设置开机后混杂模式自动生效。

```
# vi /etc/profile
```

在"/etc/profile"环境变量配置文件末尾加上命令语句"ifconfig ens34 promisc"。这样每次启动主机时都会运行该语句，"ens34"网卡就被自动设置为混杂模式。

2. 加载桥接模式防火墙模块

网络过滤器（Netfilter）是 Linux 内核中的一个软件框架，用于管理网络数据包，不仅具有网络地址转换的功能，还具有数据包内容修改以及数据包过滤等防火墙功能。它与 Linux 网桥的功能联动，可以实现桥接模式防火墙（br_netfilter）功能。CentOS 默认没有加载桥接模式防火墙模块，需要手动加载。

第 1 步，编辑配置文件

首先，打开"/etc/sysctl.conf"系统参数配置文件。

```
# vi /etc/sysctl.conf
```

其次，在文件的最下方按照如下内容增加两行信息。

```
net.bridge.bridge-nf-call-iptables = 1
net.bridge.bridge-nf-call-ip6tables = 1
```

第 2 步，加载"br_netfilter"模块。

```
# modprobe br_netfilter
```

第 3 步，检查模块加载情况。

```
# sysctl -p
net.bridge.bridge-nf-call-iptables = 1
net.bridge.bridge-nf-call-ip6tables = 1
```

如果能获得以上信息，则表明"br_netfilter"模块已经加载成功。

10.3.2 安装与配置控制节点上的 Neutron 服务

本小节任务均在控制节点上完成。

1. 安装 Neutron 软件包

使用以下方法安装 Neutron 的相关软件包。

```
[root@controller ~]# yum -y install openstack-neutron openstack-neutron-ml2 openstack-neutron-linuxbridge
```

本书搭建的是 OpenStack 双节点云计算平台，控制节点也同时充当了网络节点，所以本应安装在网络节点上的插件和代理也都安装在了控制节点上。这里一共安装了 3 个软件包，它们分别如下。

"openstack-neutron"："neutron-server"模块的包。

"openstack-neutron-ml2"：ML2 插件的包。

"openstack-neutron-linuxbridge"：网桥和网络提供者相关的软件包。

安装"openstack-neutron"软件包时，和安装其他 OpenStack 核心组件时一样，会自动创建名为"neutron"的 Linux 操作系统用户和同名的用户组。可以使用以下两种方法查看 Linux 操作系统用户及用户组信息。

（1）查看用户信息

在"passwd"文件中查看所有包含"neutron"字符串的行。

```
[root@controller ~]# cat /etc/passwd | grep neutron
 neutron:x:990:987:OpenStack Neutron Daemons:/var/lib/neutron:/sbin/nologin
```

在结果中能看见已经存在"neutron"用户。

（2）查看用户组信息

在"group"文件中查看所有包含"neutron"字符串的行。

```
[root@controller ~]# cat /etc/group | grep neutron
neutron:x:987:
```

在结果中能看见已经存在"neutron"用户组。

2. 创建 Neutron 的数据库并授权

支持 Neutron 组件的数据库只有一个，一般将其命名为"neutron"。下面将创建这个数据库并为数据库用户"neutron"授权。

（1）进入数据库

使用以下方法进入 MariaDB 数据库服务器。

```
[root@controller ~]# mysql -uroot -p000000
Welcome to the MariaDB monitor.   Commands end with ; or \g.
Your MariaDB connection id is 10
Server version: 10.3.20-MariaDB MariaDB Server

Copyright (c) 2000, 2018, Oracle, MariaDB Corporation Ab and others.

Type 'help;' or '\h' for help. Type '\c' to clear the current input statement.

MariaDB [(none)]>
```

（2）新建"neutron"数据库

使用以下数据库创建语句在 MariaDB 数据库服务器中创建"neutron"数据库。

```
MariaDB [（none）]> CREATE DATABASE neutron;
```

（3）为数据库授权

授予"neutron"用户从本地和远程管理"neutron"数据库的权限。

```
MariaDB [（none）]> GRANT ALL PRIVILEGES ON neutron.* TO 'neutron'@'localhost' IDENTIFIED BY '000000';
MariaDB [（none）]> GRANT ALL PRIVILEGES ON neutron.* TO 'neutron'@'%' IDENTIFIED BY '000000';
```

上面的 SQL 语句把"neutron"数据库中的所有表（库名.*）的所有权限（ALL PRIVILEGES）赋予从本地主机（'localhost'）及任意远程主机（'%'）上登录的名为"neutron"的用户，验证密码为"000000"。

（4）退出数据库

输入"quit"并按【Enter】键退出数据库。

```
MariaDB [（none）]> quit
```

3. 修改 Neutron 服务相关配置文件

Neutron 是一个比较复杂的组件，需要配置 Neutron 组件、各种插件、各种代理的相关信息。

（1）配置 Neutron 组件信息

Neutron 组件的配置文件为"/etc/neutron/neutron.conf"。

第 1 步，将配置文件中的注释和空行去掉。

首先，备份配置文件。

```
[root@controller ~]# cp /etc/neutron/neutron.conf /etc/neutron/neutron.bak
```

其次，去掉配置文件中的所有注释和空行，生成新的配置文件。

```
[root@controller ~]# grep -Ev '^$|#' /etc/neutron/neutron.bak>/etc/neutron/neutron.conf
```

第 2 步，编辑新的配置文件。

首先，打开配置文件进行编辑。

```
[root@controller ~]# vi /etc/neutron/neutron.conf
[DEFAULT]
[cors]
[database]
[keystone_authtoken]
[oslo_concurrency]
[oslo_messaging_amqp]
[oslo_messaging_kafka]
[oslo_messaging_notifications]
[oslo_messaging_rabbit]
[oslo_middleware]
[oslo_policy]
[privsep]
[ssl]
```

可以看到，这个新的配置文件中已经不存在空行和注释行了。

其次，按以下内容修改配置文件。

```
[DEFAULT]
core_plugin = ml2
service_plugins =
transport_url = rabbit://rabbitmq:000000@controller
auth_strategy = keystone
notify_nova_on_port_status_changes = true
notify_nova_on_port_data_changes = true

[database]
connection = mysql+pymysql://neutron:000000@controller/neutron

[keystone_authtoken]
auth_url = http://controller:5000
```

```
memcached_servers = controller:11211
auth_type = password
project_domain_name = Default
user_domain_name = Default
project_name = project
username = neutron
password = 000000

[oslo_concurrency]
lock_path = /var/lib/neutron/tmp

[nova]
auth_url = http://controller:5000
auth_type = password
project_domain_name = default
user_domain_name = default
project_name = project
username = nova
password = 000000
region_name = RegionOne
server_proxyclient_address = 192.168.10.10
```

以上"[nova]"部分需要自己新增内容，在其中配置如何与 Nova 交互。

（2）修改二层模块插件（ML2 Plugin）的配置文件

二层模块插件是 Neutron 必须使用的核心插件。它的配置文件为"/etc/neutron/plugins/ml2/ml2_conf.ini"。

第 1 步，将配置文件中的注释和空行去掉。

首先，备份配置文件。

```
[root@controller~]#cp    /etc/neutron/plugins/ml2/ml2_conf.ini    /etc/neutron/plugins/ml2/ml2_conf.bak
```

其次，去掉配置文件中的所有注释和空行，生成新的配置文件。

```
[root@controller~]#grep -Ev '^$|#' /etc/neutron/plugins/ml2/ml2_conf.bak>/etc/neutron/plugins/ml2/ml2_conf.ini
```

第 2 步，编辑新的配置文件。

首先，打开配置文件。

```
[root@controller ~]# vi /etc/neutron/plugins/ml2/ml2_conf.ini
```

其次，按照以下内容修改配置文件。

```
[ml2]
type_drivers = flat
tenant_network_types =
mechanism_drivers = linuxbridge
extension_drivers = port_security

[ml2_type_flat]
flat_networks = provider

[securitygroup]
enable_ipset = true
```

第3步，启用 ML2 插件。

只有在"/etc/neutron/"下的插件才能生效，因此将"ml2_conf.ini"映射为"/etc/neutron/"下的"plugin.ini"文件，使 ML2 插件启用。

```
[root@controller ~]# ln -s /etc/neutron/plugins/ml2/ml2_conf.ini /etc/neutron/plugin.ini
```

（3）修改网桥代理（Linuxbridge_agent）的配置文件

在 ML2 的配置文件中设置了机制驱动（mechanism_drivers）的值为"linuxbridge"，这就使用到 Linux 的"linuxbridge_agent"。要让"Linuxbridge-agent"正确运行就必须要配置它。"Linuxbridge-agent"的配置文件为"/etc/neutron/plugins/ml2/linuxbridge_agent.ini"。

第1步，将配置文件中的注释和空行去掉。

首先，备份配置文件。

```
[root@controller ~]# cp /etc/neutron/plugins/ml2/linuxbridge_agent.ini /etc/neutron/plugins/ml2/
linuxbridge_agent.bak
```

其次，去掉配置文件中的所有注释和空行，生成新的配置文件。

```
[root@controller   ~]#   grep   -Ev   '^$|#'   /etc/neutron/plugins/ml2/linuxbridge_agent.bak>/
etc/neutron/plugins/ml2/linuxbridge_agent.ini
```

第2步，编辑新的配置文件。

首先，打开配置文件。

```
[root@controller ~]# vi   /etc/neutron/plugins/ml2/linuxbridge_agent.ini
```

其次，按照以下内容修改配置文件。

```
[linux_bridge]
physical_interface_mappings = provider:ens34

[vxlan]
enable_vxlan = false

[securitygroup]
enable_security_group = true
firewall_driver = neutron.agent.linux.iptables_firewall.IptablesFirewallDriver
```

 注意　这里的"provider"就是 ML2 插件中的"flat_networks"的值。"provider"对应的是外网网卡。

（4）修改 DHCP 代理（dhcp-agent）配置文件

"dhcp-agent"为云主机提供了自动分配 IP 地址的服务。"dhcp_agent"的配置文件为"/etc/neutron/dhcp_agent.ini"。

第1步，将配置文件中的注释和空行去掉。

首先，备份配置文件。

```
[root@controller ~]# cp /etc/neutron/dhcp_agent.ini /etc/neutron/dhcp_agent.bak
```

其次，去掉配置文件中的所有注释和空行，生成新的配置文件。

```
[root@controller ~]# grep -Ev '^$|#' /etc/neutron/dhcp_agent.bak> /etc/neutron/dhcp_agent.ini
```

第2步，编辑新的配置文件。

首先，打开配置文件。

```
[root@controller ~]# vi /etc/neutron/dhcp_agent.ini
```

其次，按照以下内容修改配置文件。

```
[DEFAULT]
interface_driver = linuxbridge
dhcp_driver = neutron.agent.linux.dhcp.Dnsmasq
enable_isolated_metadata = true
```

（5）修改元数据代理（neutron-metadata-agent）配置文件

云主机运行在计算节点上，在其运行过程中需要和控制节点的"nova-api"模块交互，使 Nova 为云主机提供元数据。这个交互需要通过 Neutron 的"neutron-metadata-agent"进行。"neutron-metadata-agent"和"nova-api"一样运行在控制节点上，云主机先将元数据请求发送给"neutron-metadata-agent"，"neutron-metadata-agent"再将请求转发给"nova-api"。"neutron-metadata-agent"的配置文件为"/etc/neutron/metadata_agent.ini"。

首先，按以下方法打开该配置文件。

```
[root@controller ~]# vi /etc/neutron/metadata_agent.ini
```

其次，在文件"[DEFAULT]"部分加上以下内容，以配置 Nova 主机地址和元数据加密方式。

```
[DEFAULT]
nova_metadata_host = controller
metadata_proxy_shared_secret = METADATA_SECRET
```

（6）修改 Nova 配置文件

Nova 处于整个云计算平台系统的核心位置，需要和各个组件交互，因此 Nova 配置文件中需要指明如何与 Neutron 进行交互。

首先，按以下方法打开 Nova 配置文件。

```
[root@controller ~]# vi /etc/nova/nova.conf
```

其次，在"[neutron]"部分加上以下内容。

```
[neutron]
auth_url = http://controller:5000
auth_type = password
project_domain_name = default
user_domain_name = default
region_name = RegionOne
project_name = project
username = neutron
password = 000000
service_metadata_proxy = true
metadata_proxy_shared_secret = METADATA_SECRET
```

4．初始化数据库

同步数据库的目的是将安装文件中的数据库的表信息填充到数据库中，Neutron 数据库同步的方法如下。

```
[root@controller ~]# su neutron -s /bin/sh -c "neutron-db-manage --config-file /etc/neutron/
neutron.conf --config-file /etc/neutron/plugins/ml2/ml2_conf.ini upgrade head"
```

同步结束后，进入数据库进行验证，如果可以看到以下数据库表信息，则表示数据库同步成功。

```
+------------------------------------------+
| Tables_in_neutron                        |
+------------------------------------------+
| address_scopes                           |
| agents                                   |
| alembic_version                          |
| allowedaddresspairs                      |
```

```
| arista_provisioned_nets            |
| arista_provisioned_tenants         |
| arista_provisioned_vms             |
| auto_allocated_topologies          |
| bgp_peers                          |
| bgp_speaker_dragent_bindings       |
| bgp_speaker_network_bindings       |
| bgp_speaker_peer_bindings          |
| bgp_speakers                       |
| brocadenetworks                    |
| brocadeports                       |
| cisco_csr_identifier_map           |
| cisco_hosting_devices              |
| cisco_ml2_apic_contracts           |
| cisco_ml2_apic_host_links          |
```

10.3.3　Neutron 组件初始化

本小节任务均在控制节点上完成。

1.　创建 Neutron 用户并分配角色

（1）为 OpenStack 云计算平台创建"neutron"用户

第 1 步，导入环境变量模拟登录。

使用"source"或者"."都可以执行环境变量导入操作，代码如下所示。

V10-2　安装
Neutron 网络组件

```
[root@controller ~]# source admin-login
```

第 2 步，在 OpenStack 云计算平台中创建用户"neutron"。

通过以下语句在"default"域中创建一个名为"neutron"、密码为"000000"的用户。

```
[root@controller ~]# openstack user create --domain default --password 000000 neutron
+---------------------+----------------------------------+
| Field               | Value                            |
+---------------------+----------------------------------+
| domain_id           | default                          |
| enabled             | True                             |
| id                  | 27187c3c6d6344f1891f38d41525cb1a |
| name                | neutron                          |
| options             | {}                               |
| password_expires_at | None                             |
+---------------------+----------------------------------+
```

> **注意**　这里的用户名和密码一定要与"neutron.conf"文件"[keystone_ authtoken]"中的用户名和密码一致。

（2）为用户"neutron"分配"admin"角色

以下语句授予"Neutron"用户操作"project"项目时的"admin"的权限。

```
[root@controller ~]# openstack role add --project project --user neutron admin
```

2.　创建 Nova 服务及服务端点

（1）创建服务

以下语句创建了一个名为"neutron"、类型为"network"的服务。

```
[root@controller ~]# openstack service create --name neutron network
+----------+----------------------------------+
| Field    | Value                            |
+----------+----------------------------------+
| enabled  | True                             |
| id       | 61e12041603a43d2800c3afc195076bb |
| name     | neutron                          |
| type     | network                          |
+----------+----------------------------------+
```

（2）创建服务端点

OpenStack 组件的服务端点有 3 个，分别对应公众用户（public）、内部组件（internal）、Admin
用户（admin）服务的地址。

第 1 步，创建公众用户访问的端点。

```
[root@controller ~]# openstack endpoint create --region RegionOne neutron public
http://controller:9696
+--------------+----------------------------------+
| Field        | Value                            |
+--------------+----------------------------------+
| enabled      | True                             |
| id           | f3d2d46845fc4f11807dd9d44905a4ea |
| interface    | public                           |
| region       | RegionOne                        |
| region_id    | RegionOne                        |
| service_id   | 61e12041603a43d2800c3afc195076bb |
| service_name | neutron                          |
| service_type | network                          |
| url          | http://controller:9696           |
+--------------+----------------------------------+
```

第 2 步，创建内部组件访问的端点。

```
[root@controller ~]# openstack endpoint create --region RegionOne neutron internal
http://controller:9696
+--------------+----------------------------------+
| Field        | Value                            |
+--------------+----------------------------------+
| enabled      | True                             |
| id           | 146fd5b665b04758b03eaaac7c95060b |
| interface    | internal                         |
| region       | RegionOne                        |
| region_id    | RegionOne                        |
| service_id   | 61e12041603a43d2800c3afc195076bb |
| service_name | neutron                          |
| service_type | network                          |
| url          | http://controller:9696           |
+--------------+----------------------------------+
```

第 3 步，创建 Admin 用户访问的端点。

```
[root@controller ~]# openstack endpoint create --region RegionOne neutron admin
http://controller:9696
```

```
+----------------+--------------------------------------+
| Field          | Value                                |
+----------------+--------------------------------------+
| enabled        | True                                 |
| id             | da98ec7379534d2dad546e21ee19377b     |
| interface      | admin                                |
| region         | RegionOne                            |
| region_id      | RegionOne                            |
| service_id     | 61e12041603a43d2800c3afc195076bb     |
| service_name   | neutron                              |
| service_type   | network                              |
| url            | http://controller:9696               |
+----------------+--------------------------------------+
```

3. 启动控制节点上的 Neutron 服务

由于修改了 Nova 的配置文件，因此启动 Neutron 服务前，需要重启 Nova 服务。

第 1 步，重启 Nova 服务。

```
[root@controller ~]# systemctl restart openstack-nova-api
```

第 2 步，启动 Neutron 服务。

首先，设置 Neutron 服务组件、网桥代理、DHCP 代理、元数据代理开机启动。

```
[root@controller ~]# systemctl enable neutron-server neutron-linuxbridge-agent neutron-dhcp-agent neutron-metadata-agent
```

其次，立即启用 Neutron 服务组件、网桥代理、DHCP 代理、元数据代理。

```
[root@controller ~]# systemctl start neutron-server neutron-linuxbridge-agent neutron-dhcp-agent neutron-metadata-agent
```

10.3.4 检测控制节点上的 Neutron 服务

这里采用 3 种方法来检测 Neutron 组件的运行状况。

1. 查看端口占用情况

由于 Neutron 服务会占用 9696 端口，通过查看这个端口是否启用，可以判断 Neutron 服务是否已经运行。

```
[root@controller ~]# netstat -tnlup|grep 9696
tcp        0      0 0.0.0.0:9696        0.0.0.0:*        LISTEN      2339/server.log
```

2. 检验服务端点

通过访问 Neutron 的服务端点，可以检测服务是否正常运行。

```
[root@controller ~]# curl http://controller:9696
{"versions": [{"status": "CURRENT", "id": "v2.0", "links": [{"href": "http://controller:9696/v2.0/", "rel": "self"}]}]}
```

如得到以上类似数据，则说明通过服务端点可以正常访问服务，并且服务运行正常。

3. 查看服务运行状态

可以通过使用 systemctl status 命令查看任意服务的运行状态。

```
[root@controller ~]# systemctl status neutron-server
neutron-server.service – OpenStack Neutron Server
   Loaded: loaded (/usr/lib/systemd/system/neutron-server.service; enabled; vendor preset: disabled)
   Active: active (running) since Wed 2021-10-06 01:10:01 EDT; 1h 10min ago
```

Main PID: 2339 (/usr/bin/python)

从结果中能看到，"Loaded"状态是"enabled"，说明该服务已经设置了开机启动；"Active"
状态是"active（running）"，说明服务当前处于运行状态。

10.3.5 安装与配置计算节点上的 Neutron 服务

本小节任务均在计算节点上完成。在开始安装之前请先确定计算节点已经启动，并用 SSH 客
户端（如 MobaXterm）连接计算节点的 IP 地址，如"192.168.10.20"，再按照以下步骤逐步进
行安装与配置工作。

1. 安装 Neutron 软件包

在计算节点上需要安装"openstack-neutron-linuxbridge"软件包，它包括网桥和网络提供
者的相关软件。

按照以下方法进行安装。

[root@compute ~]# yum -y install openstack-neutron-linuxbridge

安装完成后，计算节点与控制节点一样会自动生成 Linux 操作系统的用户"Neutron"和同名
用户组。可以使用以下两种方法查看 Linux 操作系统用户及用户组信息。

（1）查看用户信息

在"passwd"文件中查看所有包含"neutron"字符串的行。

[root@compute ~]# cat /etc/passwd | grep neutron
neutron:x:993:990:OpenStack Neutron Daemons:/var/lib/neutron:/sbin/nologin

（2）查看用户组信息

在"group"文件中查看所有包含"neutron"字符串的行。

[root@compute ~]# cat /etc/group | grep neutron
neutron:x:990:

2. 修改 Neutron 配置文件

在计算节点上要对 Neutron 组件、网桥代理、Nova 组件进行配置。

（1）配置 Neutron 组件信息

Neutron 组件的配置文件为"/etc/neutron/neutron.conf"。

第 1 步，将配置文件中的注释和空行去掉。

首先，备份配置文件。

[root@ compute ~]# cp /etc/neutron/neutron.conf /etc/neutron/neutron.bak

其次，去掉配置文件中的所有注释和空行，生成新的配置文件。

[root@ compute ~]# grep -Ev '^$|#' /etc/neutron/neutron.bak>/etc/neutron/neutron.conf

第 2 步，编辑新的配置文件。

首先，打开配置文件。

[root@compute ~]# vi /etc/neutron/neutron.conf

其次，按以下内容修改配置文件。

```
[DEFAULT]
transport_url = rabbit://rabbitmq:000000@controller:5672
auth_strategy = keystone

[keystone_authtoken]
auth_url = http://controller:5000
memcached_servers = controller:11211
auth_type = password
```

```
project_domain_name = default
user_domain_name = default
project_name = project
username = neutron
password = 000000

[oslo_concurrency]
lock_path = /var/lib/neutron/tmp
```

（2）修改网桥代理（Linuxbridge_agent）的配置文件

该代理的配置文件为"/etc/neutron/plugins/ml2/linuxbridge_agent.ini"。

第1步，将配置文件中的注释和空行去掉。

首先，备份配置文件。

```
[root@compute  ~]#  cp  /etc/neutron/plugins/ml2/linuxbridge_agent.ini  /etc/neutron/plugins/
ml2/linuxbridge_agent.bak
```

其次，去掉配置文件中的所有注释和空行，生成新的配置文件。

```
[root@compute  ~]#  grep  -Ev  '^$|#'  /etc/neutron/plugins/ml2/linuxbridge_agent.bak>/etc/
neutron/plugins/ml2/linuxbridge_agent.ini
```

第2步，编辑新的配置文件。

首先，打开配置文件。

```
[root@compute ~]# vi   /etc/neutron/plugins/ml2/linuxbridge_agent.ini
```

其次，按照以下内容修改配置文件。

```
[DEFAULT]
[linux_bridge]
physical_interface_mappings = provider:ens34

[vxlan]
enable_vxlan = false

[securitygroup]
enable_security_group = true
firewall_driver = neutron.agent.linux.iptables_firewall.IptablesFirewallDriver
```

注意

这里的"provider"对应的是外网网卡。

（3）修改 Nova 配置文件

Nova 处于整个云计算平台系统的核心位置，需要和各个组件交互，因此 Nova 配置文件中需要指明如何与 Neutron 进行交互。

第1步，打开 Nova 配置文件。

```
[root@compute ~]# vi /etc/nova/nova.conf
```

第2步，在"[DEFAULT]"部分增加以下两行内容。

```
[DEFAULT]
vif_plugging_is_fatal = false
vif_plugging_timeout = 0
```

第 3 步，在"[neutron]"部分增加以下信息。

```
[neutron]
auth_url = http://controller:5000
auth_type = password
project_domain_name = default
user_domain_name = default
region_name = RegionOne
project_name = project
username = neutron
password = 000000
```

3. 启动计算节点的 Neutron 服务

由于修改了 Nova 的配置文件，因此启动 Neutron 服务前，需要重启 Nova 服务。

第 1 步，重启计算节点的 Nova 服务。

```
[root@compute ~]# systemctl restart openstack-nova-compute
```

第 2 步，启动计算节点的 Neutron 网桥代理服务。

首先，设置 Neutron 网桥代理开机启动。

```
[root@compute ~]# systemctl enable neutron-linuxbridge-agent
```

其次，立即启动 Neutron 网桥代理。

```
[root@compute ~]# systemctl start neutron-linuxbridge-agent
```

10.3.6　检测 Neutron 服务

这里介绍 2 种方法来检测 Neutron 组件的运行状况，均在控制节点上执行。

1. 查看网络代理服务列表

第 1 步，导入环境变量模拟登录。

如果出现"Missing value auth-url required for auth plugin password"，则表示需要导入环境变量。

```
[root@controller ~]# . admin-login
```

第 2 步，查看网络代理服务列表。

```
[root@controller ~]# openstack network agent list
+--------------------+------------+-------------------+-------+-------+---------------------------+
| Agent Type         | Host       | Availability Zone | Alive | State | Binary                    |
+--------------------+------------+-------------------+-------+-------+---------------------------+
| DHCP agent         | controller | nova              | :-)   | UP    | neutron-dhcp-agent        |
| Linux bridge agent | compute    | None              | :-)   | UP    | neutron-linuxbridge-agent |
| Metadata agent     | controller | None              | :-)   | UP    | neutron-metadata-agent    |
| Linux bridge agent | controller | None              | :-)   | UP    | neutron-linuxbridge-agent |
+--------------------+------------+-------------------+-------+-------+---------------------------+
```

如果能在结果中看到以上 4 行数据，"Alive"列均为笑脸符号":-)"，"State"列均为开启状态"UP"，那么说明 Neutron 的代理运行状况正常。

2. 用 Neutron 状态检测工具检测

和其他核心组件一样，Neutron 也提供了一个检测自身运行状态的工具"neutron-status"。其使用方法如下所示。

```
[root@controller ~]# neutron-status upgrade check
+---------------------------------------------------------+
| Upgrade Check Results                                   |
+---------------------------------------------------------+
| Check: Gateway external network                         |
```

```
| Result: Success
| Details: L3 agents can use multiple networks as external gateways.    |
+----------------------------------------------------------------------+
| Check: External network bridge                                       |
| Result: Success                                                      |
| Details: L3 agents are using integration bridge to connect external  |
|     gateways                                                         |
+----------------------------------------------------------------------+
| Check: Worker counts configured                                      |
| Result: Warning                                                      |
| Details: The default number of workers has changed. Please see       |
|     release notes for the new values, but it is strongly             |
|     encouraged for deployers to manually set the values for          |
|     api_workers and rpc_workers.                                     |
+----------------------------------------------------------------------+
```

如果能看到前面两栏的检查结果均为"Success"，则说明 Neutron 运行正常。

10.3.7　安装完成情况检测

安装 OpenStack 的各个任务之间是相互关联的，必须保证前一个任务成功完成后才能继续其下的任务。因此，本书针对每个重要任务设计了检测环节，以便读者自行检测任务完成情况。

表 10-3 所示为 10.3.1～10.3.6 这 6 个小节完成后的自检工单，读者可按照表中所列举的项对实施情况进行自我评估，同时对相应项失败的原因进行分析和记录，这将有助于定位问题，并能通过解决问题积攒经验。

表 10-3　Neutron 安装自检工单

检测内容	检测方法	合格标准	检测结果		失败原因
			成功	失败	
控制节点是否设置为混杂模式	节点重启后使用"ip a"命令	外网网卡描述中存在"PROMISC"字样			
计算节点是否设置为混杂模式	节点重启后使用"ip a"命令	外网网卡描述中存在"PROMISC"字样			
控制节点是否建立了"neutron"用户	使用"cat /etc/passwd | grep neutron"命令	能看到"neutron"用户信息			
控制节点是否建立了"neutron"用户组	使用"cat /etc/group | grep neutron"命令	能看到"neutron"用户组信息			
计算节点是否建立了"neutron"用户	使用"cat /etc/passwd | grep neutron"命令	能看到"neutron"用户信息			
计算节点是否建立了"neutron"用户组	使用"cat /etc/group | grep neutron"命令	能看到"neutron"用户组信息			
控制节点是否建立了"neutron"数据库	进入数据库使用"show database;"命令	能看到"neutron"数据库			

续表

检测内容	检测方法	合格标准	检测结果		失败原因
			成功	失败	
"neutron"用户对数据库的权限	在数据库中使用"show grants for neutron;"命令	"neutron"用户被授予了远程与本地对"neutron"数据库的完全控制权限			
"neutron"数据库是否同步成功	进入数据库查看"neutron"数据库中的数据表列表	存在相应的数据表			
检查"neutron"用户是否存在	在控制节点使用"openstack user list"命令查询用户列表	存在"neutron"用户			
检查"neutron"用户是否具有"admin"权限	① 使用"openstack user list"命令获得用户ID；② 使用"openstack role list"命令获得角色ID；③ 使用"openstack role assignment list"命令查看"neutron"用户是否和"admin"角色绑定	能看到"neutron"用户和"admin"角色的绑定			
检查是否创建了服务实体"neutron"	使用"openstack service list"命令查看服务列表	能看到"neutron"服务，类型为"network"			
Neutron 的 3 个服务端点是否建立	使用"openstack endpoint list"命令	应该看到3行"Service Name"为"neutron"的信息，且其具有相同的 URL			
Neutron 服务是否运行正常	使用"openstack network agent list"命令检查网络代理服务列表	能看到 4 行数据，"Alive"列均为":-)"，"State"列均为"UP"			

10.4　项目小结

　　Neutron 是 OpenStack 云计算平台的核心组件之一，负责虚拟网络的创建及管理。Neutron 组件由对外服务的接口"neutron-server"和实现各种功能的插件及代理组成。支持插件使 Neutron 具有很强的可扩展性。插件分为核心插件和服务插件，Neutron 的核心插件就是负责对二层网络进行管理的 ML2 插件，而服务插件可以没有或者有多个，都对应了具体的功能。插件只定义了功能，但不具体实现功能，其功能是交由插件对应的代理实现的。Neutron 支持多种网络模式，其中，Flat 网络模式结构简单，云主机通过网桥和物理网卡相连，因此云主机的 IP 地址网段和物理网卡的 IP 地址网段一致，这也就导致了所有的云主机都属于同一个网段，除了相互不隔离外，还会占用宝贵的局域网 IP 地址资源，不适用于公有云；VLAN 网络模式利用支持 VLAN 的网卡设备，通过"VLAN ID"将整个网络划分为更小的虚拟局域网，每个虚拟局域网相互隔离，VLAN 网络模式只支持 4094

183

个虚拟局域网段，也不适合用于公有云；VXLAN 和 GRE 网络模式是基于隧道技术的在 OSI 参考模型的第三层上构建的网络，它们都能支持数目庞大的且相互隔离的网段，适用于公有云。

本项目带领读者在控制节点和计算节点上搭建了 Neutron 组件，并为它配置了 Flat 网络模式。第 1 步，为 Neutron 安装准备网络环境，包括为网卡设置混杂模式及加载桥接模式防火墙模块。第 2 步，在控制节点上安装软件包。第 3 步，创建数据库并授权。第 4 步，修改配置文件。对 Neutron 组件、ML2 插件、Linux 网关代理、DHCP 代理、元数据代理、Nova 的配置文件进行了修改。第 5 步，初始化数据库。将安装文件中的数据库基础数据同步到数据库中。第 6 步，初始化控制节点上的 Neutron 服务，和安装其他组件时一样，创建了 Neutron 的用户并为其分配了角色、创建了 Neutron 服务及对应的 3 个服务端点，完成以后启动服务。第 7 步，在计算节点上安装 "neutron-linux-bridge" 软件包。第 8 步，修改计算节点上 Neutron 的相关配置文件。对 Neutron 组件、"neutron-linux-bridge" 和 Nova 的配置文件进行了修改。修改完成后要想让配置文件生效，需要重启服务。经过以上 8 步，Neutron 组件就能够正常工作了。可以通过在控制节点上查看网络代理服务列表或用 Neutron 状态检测工具检测 Neutron 服务是否运行正常。

10.5 项目练习题

1. 选择题

（1）OpenStack 云计算平台中负责管理虚拟网络的组件是（　　）。

    A. Glance   B. Nova   C. Neutron   D. Keystone

（2）Neutron 模块中负责接收外部请求并在后台一直运行的模块是（　　）。

    A. neutron-server   B. neutron-plugin

    C. neutron-agent   D. neutron-linux-bridge

（3）Neutron 模块中负责实现具体功能的是（　　）。

    A. neutron-server   B. neutron-plugin

    C. neutron-agent   D. neutron-linux-bridge

（4）在 OpenStack（Train 版）中，Neutron 的核心插件是（　　）。

    A. L3 plugin   B. ML2 插件

    C. linux bridge plugin   D. open vswitch plugin

（5）所有云主机处于一个网段的是（　　）网络模式。

    A. Flat   B. VLAN   C. VXLAN   D. GRE

（6）整个网络被逻辑分为相互隔离的数量不超过 4094 个的网段，这是（　　）网络模式。

    A. Flat   B. VLAN   C. VXLAN   D. GRE

（7）以下（　　）网络模式可以用于公有云。

    A. Flat   B. VLAN   C. VXLAN   D. Local

2. 填空题

（1）网卡设置为＿＿＿＿＿＿模式可以接收不是发给自己的数据。

（2）Neutron 安装后将自动创建一个名为＿＿＿＿＿＿＿的用户。

（3）为了和 Nova 进行通信获得元数据，需要用到＿＿＿＿＿＿＿代理。

（4）为了让云主机在创建的时候自动获得 IP 地址，需要用到＿＿＿＿＿＿＿代理。

（5）Neutron 服务默认的端口是＿＿＿＿＿＿。

（6）在 Neutron 的配置文件中，"core_plugin" 配置项的值为＿＿＿＿＿。

3. 实训题

请查看网络代理服务列表，并说出在计算节点和控制节点上都运行的代理是什么。

项目11
仪表盘服务（Dashboard）安装

11

学习目标

【知识目标】

（1）了解Dashboard的功能。

（2）了解Dashboard的组件架构。

（3）了解Dashboard的基本工作流程。

【技能目标】

（1）能够安装与配置Dashboard组件。

（2）能够在Apache服务器上部署Dashboard服务。

（3）能够用Dashboard登录OpenStack云计算平台。

引例描述

完成了Keystone、Glance、Placement、Nova、Neutron这些组件的安装后，小王开始觉得这些组件的管理命令对于一个初学者来说太不友好，各种冗长的命令对初学者来说简直就是"煎熬"。难道就没有一个通过鼠标就能完成操作的管理工具吗？

11.1　项目陈述

OpenStack 云计算平台的 Dashboard 为 OpenStack 提供了一个 Web 前端的管理界面，运维人员可以使用 Dashboard 对 OpenStack 云计算平台进行管理，并可直观地看到各种操作结果与运行状态。因此，Dashboard 是一个对用户非常友好的、图形化的 OpenStack 云计算平台管理工具。本项目将为 OpenStack 云计算平台安装 Dashboard 组件。

在开始安装 Dashboard 之前，小王首先将学习以下必备知识。

- 通过"Dashboard 的基本概念"学习 Dashboard 的基本概念，了解 Dashboard 的功能。
- 通过"Dashboard 的组件架构"学习 Dashboard 的组成结构，了解 Dashboard 和各组件的关系。
- 通过"Dashboard 的基本工作流程"了解 Dashboard 对其他组件的管理机制。

最后，在项目实施环节，小王将在项目操作手册的指导下，在计算节点上完成 Dashboard 组件的安装与配置工作。

11.2 必备知识

11.2.1 Dashboard 的基本概念

OpenStack 云计算平台可以通过命令行管理工具使用，或者其他应用通过应用程序接口（Application Program Interface，API）被其他程序调用。但是它们使用起来都比较麻烦，不够直观。所以 OpenStack 推出了一个名为 Horizon 的项目，它提供了图形化的操作界面来使用 OpenStack 云计算平台。Horizon 中主要提供了一个 Web 前端控制台，该控制台软件被称为 Dashboard，因此通常也以 Dashboard 来称呼 Horizon。Dashboard 的主要功能是让用户通过在网页上的操作完成对云计算平台的配置与管理。

V11-1 OpenStack
的可视化管理助手
——Dashboard

11.2.2 Dashboard 的组件架构

Dashboard 是一个用 Python 编写的支持 WSGI 协议的网络应用，部署在 Apache 服务器上。OpenStack 云计算平台及其核心组件也支持 WSGI 协议，因此 Dashboard 可以通过 WSGI 与 OpenStack 云计算平台框架及其他组件相连。图 11-1 所示为 Dashboard 在 Web 服务器中的组件架构示意。

Dashboard 是无法脱离 Web 服务器而单独运行的 Web 应用（也可以看作一个网站），它和 OpenStack 的其他组件一样都运行在 httpd 服务器中。

图 11-1 Dashboard 在 Web 服务器中的组件架构示意

Dashboard 安装完成后，其主要的网站文件路径为"/usr/share/openstack-dashboard/"，需要将其和 httpd 服务器建立关系后再使用。

11.2.3 Dashboard 的基本工作流程

用户通过访问仪表盘组件的 Dashboard 网站服务可以通过它调用各个组件的 API，以达到对 OpenStack 云计算平台中的各个组件进行管理的目的。图 11-2 所示为 Dashboard 的基本工作流程示意。

从图 11-2 中可以看出，Dashboard 可以对 OpenStack 的各个组件分别进行管理。Dashboard 唯一依赖的是 Keystone，如果 Keystone 服务出现问题，则 Dashboard 将无法登录系统。而其他组件服务出现问题时不会影响 Dashboard 管理其他组件，只是与问题组件服务相关的操作无法执行而已。安装好 Dashboard 后，按照下面的方法查看 httpd 的日志文件目录，可以看到在该目录下有两个关于 Keystone 的日志文件"openstack_dashboard-error.log""openstack_dashboard-access.log"，它们记录了在 Dashboard 运行期间对 Keystone 的使用情况。

```
[root@compute ~]# ls /var/log/httpd
access_log   error_log   openstack_dashboard-access.log   openstack_dashboard-error.log
```

图 11-2　Dashboard 的基本工作流程示意

11.3　项目实施

本项目将为 OpenStack 云计算平台安装 Dashboard 组件，项目将使用计算节点。为了避免在接下来的工作中由于操作不当造成需要重装系统的情况出现，在开始本项目前请对计算节点服务器拍摄快照以保存前期工作成果。

本项目的任务均在计算节点上进行操作。

11.3.1　安装与配置 Dashboard 服务

1. 安装 Dashboard 软件包

使用以下方法安装 Dashboard 软件包。

```
[root@compute ~]# yum –y install openstack-dashboard
```

这里只需要安装一个软件包"openstack-dashboard"。

2. 配置 Dashboard 服务

Dashboard 的配置文件为"/etc/openstack-dashboard/local_settings"。

第 1 步，打开配置文件。

```
[root@compute ~]# vi /etc/openstack-dashboard/local_settings
```

第 2 步，配置 Web 服务器的基本信息。

以下配置将允许从任意主机访问 Web 服务。

```
ALLOWED_HOSTS = ['*']
```

以下配置用于指定控制节点的位置。

```
OPENSTACK_HOST = "controller"
```

以下配置用于将当前时区指向"亚洲/上海"。

```
TIME_ZONE = "Asia/Shanghai"
```

第 3 步，配置缓存服务。

以下配置可以在原有代码上进行更改，用于配置缓存服务。

```
SESSION_ENGINE = 'django.contrib.sessions.backends.cache'
CACHES = {
  'default': {
     'BACKEND': 'django.core.cache.backends.memcached.MemcachedCache',
     'LOCATION': 'controller:11211',
  }
}
```

第 4 步，启用对多域的支持。

增加一行内容，以允许使用多个域。

```
OPENSTACK_KEYSTONE_MULTIDOMAIN_SUPPORT = True
```

第 5 步，指定 OpenStack 组件的版本。

新增如下信息，分别对应 OpenStack 的认证、镜像、存储组件的版本号。

```
OPENSTACK_API_VERSIONS = {
"identity": 3,
"image": 2,
"volume": 3,
}
```

第 6 步，设置通过 Dashboard 创建的用户所属的默认域。

在以上的配置中新增一行以下内容。

```
OPENSTACK_KEYSTONE_DEFAULT_DOMAIN = "Default"
```

第 7 步，设置通过 Dashboard 创建的用户的默认角色为 "user"。

在配置文件中新增一行：

```
OPENSTACK_KEYSTONE_DEFAULT_ROLE = "user"
```

第 8 步，设置如何使用 Neutron 网络。

在配置文件中按照以下代码修改 "OPENSTACK_NEUTRON_NETWORK" 配置。

```
OPENSTACK_NEUTRON_NETWORK = {
    'enable_auto_allocated_network': False,
    'enable_distributed_router': False,
    'enable_fip_topology_check': False,
    'enable_ha_router': False,
    'enable_ipv6': False,
    'enable_quotas': False,
    'enable_rbac_policy': False,
    'enable_router': False,

    'default_dns_nameservers': [],
    'supported_provider_types': ['*'],
    'segmentation_id_range': {},
    'extra_provider_types': {},
    'supported_vnic_types': ['*'],
    'physical_networks': [],
}
```

11.3.2　发布 Dashboard 服务

由于 Dashboard 是一个 Web 应用，必须要运行在 Apache 这样的 Web 服务器上，因此要进行设置，让 Apache 服务器知道如何运行该服务。下面逐一完成两个工作以达到此目的。

V11-2　安装
Dashboard 组件

1. 重建 Dashboard 的 Web 应用配置文件

由于 Apache 的默认网站主目录为 "/var/www/html/"，而 Dashboard 安装好以后，它的网站目录为 "/usr/share/openstack-dashboard"，因此需要一个配置文件让 Apache 找到该网站目录。

第 1 步，进入 Dashboard 网站目录。

```
[root@compute ~]# cd /usr/share/openstack-dashboard
```

第 2 步，编译生成 Dashboard 的 Web 服务配置文件。

```
[root@compute openstack-dashboard]# python manage.py make_web_conf --apache >
/etc/httpd/conf.d/openstack-dashboard.conf
```

如果查看生成的配置文件，则可以查看到运行 Dashboard 需要的各种参数。

```
[root@compute openstack-dashboard]# cat /etc/httpd/conf.d/openstack-dashboard.conf
<VirtualHost *:80>
     ServerAdmin webmaster@openstack.org
     ServerName   openstack_dashboard
     DocumentRoot /usr/share/openstack-dashboard/
     LogLevel warn
     ErrorLog /var/log/httpd/openstack_dashboard-error.log
     CustomLog /var/log/httpd/openstack_dashboard-access.log combined
     WSGIScriptReloading On
     WSGIDaemonProcess openstack_dashboard_website processes=3
     WSGIProcessGroup openstack_dashboard_website
     WSGIApplicationGroup %{GLOBAL}
     WSGIPassAuthorization On
     WSGIScriptAlias / /usr/share/openstack-dashboard/openstack_dashboard/wsgi.py
     <Location "/">
          Require all granted
     </Location>
     Alias /static /usr/share/openstack-dashboard/static
     <Location "/static">
          SetHandler None
     </Location>
</Virtualhost>
```

其中，"DocumentRoot"代表网站主目录，可以看到网站主目录已经指向了 Dashboard 的网站目录。

2. 建立策略文件的软连接

在"/etc/openstack-dashboard"中内置了一些策略文件，它们是 Dashboard 与其他组件交互时的默认策略。使用以下方法查看该目录下的策略文件。

```
[root@compute ~]# ls /etc/openstack-dashboard
cinder_policy.json          glance_policy.json          keystone_policy.json          local_settings
neutron_policy.json nova_policy.d nova_policy.json
```

为了让这些策略文件生效，需要将它们放置到 Dashboard 项目中。下面采用软连接的方式将这些策略文件放入项目。

```
[root@compute~]# ln   -s   /etc/openstack-dashboard   /usr/share/openstack-dashboard/
openstack_dashboard/conf
```

最后，查看 Dashboard 的网站目录。

```
[root@compute ~]# ll  /usr/share/openstack-dashboard/openstack_dashboard/
drwxr-xr-x  3 root root   4096 Oct  9  2021 api
lrwxrwxrwx  1 root root     24 Oct  5 12:44 conf -> /etc/openstack-dashboard
-rw-r--r--  1 root root   4192 May 17 05:38 context_processors.py
```

可以看到在"/usr/share/openstack-dashboard/openstack_dashboard/"目录中存在一个

目录"conf"，它是由"/etc/openstack-dashboard"目录映射而来的。

3. 启动 Apache 服务器，使配置生效

第 1 步，设置 httpd 服务开机启动。

```
[root@compute ~]# systemctl enable httpd
```

第 2 步，启动 httpd 服务。

```
[root@compute ~]# systemctl start httpd
```

11.3.3　检测 Dashboard 服务

接下来通过简单地使用 Dashboard 网站服务来验证 Dashboard 是否安装成功。

第 1 步，登录系统。

在本地计算机浏览器（推荐用 Chrome 浏览器或者火狐浏览器）的地址栏中输入计算节点的 IP 地址"http://192.168.10.20"（安装 Dashboard 服务器的 IP 地址），进入【登录】界面，如图 11-3 所示。

在【登录】界面的【域】文本框中输入域名"Default"，在【用户名】文本框中输入"admin"，在【密码】文本框中输入"000000"，单击【登入】按钮，登录成功后进入图 11-4 所示的【概况】界面。

第 2 步，查看镜像。

图 11-3 【登录】界面

在【概况】界面的左侧菜单中选择【计算】→【镜像】选项，进入图 11-5 所示的【Images】界面，可以看到在 7.3.4 小节中通过 Glance 组件上传的"cirros"镜像。

至此，Dashboard 安装完毕，以后通过 Dashboard 的管理界面就可以完成大部分的 OpenStack 云计算平台管理工作。

图 11-4 【概况】界面

图 11-5 【Images】界面

11.3.4　安装完成情况检测

安装 OpenStack 的各个任务之间是相互关联的，必须保证前一个任务成功完成后才能继续其下的任务。因此，本书针对每个重要任务设计了检测环节，以便读者自行检测任务完成情况。

表 11-1 所示为 11.3.1~11.3.3 这 3 个小节完成后的自检工单，读者可按照表中所列举的项对实施情况进行自我评估，同时对相应项失败的原因进行分析和记录，这将有助于定位问题，并能通过解决问题积攒经验。

表 11-1　Dashboard 安装自检工单

检测内容	检测方法	合格标准	检测结果		失败原因
			成功	失败	
计算节点的 Apache 服务是否开启	使用"netstat -tnlup"命令查看线程状态	能看到 httpd 在 80 端口提供服务，处于"LISTEN"状态			
Dashboard 是否能够进入登录界面	在宿主机上通过浏览器访问计算节点的 IP 地址	能够进入 Dashboard 的登录界面			
Dashboard 是否配置正确	输入正确的域名、用户名、密码登录系统	能够正确登录			
Dashboard 查看镜像功能是否正确	进入镜像管理界面，查看以前上传的"cirros"镜像	能看到镜像			

11.4　项目小结

　　Dashboard 是 OpenStack Horizon 项目中的主要组成部分，它对外提供了一个可以通过图形化界面管理 OpenStack 云计算平台的工具。它是一个用 Python 编写的 Web 程序，只能运行在 httpd 这样的 Web 服务器中。Dashboard 通过 WSGI 与 OpenStack 云计算平台框架及其他组件相连，可以分别对各个组件进行管理。Dashboard 为运维人员提供了一个直观便捷的管理方式，但是目前 Dashboard 的功能并不完全，只能实现部分通过命令能实现的操作。

　　本项目带领读者在计算节点上搭建了 Dashboard 组件，并将它部署到了 httpd 服务器上。第 1 步，安装和配置了 Dashboard。第 2 步，建立 Dashboard 和 Web 服务器的关系，将 Dashboard 部署到了 httpd 服务器中，并重启了服务器使 Dashboard 服务生效。第 3 步，使用 Dashboard 登录 OpenStack 云计算平台，并体验了 Dashboard 的基本操作。

11.5　项目练习题

1. 选择题

（1）OpenStack 云计算平台中提供图形化界面管理工具的组件是（　　）。
　　A. Glance　　　　　　B. Nova　　　　　　C. Horizon　　　　　　D. Keystone

（2）Horizon 项目中提供的 Web 应用的程序名为（　　）。
　　A. Dashboard　　　　B. WSGI　　　　　　C. Easytalk　　　　　D. Xweibo

（3）Dashboard 唯一依赖的组件是（　　）。
　　A. Glance　　　　　　B. Nova　　　　　　C. Horizon　　　　　　D. Keystone

（4）Dashboard 的配置文件名为（　　）。
　　A. local_settings　　　　　　　　　　　B. dashboard_settings
　　C. dashboard.conf　　　　　　　　　　D. dashboard.xml

2. 填空题

（1）Dashboard 默认端口是＿＿＿＿＿＿。
（2）Dashboard 安装完毕后，它的网站文件位于＿＿＿＿＿＿＿＿＿目录。
（3）Apache 中运行的 Web 项目的配置文件位于＿＿＿＿＿＿＿＿目录。
（4）Dashboard 的策略文件位于＿＿＿＿＿＿＿＿目录。
（5）Dashboard 的日志文件位于＿＿＿＿＿＿＿＿目录。

3. 实训题

登录系统后，用 Dashboard 创建一个镜像。

项目12

块存储服务（Cinder）安装

12

学习目标

【知识目标】

（1）了解Cinder的功能。

（2）理解文件存储、块存储与对象存储。

（3）了解Cinder的组件架构。

（4）了解Cinder的基本工作流程。

【技能目标】

（1）能够安装与配置Cinder组件。

（2）能够初始化Cinder服务。

（3）能够用命令检验Cinder服务。

（4）能够用命令和Dashboard两种方式创建卷。

引例描述

OpenStack云计算平台现在已经可以用来创建云主机并为云主机连接网络了。小王高兴地看着这段时间的成果，对此非常满意，果然坚持才能出成绩啊！此时，小王突然想到，如果用户在使用OpenStack云计算平台的过程中，由于产生的数据太多导致Glance创建系统盘的空间不够了该怎么办？Glance创建的系统盘的数据在销毁云主机的时候会同时被销毁，能不能配置一个额外的硬盘来专门存放数据，即使云主机被销毁了该硬盘也能保存呢？

12.1 项目陈述

用户的重要数据是存放在存储设备中的，最常见的存储设备就是硬盘。小王通过调研了解到，Cinder 也是 OpenStack 云计算平台的核心项目之一，负责为云计算平台提供"块存储"服务，云主机中的硬盘就是一个"块存储"设备。因此，为了达到给云主机增加硬盘的目的，需要为 OpenStack云计算平台安装 Cinder 组件。

在开始安装 Cinder 之前，小王首先将学习以下必备知识。

- 通过"Cinder 的基本概念"学习 Cinder 的基本概念，了解 Cinder 的功能。
- 通过"Cinder 的组件架构"学习 Cinder 的组成结构，了解各个模块的功能。
- 通过"Cinder 的基本工作流程"了解 Cinder 的各个功能模块是如何与其他组件一起创建云存储的。

最后，在项目实施环节，小王将在项目操作手册的指导下，在控制节点和计算节点上完成 Cinder 组件的安装与配置工作。

12.2 必备知识

12.2.1 Cinder 的基本概念

Cinder 是 OpenStack 中提供块存储服务的组件，主要功能是为虚拟机实例提供虚拟磁盘管理服务。Cinder 的前身是 Nova 中的 "nova-volume" 组件，OpenStack F 版以后其从 Nova 中被剥离出来，成为一个独立的 OpenStack 组件。以下是云计算的几种主要存储方式。

1. 文件存储

文件存储依靠文件系统来存储文件。文件直接存储在文件系统中，通过 FTP、网络文件系统（Network File System，NFS）等服务进行访问。它的特点是使用简单、兼容性好，但响应速度和存储容量一般。

2. 块存储

块存储中的 "块" 是指存储系统采用的一整块的存储设备，如一块硬盘。块存储技术通常是指将裸磁盘空间整个映射给主机时使用的技术。因此，块存储可以虚拟出整块硬盘给云主机使用，对云主机的操作系统来说这就是挂载的物理硬盘。它的特点是响应速度极快，同时具有高稳定性和可靠性，但受硬件容量限制，其容量不大。

3. 对象存储

对象存储以对象（封装）的形式管理数据。对象和文件最大的不同就是对象在文件基础之上增加了元数据。对象数据可以分为两部分：一部分是数据，存储于对象存储服务器中；另一部分是对应的元数据，存储于元数据服务器中。数据通常是无结构的数据，如图片、视频或文档等。而元数据则指的是对数据的相关描述，例如，图片的大小、文档的拥有者、数据存储的位置信息等。当需要访问某个对象时，先查询元数据服务器获得具体位置信息，再从对象存储服务器中获得具体数据。对象存储主要用于分布式存储，其存储容量巨大，但速度较慢。

12.2.2 Cinder 的组件架构

在块存储中，裸硬盘通常被称为卷（Volume），Cinder 的任务就是管理卷，包括卷的创建、删除等操作。图 12-1 所示为 Cinder 的模块组成示意。

图 12-1 Cinder 的模块组成示意

Cinder 的主要模块及其功能说明如表 12-1 所示。

表 12-1　Cinder 的主要模块及其功能说明

模块	功能说明
cinder-api	该模块用于接收和响应外部请求，也是外部可用于管理 Cinder 的唯一入口
cinder-volume	该模块是 Cinder 项目中对卷进行管理的模块
cinder-scheduler	该模块负责通过调度算法从多个存储节点服务器中选择最合适的节点来创建卷
volume-provider	该模块负责通过驱动调用具体的卷管理系统实现对卷的具体操作。它支持多种卷管理系统，包括 LVM、NFS、Ceph 等
volume-backup	该模块为卷提供备份服务

12.2.3　Cinder 的基本工作流程

Cinder 组件的主要功能就是对卷进行创建与管理，其中 Cinder 创建卷的基本工作流程如图 12-2 所示。

图 12-2　Cinder 创建卷的基本工作流程

通过图 12-2 可以看到，在创建卷的过程中，Cinder 各个模块分工合作的大致流程如下（注意，模块之间的通信都是通过消息队列传递的）。

第 1 步，"cinder-api"接收到用户通过管理界面或命令行发起的卷创建请求后，完成必要处理后将其发送到消息队列中。

第 2 步，"cinder-scheduler"从消息队列中获得请求和数据以后，从若干存储节点中选出一个能存放该卷的节点，并将信息发送到消息队列。

第 3 步，"cinder-volume"从消息队列中获取请求后，通过"volume-provider"调用具体的卷管理系统在存储设备上创建卷。

12.3　项目实施

本项目将为 OpenStack 云计算平台安装 Cinder 组件。由于本书搭建的是双节点云计算平台，使用了计算节点来充当存储节点，因此本项目的任务将使用控制节点和计算节点。为了避免在接下来的工作中由于操作不当造成需要重装系统的情况出现，在开始本项目前请对两台节点服务器拍摄快照以保存前期工作成果。

12.3.1　安装与配置控制节点上的 Cinder 服务

本小节任务均在控制节点上操作。

1. 安装 Cinder 软件包

使用以下方法安装 Cinder 的相关软件包。

```
[root@controller ~]# yum -y install openstack-cinder
```

安装的"openstack-cinder"软件包中包括"cinder-api"和"cinder-scheduler"模块。安装"openstack-cinder"软件包时，和安装其他 OpenStack 核心组件时一样，会自动创建名为"cinder"的 Linux 操作系统用户和同名的用户组。可以使用以下两种方法查看 Linux 操作系统用户及用户组信息。

（1）查看用户信息

在"passwd"文件中查看所有包含"cinder"字符串的行。

```
[root@controller ~]# cat /etc/passwd | grep cinder
cinder:x:165:165:OpenStack Cinder Daemons:/var/lib/cinder:/sbin/nologin
```

在结果中能看见已经存在"cinder"用户。

（2）查看用户组信息

在"group"文件中查看所有包含"cinder"字符串的行。

```
[root@controller ~]# cat /etc/group | grep cinder
nobody:x:99:nova,cinder
cinder:x:165:cinder
```

在结果中能看见已经存在"cinder"用户组。

2. 创建 Cinder 的数据库并授权

支持 Cinder 组件的数据库只有一个，一般将其命名为"cinder"。下面将创建这个数据库并为数据库用户"cinder"授权。

（1）进入数据库

使用以下方法进入 MariaDB 数据库服务器。

```
[root@controller ~]# mysql -uroot -p000000
Welcome to the MariaDB monitor.   Commands end with ; or \g.
Your MariaDB connection id is 10
Server version: 10.3.20-MariaDB MariaDB Server

Copyright (c) 2000, 2018, Oracle, MariaDB Corporation Ab and others.

Type 'help;' or '\h' for help. Type '\c' to clear the current input statement.

MariaDB [(none)]>
```

（2）新建"cinder"数据库

使用以下数据库创建语句在 MariaDB 数据库服务器中创建"cinder"数据库。

```
MariaDB [（none）]> CREATE DATABASE cinder;
```

（3）为数据库授权

授予"cinder"用户从本地和远程管理"cinder"数据库的权限。

```
MariaDB [（none）]> GRANT ALL PRIVILEGES ON cinder.* TO 'cinder'@'localhost' IDENTIFIED
BY '000000';
MariaDB [（none）]> GRANT ALL PRIVILEGES ON cinder.* TO 'cinder'@'%' IDENTIFIED BY
'000000';
```

上面的 SQL 语句把"cinder"数据库中的所有表（库名.*）的所有权限（ALL PRIVILEGES）授予从本地主机（'localhost'）及任意远程主机（'%'）上登录的名为"cinder"的用户，验证密码为"000000"。

（4）退出数据库

输入"quit"并按【Enter】键退出数据库。

```
MariaDB [（none）]> quit
```

3. 修改 Cinder 配置文件

Cinder 的配置文件是"/etc/cinder/cinder.conf"。通过修改它可实现 Cinder 与数据库及 Keystone 的连接。由于"cinder.conf"文件的内容存在很多注释，直接进行编辑比较麻烦，可以先将注释和空行去掉再对其进行编辑。

（1）将配置文件中的注释和空行去掉

第1步，备份配置文件。

```
[root@controller ~]# cp /etc/cinder/cinder.conf /etc/cinder/cinder.bak
```

第2步，去掉配置文件中的所有注释和空行，生成新的配置文件。

```
[root@controller ~]# grep -Ev '^$|#' /etc/cinder/cinder.bak > /etc/cinder/cinder.conf
```

（2）编辑新的配置文件

第1步，打开配置文件进行编辑。

```
[root@controller ~]# vi /etc/cinder/cinder.conf
[DEFAULT]
[backend]
[backend_defaults]
[barbican]
[brcd_fabric_example]
[cisco_fabric_example]
[coordination]
[cors]
[database]
[fc-zone-manager]
[healthcheck]
[key_manager]
[keystone_authtoken]
[nova]
[oslo_concurrency]
[oslo_messaging_amqp]
[oslo_messaging_kafka]
[oslo_messaging_notifications]
[oslo_messaging_rabbit]
[oslo_middleware]
[oslo_policy]
[oslo_reports]
[oslo_versionedobjects]
[privsep]
[profiler]
[sample_castellan_source]
[sample_remote_file_source]
[service_user]
[ssl]
[vault]
```

可以看到，这个新的配置文件中已经不存在空行和注释行了。

第2步，修改"[database]"部分，实现与数据库"cinder"的连接。

```
[database]
connection = mysql+pymysql://cinder:000000@controller/cinder
```

第 3 步，修改"[DEFAULT]""[keystone_authtoken]"部分，实现与 Keystone 的交互。

```
[DEFAULT]
auth_strategy = keystone

[keystone_authtoken]
auth_url = http://controller:5000
memcached_servers = controller:11211
auth_type = password
project_domain_name = Default
user_domain_name = Default
project_name = project
username = cinder
password = 000000
```

第 4 步，修改"[oslo_concurrency]"部分，配置锁路径。

"oslo_concurrency"模块可以为 OpenStack 中的代码块提供线程及进程锁，以下配置为该模块指定了一条锁路径。

```
[oslo_concurrency]
lock_path = /var/lib/cinder/tmp
```

这里的"/var/lib/cinder/tmp"是在安装软件包时由"cinder"用户创建的，因此"cinder"对它拥有所有权限，不要随意更改该路径。

第 5 步，修改"[DEFAULT]"部分，实现与消息队列的连接。

```
[DEFAULT]
transport_url = rabbit://rabbitmq:000000@controller:5672
```

4. 修改 Nova 配置文件

Nova 位于 OpenStack 云计算平台的核心位置，通常需要通过它和其他组件进行交互。这里需要设置 Cinder 与 Nova 的交互。

```
[root@controller ~]# vi /etc/nova/nova.conf
```

修改"[cinder]"部分，增加以下区域名。

```
[cinder]
os_region_name = RegionOne
```

5. 初始化数据库

使用以下语句同步数据库。

```
[root@controller ~]# su cinder -s /bin/sh -c "cinder-manage db sync"
Deprecated: Option "logdir" from group "DEFAULT" is deprecated. Use option "log-dir" from group "DEFAULT".
```

同步结束后，进入数据库进行验证，如果可以看到以下数据库表信息，则表示数据库同步成功。

```
+----------------------------+
| Tables_in_cinder           |
+----------------------------+
| attachment_specs           |
| backup_metadata            |
| backups                    |
| cgsnapshots                |
| clusters                   |
| consistencygroups          |
| driver_initiator_data      |
```

```
| encryption                    |
| group_snapshots               |
| group_type_projects           |
| group_type_specs              |
| group_types                   |
| group_volume_type_mapping     |
| groups                        |
| image_volume_cache_entries    |
| messages                      |
| migrate_version               |
| quality_of_service_specs      |
| quota_classes                 |
| quota_usages                  |
| quotas                        |
| reservations                  |
| services                      |
| snapshot_metadata             |
| snapshots                     |
| transfers                     |
```

12.3.2　Cinder 组件初始化

本小节任务均在控制节点上操作。

1.　创建 Cinder 用户并分配角色

（1）为 OpenStack 云计算平台创建"cinder"用户

第 1 步，导入环境变量模拟登录。

使用"source"或者"."都可以执行环境变量导入操作，代码如下所示。

```
[root@controller ~]# source admin-login
```

第 2 步，在 OpenStack 云计算平台中创建用户"cinder"。

通过以下语句在"default"域中创建一个名为"cinder"、密码为"000000"的用户。

```
[root@controller ~]# openstack user create --domain default --password 000000 cinder
+---------------------+----------------------------------+
| Field               | Value                            |
+---------------------+----------------------------------+
| domain_id           | default                          |
| enabled             | True                             |
| id                  | 4e0fa0e253ce4bcf9e13b2233efcd085 |
| name                | cinder                           |
| options             | {}                               |
| password_expires_at | None                             |
+---------------------+----------------------------------+
```

 注意　这里的用户名和密码一定要与"cinder.conf"文件"[keystone_authtoken]"中的用户名和密码一致。

（2）为用户"cinder"分配"admin"角色

使用以下语句授予"cinder"用户操作"project"项目时的"admin"的权限。

```
[root@controller ~]# openstack role add --project project --user cinder admin
```

2. 创建 Cinder 服务及服务端点

（1）创建服务

因为 OpenStack（Train 版）Cinder 支持的卷是第 3 个版本，所以使用以下语句创建了一个名为"cinderv3"、类型为"volumev3"的服务。

```
[root@controller ~]# openstack service create --name cinderv3 volumev3
+---------+----------------------------------+
| Field   | Value                            |
+---------+----------------------------------+
| enabled | True                             |
| id      | f24bc00656dd400fb32fcbbbb35e0ea7 |
| name    | cinderv3                         |
| type    | volumev3                         |
+---------+----------------------------------+
```

（2）创建服务端点

OpenStack 组件的服务端点有 3 个，分别对应公众用户（public）、内部组件（internal）、Admin 用户（admin）服务的地址。

第 1 步，创建公众用户访问的端点。

```
[root@controller ~]# openstack endpoint create --region RegionOne volumev3 public
http://controller:8776/v3/%\(project_id\)s
+--------------+-------------------------------------------+
| Field        | Value                                     |
+--------------+-------------------------------------------+
| enabled      | True                                      |
| id           | e80c19ef732649d7954e45c5a2f2b98c          |
| interface    | public                                    |
| region       | RegionOne                                 |
| region_id    | RegionOne                                 |
| service_id   | f24bc00656dd400fb32fcbbbb35e0ea7          |
| service_name | cinderv3                                  |
| service_type | volumev3                                  |
| url          | http://controller:8776/v3/%(project_id)s  |
+--------------+-------------------------------------------+
```

第 2 步，创建内部组件访问的端点。

```
[root@controller ~]# openstack endpoint create --region RegionOne volumev3 internal
http://controller:8776/v3/%\(project_id\)s
+--------------+-------------------------------------------+
| Field        | Value                                     |
+--------------+-------------------------------------------+
| enabled      | True                                      |
| id           | 28119dc991644e13a89b26b1a4ad9643          |
| interface    | internal                                  |
| region       | RegionOne                                 |
| region_id    | RegionOne                                 |
| service_id   | f24bc00656dd400fb32fcbbbb35e0ea7          |
| service_name | cinderv3                                  |
| service_type | volumev3                                  |
```

```
| url            | http://controller:8776/v3/%(project_id)s          |
+---------------+--------------------------------------------------+
```

第 3 步，创建 Admin 用户访问的端点。

```
[root@controller ~]# openstack endpoint create --region RegionOne volumev3 admin
http://controller:8776/v3/%\(project_id\)s
+---------------+--------------------------------------------------+
| Field         | Value                                            |
+---------------+--------------------------------------------------+
| enabled       | True                                             |
| id            | dc622ff986114235b56b046585520ee4                 |
| interface     | admin                                            |
| region        | RegionOne                                        |
| region_id     | RegionOne                                        |
| service_id    | f24bc00656dd400fb32fcbbbb35e0ea7                 |
| service_name  | cinderv3                                         |
| service_type  | volumev3                                         |
| url           | http://controller:8776/v3/%(project_id)s         |
+---------------+--------------------------------------------------+
```

3. 启动控制节点上的 Cinder 服务

第 1 步，重启 Nova 服务。

`[root@controller ~]# systemctl restart openstack-nova-api`

第 2 步，设置"cinder-api"和"cinder-scheduler"模块开机启动。

`[root@controller ~]# systemctl enable openstack-cinder-api openstack-cinder-scheduler`

第 3 步，立即启动 Cinder 服务。

`[root@controller ~]# systemctl start openstack-cinder-api openstack-cinder-scheduler`

12.3.3　检测控制节点上的 Cinder 服务

这里采用两种方法来检测 Cinder 组件的运行状况。

1. 查看端口占用情况

由于 Cinder 服务会占用 8776 端口，通过查看这个端口是否启用，可以判断 Cinder 服务是否已经运行。

```
[root@controller ~]# netstat –nutpl|grep 8776
tcp       0      0 0.0.0.0:8776        0.0.0.0:*        LISTEN      16661/python2
```

2. 查看存储服务列表

使用以下代码查看 Cinder 服务中各个模块的服务状态。

```
[root@controller ~]# openstack volume service list
+------------------+------------+------+---------+-------+----------------------------+
| Binary           | Host       | Zone | Status  | State | Updated At                 |
+------------------+------------+------+---------+-------+----------------------------+
| cinder-scheduler | controller | nova | enabled | up    | 2021-10-13T04:14:33.000000 |
```

如果获得"cinder-scheduler"在控制节点上的模块处于开启（up）状态，则表示服务正常。

12.3.4　搭建存储节点

通常存储节点会采用独立的服务器，但这样 OpenStack 云计算平台就至少需要 3 台服务器才能搭建。本小节任务采用计算节点来代替存储节点，以实现搭建双节点 OpenStack 云计算平台的目标。因为本小节任务将操作计算节点服务器，所以请先为计算节点服务器做好快照备份工作。

请在计算节点上按照以下步骤完成任务。

1. 为计算节点增加硬盘

在计算节点上新增一块硬盘为存储节点服务。

第 1 步，进入计算节点的【虚拟机设置】对话框。在 VMware Workstation 管理界面中右键单击【我的计算机】中的【compute】选项，在弹出的快捷菜单中选择【设置】选项，弹出图 12-3 所示的【虚拟机设置】对话框。

第 2 步，选择增加的硬件类型。在图 12-3 所示【虚拟机设置】对话框中单击【添加】按钮，弹出图 12-4 所示的【添加硬件向导】对话框，在其中选择添加一块硬盘。

图 12-3 【虚拟机设置】对话框

图 12-4 【添加硬件向导】对话框

在【硬件类型】列表框中选择【硬盘】选项，单击【下一步】按钮，进入图 12-5 所示的【选择磁盘类型】界面。

图 12-5 【选择磁盘类型】界面

第 3 步，选择磁盘类型。在图 12-5 所示的【选择磁盘类型】界面中选中【SCSI（推荐）】单选按钮。

　　单击【下一步】按钮，进入图 12-6 所示的【选择磁盘】界面。

　　第 4 步，选择磁盘。在图 12-6 所示的【选择磁盘】界面中选择磁盘的来源，这里选中【创建新虚拟磁盘】单选按钮，单击【下一步】按钮，进入图 12-7 所示的【指定磁盘容量】界面。

　　第 5 步，指定磁盘容量。在图 12-7 所示的【指定磁盘容量】界面中设置最大磁盘的大小。

图 12-6 【选择磁盘】界面　　　　　　　　　图 12-7 【指定磁盘容量】界面

　　在【指定磁盘容量】界面中根据需要设定最大磁盘大小，注意不要选中【立即分配所有磁盘空间】复选框，这样磁盘文件大小会按照实际使用情况自动增加。设置完成后，单击【下一步】按钮，进入图 12-8 所示的【指定磁盘文件】界面。

图 12-8 【指定磁盘文件】界面

　　第 6 步，指定磁盘文件。在图 12-8 所示的【指定磁盘文件】界面中设置磁盘文件的存储路径。

　　在图 12-8 所示的【指定磁盘文件】界面中设置新建磁盘文件的存储路径以后，单击【完成】按钮，完成新建磁盘工作。此时，可以在计算节点的【虚拟机设置】对话框中看到新建的磁盘。

　　安装好磁盘后，需要重新启动计算节点服务器，使系统识别新增的硬件。

2. 创建卷组

　　逻辑卷管理（Logical Volume Manager，LVM）是 Linux 环境下对磁盘分区进行管理的一种机制，它可以将几块磁盘(也称物理卷)组合起来形成一个存储池或者卷组(Volume Group)。LVM 可以每次从卷组中划分出不同大小的逻辑卷(Logical Volume)创建新的逻辑设备。Cinder 可以使用 LVM 来实现块设备（卷）的管理。

（1）查看系统硬盘挂载情况

通过使用"lsblk"命令可以看到系统中所有硬盘（块设备）的挂载信息。

```
[root@compute ~]# lsblk
NAME              MAJ:MIN  RM   SIZE   RO   TYPE   MOUNTPOINT
sda               8:0      0    100G   0    disk
├─sda1            8:1      0    1G     0    part   /boot
└─sda2            8:2      0    98G    0    part
  ├─centos-root   253:0    0    90G    0    lvm    /
  └─centos-swap   253:1    0    8G     0    lvm    [SWAP]
sdb               8:16     0    20G    0    disk
sr0               11:0     1    973M   0    rom
```

从结果中可以看到新添加的硬盘名为"sdb"，其还没有进行分区和挂载。该硬盘在 Linux 中的对应文件为"/dev/sdb"。

（2）创建 LVM 物理卷组

卷组是若干个物理卷组成的一个整体，对于用户来说，卷组就是一个大的磁盘，便于重新划分使用。

第 1 步，将硬盘初始化为物理卷。

通过使用"pvcreate"命令将物理硬盘初始化为物理卷，以便 LVM 使用。

```
[root@compute ~]# pvcreate /dev/sdb
  Physical volume "/dev/sdb" successfully created.
```

第 2 步，将物理卷归并为卷组。

LVM 卷组的创建命令为"vgcreate"，它的用法如下所示。

```
vgcreate <卷组名> <物理卷 1> <物理卷 2> ......
```

本项目只创建了一个物理卷，因此使用以下方法将该卷生成卷组，卷组取名为"cinder-volumes"。

```
[root@compute ~]# vgcreate cinder-volumes /dev/sdb
  Volume group "cinder-volumes" successfully created
```

第 3 步，配置 LVM 卷组扫描的设备。

由于系统中的卷组可能有很多，相应的卷会更多，LVM 需要扫描整个磁盘系统寻找所有的卷组，这比较花费时间。直接指定仅对哪些磁盘设备进行扫描是一种提高效率的方式。

首先，打开 LVM 的配置文件。

```
[root@compute ~]# vi /etc/lvm/lvm.conf
```

其次，修改配置文件的"devices"部分，添加一个接受"/dev/sdb"磁盘并拒绝其他设备的过滤器。

```
devices {
filter = [ "a/sdb/","r/.*/"]
......
}
```

以上代码中的"a"表示接受，"r"表示拒绝。

（3）启动 LVM 元数据服务

LVM 在做磁盘扫描时将查找所有相关物理卷，并读取卷组元数据，这个过程非常耗时。如果将卷组元数据一次性读入缓存，则不用每次都做这个耗时的扫描。lvmetad 就是 LVM 中用于处理元数据缓存的服务，可通过以下方法启动它。

第 1 步，设置开机启动服务。

```
[root@compute ~]# systemctl enable lvm2-lvmetad
```

第 2 步，立即启动服务。

```
[root@compute ~]# systemctl start lvm2-lvmetad
```

3. 安装和配置存储节点

（1）安装 Cinder 相关软件包

使用以下方法在计算节点上安装 Cinder 相关软件包。

```
[root@compute ~]# yum -y install openstack-cinder targetcli python-keystone
```

这个安装命令共安装了 3 个软件包 "openstack-cinder" "targetcli" "python-keystone"。其中，"openstack-cinder" 是 Cinder 的软件包；"targetcli" 是一个命令行工具，用于管理 Linux 的存储资源；"python-keystone" 是与 Keystone 的连接插件。

（2）修改 Cinder 配置文件

Cinder 的配置文件是 "/etc/cinder/cinder.conf"，通过修改它可以实现 Cinder 与数据库及 Keystone 的连接。由于 "cinder.conf" 文件的内容存在很多注释，直接进行编辑比较麻烦，可以先将注释和空行去掉再对其进行编辑。

（3）将配置文件中的注释和空行去掉

第 1 步，备份配置文件。

```
[root@compute~]# cp /etc/cinder/cinder.conf /etc/cinder/cinder.bak
```

第 2 步，去掉配置文件中的所有注释和空行，生成新的配置文件。

```
[root@compute ~]# grep -Ev '^$|#' /etc/cinder/cinder.bak > /etc/cinder/cinder.conf
```

（4）编辑新的配置文件

第 1 步，打开配置文件。

```
[root@compute ~]# vi /etc/cinder/cinder.conf
```

第 2 步，修改 "[database]" 部分，实现与数据库 "cinder" 的连接。

```
[database]
connection = mysql+pymysql://cinder:000000@controller/cinder
```

第 3 步，修改 "[DEFAULT]" "[keystone_authtoken]" 部分，实现与 Keystone 的交互。

```
[DEFAULT]
auth_strategy = keystone

[keystone_authtoken]
auth_url = http://controller:5000
memcached_servers = controller:11211
auth_type = password
project_domain_name = Default
user_domain_name = Default
project_name = project
username = cinder
password = 000000
```

第 4 步，修改 "[oslo_concurrency]" 部分，配置锁路径。

"oslo_concurrency" 模块可以为 OpenStack 中的代码块提供线程及进程锁，以下配置为该模块指定了一条锁路径。

```
[oslo_concurrency]
lock_path = /var/lib/cinder/tmp
```

这里的"/var/lib/cinder/tmp"是在安装软件包时由"cinder"用户创建的，因此"cinder"对它拥有所有权限，不要随意更改该路径。

第 5 步，修改"[DEFAULT]"部分，实现与消息队列和 Glance 的连接。

```
[DEFAULT]
transport_url = rabbit://rabbitmq:000000@controller:5672
glance_api_servers = http://controller:9292
```

第 6 步，修改"[DEFAULT]"部分，并增加"[lvm]"部分以设置 LVM。

```
[DEFAULT]
enabled_backends = lvm
[lvm]
volume_driver = cinder.volume.drivers.lvm.LVMVolumeDriver
volume_group = cinder-volumes
target_protocol = iscsi
target_helper = lioadm
```

注意 配置文件中"volume_group"的值应和"创建 LVM 物理卷组"部分创建的卷组名一致。

4. 启动计算节点上的 Cinder 服务

首先，设置开机启动服务。

```
[root@compute ~]# systemctl enable openstack-cinder-volume target
```

其次，立即启动服务。

```
[root@compute ~]# systemctl start openstack-cinder-volume target
```

12.3.5 检验 Cinder 服务

这里介绍两种方法来检测 Cinder 组件的运行状况。

1. 查看存储服务列表

在控制节点上使用以下代码查看 Cinder 服务中各个模块的服务状态。

```
[root@controller ~]# openstack volume service list
+------------------+-------------+------+---------+-------+----------------------------+
| Binary           | Host        | Zone | Status  | State | Updated At                 |
+------------------+-------------+------+---------+-------+----------------------------+
| cinder-scheduler | controller  | nova | enabled | up    | 2021-10-16T16:54:46.000000 |
| cinder-volume    | compute@lvm | nova | enabled | up    | 2021-10-16T16:54:45.000000 |
+------------------+-------------+------+---------+-------+----------------------------+
```

可以看到，在控制节点上能够发现"cinder-volume""cinder-scheduler"两个模块的状态（State）是启动（up）。如果这里"cinder-volume"模块的状态是关闭（down），则可以先检查两个节点服务器的时间同步情况。

2. 通过 Dashboard 查看卷概况

使用 Dashboard 登录 OpenStack 后，如果 Cinder 服务正常，则在左侧导航栏中会出现【卷】选项，且在【概况】界面中可以看到"卷""卷快照""卷存储"这 3 个饼图，如图 12-9 所示。

如果不能获得与图 12-9 类似的结果，则说明 Cinder 服务存在问题，请查看 Cinder 的日志文件。

图 12-9　Dashboard 中的卷概况

12.3.6　用 Cinder 创建卷

Cinder 组件安装完毕以后，即可使用它来为云计算平台创建卷。这里介绍两种方法来创建卷，实际工作中任选其中一种方法即可。

1. 使用命令模式创建卷

第 1 步，在控制节点上发起命令，创建一个 8 GB 的卷，将其命名为"volume1"。

```
[root@controller ~]# openstack volume create --size 8 volume1
+---------------------+--------------------------------------+
| Field               | Value                                |
+---------------------+--------------------------------------+
| attachments         | []                                   |
| availability_zone   | nova                                 |
| bootable            | false                                |
| consistencygroup_id | None                                 |
| created_at          | 2021-10-16T17:19:42.000000           |
| description         | None                                 |
| encrypted           | False                                |
| id                  | b1114d10-e3da-49c1-8e42-c7c08791869b |
| migration_status    | None                                 |
| multiattach         | False                                |
| name                | volume1                              |
| properties          |                                      |
| replication_status  | None                                 |
| size                | 8                                    |
| snapshot_id         | None                                 |
| source_volid        | None                                 |
| status              | creating                             |
| type                | __DEFAULT__                          |
| updated_at          | None                                 |
| user_id             | 3051bd87a731493f9797fb95bf34f879     |
+---------------------+--------------------------------------+
```

第 2 步，查看卷列表。

```
[root@controller ~]# openstack volume list
```

ID	Name	Status	Size	Attached to
2403c9de-ed37-467d-a6df-1e12ca2b2161	volume1	available	8	

在列表中可以看到存在一个名为"volume1"的卷，其状态（Status）为可用（available），大小为 8GB。

2. 使用 Dashboard 创建卷

第 1 步，进入卷列表。登录 Dashboard 以后，在菜单栏中选择【卷】→【卷】选项，进入图 12-10 所示的【卷】界面。

图 12-10 【卷】界面

在图 12-10 所示的【卷】界面中可以看到使用命令模式创建的"volume1"卷信息。

第 2 步，创建卷。首先，在图 12-10 所示的【卷】界面中单击【创建卷】按钮，弹出图 12-11 所示的【创建卷】对话框。

图 12-11 【创建卷】对话框

其次，在【卷名称】文本框中输入卷的名称；【描述】文本框为可选项，可以不填写；在【卷来源】下拉列表中选择【没有源，空白卷】选项；在【类型】下拉列表中选择【_DEFAULT_】选项；在【大小】文本框中输入卷的容量大小，注意，所有卷的容量总和不要超过卷组的容量。

最后，单击【创建卷】按钮完成创建卷操作，即可在【卷】界面中看到刚创建的卷的信息。

12.3.7　安装完成情况检测

安装 OpenStack 的各个任务之间是相互关联的，必须保证前一个任务成功完成后才能继续其下的任务。因此，本书针对每个重要任务设计了检测环节，以便读者自行检测任务完成情况。

表 12-2 所示为 12.3.1～12.3.6 这 6 个小节完成后的自检工单，读者可按照表中所列举的项对实施情况进行自我评估，同时对相应项失败的原因进行分析和记录，这将有助于定位问题，并能通过解决问题积攒经验。

表 12-2　Cinder 安装自检工单

检测内容	检测方法	合格标准	检测结果		失败原因
			成功	失败	
控制节点是否创建了"cinder"用户	使用"cat /etc/passwd | grep cinder"命令	能看到"cinder"用户信息			
控制节点是否创建了"cinder"用户组	使用"cat /etc/group | grep cinder"命令	能看到"cinder"用户组信息			
控制节点是否创建了"cinder"数据库	进入数据库使用"show database;"命令	能看到"cinder"数据库			
"cinder"用户对数据库的权限	在数据库中使用"show grants for cinder;"	"cinder"用户被授予了从远程与本地对"cinder"数据库的完全控制权限			
"cinder"数据库是否同步成功	进入数据库查看"cinder"数据库中的数据表列表	存在相应的数据表			
检查"cinder"用户是否存在	在控制节点上使用"openstack user list"命令查询用户列表	存在"cinder"用户			
检查"cinder"用户是否具有"admin"权限	① 使用"openstack user list"命令获得用户 ID；② 使用"openstack role list"命令获得角色 ID；③ 使用"openstack role assignment list"命令查看"cinder"用户是否和"admin"角色绑定	能看到"cinder"用户和"admin"角色绑定			
检查是否创建了服务"cinderv3"	使用"openstack service list"命令查看服务列表	能看到"cinderv3"服务，类型为"volumev3"			
Cinder 的服务端点是否建立	使用"openstack catalog list"命令	能看到 3 个 volume3 服务端点信息			
Cinder 服务是否运行正常	使用"cinder service-list"命令查看 Cinder 服务列表	能够看到"cinder-volume"服务状态为开启（up）			

12.4 项目小结

数据存储是云计算平台提供的一项重要服务，云存储一般采用文件存储、块存储、对象存储这几种存储技术。在这几种存储技术中，块存储的速度最快但容量最小，而对象存储容量最大但速度最慢。Cinder 是为 OpenStack 云计算平台提供块存储服务的组件。块存储中的"块"通常指硬盘，也被称为卷，Cinder 主要负责对卷的管理。

本项目带领读者在控制节点和计算节点上安装了 Cinder 块存储服务组件。第 1 步，在控制节点上安装软件包。第 2 步，创建数据库并授权。第 3 步，修改配置文件。在配置 Cinder 时主要配置了它和数据库的连接、Keystone 认证的凭证信息、与 Glance 的交互等。第 4 步，初始化数据库，将安装文件中的数据库基础数据同步到数据库中。第 5 步，初始化控制节点上的 Cinder 服务。和安装其他组件时一样，创建了 Cinder 的用户并分配了角色，创建了"cinderv3"服务及对应的 3 个服务端点。第 6 步，配置计算节点为存储节点。在这一步中为计算节点增加了用于生成卷的硬盘，并用 LVM 卷组工具创建了卷和卷组。第 7 步，在计算节点上安装软件包。第 8 步，修改计算节点配置文件，和在控制节点上的操作类似，此处配置了如何连接其他组件并配置了 LVM 服务，并重启了 Nova 和 Cinder 服务。经过以上 8 步，Cinder 组件就能够正常启用了。最后使用 openstack 命令中的卷管理功能和 Dashboard 的卷管理功能各创建了一个卷。

12.5 项目练习题

1. 选择题

（1）（　　）是块存储服务组件。
  A. Glance   B. Siwft   C. Cinder   D. Nova

（2）对象存储存在数据库中的数据是（　　）。
  A. 非规则文件 B. 元数据   C. 对象   D. 其他

（3）Cinder 与后端存储直接相连的模块是（　　）。
  A. cinder-volume   B. cinder-provider
  C. cinder-api   D. cinder-scheduler

（4）如果给 CentOS 增加了一块硬盘，那么这块硬盘的文件是（　　）。
  A. /etc/sdb   B. /dev/sda   C. /dev/sdb   D. /opt/sdc

2. 填空题

（1）云存储一般采用_____、_____和_____ 这 3 种数据存储方式。

（2）LVM 中用于创建物理卷的命令是_____。

（3）创建 LVM 卷组的命令是_____。

（4）Cinder 服务的默认端口是_____。

3. 实训题

（1）请写出查看卷列表的命令。

（2）请写出删除某个卷的命令。

（3）请写出查看某个卷的详细信息的命令。

下篇

OpenStack 云计算平台管理

项目13
虚拟网络管理

13

学习目标

【知识目标】

（1）了解虚拟网络、子网及端口的功能。

（2）了解网桥的功能。

（3）理解网络、子网及端口的管理命令。

（4）理解网桥的管理命令。

【技能目标】

（1）能够用Dashboard来运维网络。

（2）能够用命令模式来运维网络。

引例描述

OpenStack云计算平台已经安装完毕，接下来就是用它来创建云主机了。但是小王疑惑了，OpenStack有这么多功能，创建云主机应该先从哪里下手呢？

13.1 项目陈述

云主机是通过虚拟网络端口挂载在网络之上的，它无法脱离网络独立存在。因此，创建云主机之前应该创建承载它的虚拟网络。

在开始动手创建虚拟网络之前，小王首先将学习以下必备知识。

- 通过"虚拟网络管理"学习如何构建与管理网络、子网和端口，了解它们的功能与关系。
- 通过"虚拟网桥管理"学习如何构建与管理网桥，了解网桥的功能。

最后，在项目实施环节，小王将在项目操作手册的指导下，通过 Dashboard 和命令两种方式完成虚拟网络创建的工作。

13.2 必备知识

13.2.1 虚拟网络管理

1. 网络管理

OpenStack 的网络是一个用虚拟设备构成的 OSI 二层网络。使用以下命

V13-1 OpenStack
云计算平台运维

令对 OpenStack 的网络进行管理。

openstack network <操作> [选项] [<网络名>]

表 13-1 和表 13-2 所示为网络管理命令的常用操作、常用选项及其功能说明。

表 13-1　网络管理命令的常用操作及其功能说明

常用操作	功能说明
create	创建网络
delete	删除网络
list	列出已有的网络列表
set	设置网络参数
unset	取消网络参数设置
show	显示网络的详细信息

表 13-2　网络管理命令的常用选项及其功能说明

常用选项	功能说明
--h	显示帮助信息
--enable	启用网络
--disable	禁用网络
--enable-port-security	启用端口安全
--disable-port-security	禁用端口安全
--share	设置网络为共享网络
--no-share	设置网络为非共享网络
--external	设置网络为外部网络
--internal	设置网络为内部网络
--provider-network-type <provider-network-type>	网络类型，包括 Flat、GRE、Local、VLAN、VXLAN 这几类网络
--provider-physical-network	实现虚拟网络的物理网络的名称

下面用几个例子演示常用的网络管理实例。

例 13-1：创建一个"Flat"类型的共享外部网络

```
# openstack network create --share --external --provider-physical-network provider
--provider-network-type flat vm-network
```

以上代码创建了一个名为"vm-network"的网络。

例 13-2：查看当前的网络列表

```
# openstack network list
+----------------------------------------+------------+----------+
| ID                                     | Name       | Subnets  |
+----------------------------------------+------------+----------+
| 91b7c64b-f4b1-4195-b3cb-7ff2488ddb57   | vm-network |          |
+----------------------------------------+------------+----------+
```

例 13-3：查看网络的详细信息

```
# openstack network show 91b7c64b-f4b1-4195-b3cb-7ff2488ddb57
```

以上代码最后的参数可以是网络的名称或者 ID。

例 13-4：修改网络的名称并将其更改为非共享网络

```
# openstack network set --name new-vnet --no-share vm-network
```

以上代码最后的参数可以是网络的名称或者 ID。

例 13-5：删除一个网络

```
# openstack network delete new-vnet
```

如果网络中存在端口，也就意味连接着云主机，则不允许直接删除网络，需要先删除端口再删除网络。

2．子网管理

子网（Subnet）是挂载在网络中的一个 IP 地址段，它的主要功能是当网络中创建新的端口时为其分配 IP 地址。子网与网络是多对一的关系，一个子网必须属于一个网络，而一个网络中可以有多个子网。可使用以下命令对 OpenStack 的子网进行管理。

```
openstack subnet <操作> [选项] <子网名>
```

表 13-3 和表 13-4 所示为子网管理命令的常用操作、常用选项及其功能说明。

表 13-3　子网管理命令的常用操作及其功能说明

常用操作	功能说明
create	创建新子网
delete	删除子网
list	列出已有的子网列表
set	设置子网参数
unset	取消子网参数设置
show	显示子网的详细信息

表 13-4　子网管理命令的常用选项及其功能说明

常用选项	功能说明
--h	显示帮助信息
--project <project>	当前项目，输入项目名或项目 ID
--subnet-range < subnet-range >	子网的 IP 网段
--dhcp	启用 DHCP 为云主机自动分配 IP 地址
--no-dhcp	不使用 DHCP
--allocation-pool<start=*,end=*>	DHCP 分配的 IP 地址池，用"start"代表起始地址，"end"代表结束地址，如"start=192.168.20.100,end=192.168.20.200"
--gateway <gateway>	设置网关
--dns-nameserver<DNS Server>	配置 DNS 服务器地址
--network <network>	子网属于的网络，可以是网络名或网络 ID

下面用几个例子演示常用的子网管理实例。

例 13-6：为网络"vm-network"创建一个名为"vm-subnetwork"的子网，该子网拥有"192.168.20.0/24"网段，并为云主机自动分配"192.168.20.100"到"192.168.20.200"之间的 IP 地址，同时设置 DNS 服务器 IP 地址为"114.114.114.114"

```
#   openstack   subnet   create   --network   vm-network   --allocation-pool
start=192.168.20.100,end=192.168.20.200 --dns-nameserver 114.114.114.114 --subnet-range
```

192.168.20.0/24 vm-subnetwork

 注意

子网必须属于一个网络，如果不存在网络，则需要先创建网络再创建子网。

例 13-7：查看子网列表

```
# openstack subnet list
+--------------------------------------+---------------+--------------------------------------+----------------+
| ID                                   | Name          | Network                              | Subnet         |
+--------------------------------------+---------------+--------------------------------------+----------------+
| 4f8e8b87-de33-430f-9fd8-259f484f7cd0 | vm-subnetwork | 45bbc053-ac87-46f6-9224-63ea1de09184 | 192.168.20.0/24 |
+--------------------------------------+---------------+--------------------------------------+----------------+
```

例 13-8：查看子网的详细信息

```
# openstack subnet show 4f8e8b87-de33-430f-9fd8-259f484f7cd0
```
以上代码最后的参数可以是子网的名称或者 ID。

例 13-9：修改子网的名称并设定网关值为"192.168.20.2"

```
# openstack subnet set --name new-subvnet --gateway 192.168.20.2 vm-subnetwork
```
以上代码最后的参数可以是子网的名称或者 ID。

例 13-10：删除一个子网

```
# openstack subnet delete new-subvnet
```
如果子网中存在端口，则不允许直接删除子网，需要先删除端口再删除子网。

3. 端口管理

端口（Port）是挂载在子网中的用于连接云主机虚拟网卡的接口。端口上定义了硬件物理地址（即 MAC 地址）和独立的 IP 地址，当云主机的虚拟网卡连接到某个端口时，端口就会将 MAC 地址和 IP 地址分配给虚拟网卡。子网与端口是一对多关系，一个端口必须属于某个子网；一个子网可以有多个端口。使用以下命令对 OpenStack 的端口进行管理。

openstack port <操作> [选项] <子网名>

表 13-5 和表 13-6 所示为端口管理命令的常用操作、常用选项及其功能说明。

表 13-5 端口管理命令的常用操作及其功能说明

常用操作	功能说明
create	创建端口
delete	删除端口
list	列出已有的端口列表
set	设置端口参数
unset	取消端口参数设置
show	显示端口的详细信息

表 13-6 端口管理命令的常用选项及其功能说明

常用选项	功能说明
--h	显示帮助信息
--network <network>	端口属于的网络

续表

常用选项	功能说明
--fixed-ip subnet=<subnet>,ip-address=<ip-address>	为端口绑定 IP 地址。"subnet"表示子网,"ip-address"表示 IP 地址
--enable	启用端口
--disable	禁用端口
--enable-port-security	启用端口安全设置
--disable-port-security	禁用端口安全设置

下面用几个例子演示常用的端口管理实例。

例 13-11:为网络"vm-network"的"my_subnet"子网创建一个绑定了 IP 地址"192.168.20.120"的端口,并将其命名为"myport"

```
# openstack port create myport --network vm-network --fixed-ip subnet=my_subnet,ip-address=192.168.20.120
```

注意

端口必须属于一个子网,如果不存在子网,则需要先创建子网。

因为还没有连接上虚拟机,所以刚创建的端口的状态(Status)为关机(DOWN)。

例 13-12:查看端口列表

```
# openstack port list
+--------------------------------------+--------+-------------------+------------------------------+--------+
| ID                                   | Name   | MAC Address       | Fixed IP Addresses           | Status |
+--------------------------------------+--------+-------------------+------------------------------+--------+
| 1b3b99d3-6b11-47aa-adf7-2643efcbc644 | port1  | fa:16:3e:ee:c4:96 | ip_address='*', subnet_id='*'| DOWN   |
| 2f10dd14-6680-47a7-9c38-8cf7ee3599c5 | port3  | fa:16:3e:c7:76:45 | ip_address='*', subnet_id='*'| DOWN   |
| 4638e84c-22fb-480e-a081-40f7a52419dd | myport | fa:16:3e:6f:dc:e7 | ip_address='*', subnet_id='*'| DOWN   |
| f8867a30-868e-4bf5-bc42-b3ee969b60c3 |        | fa:16:3e:6b:b6:21 | ip_address='*', subnet_id='*'| ACTIVE |
+--------------------------------------+--------+-------------------+------------------------------+--------+
```

例 13-13:删除一个端口

```
# openstack port delete port1
```

这里可以使用端口的 ID 或者端口名。

13.2.2 虚拟网桥管理

网桥属于 OSI 参考模型的二层设备,类似于交换机,负责连接在它上面的云主机之间的通信。可以采用网桥管理工具包"bridge-utils"中的 brctl 命令来管理虚拟网桥。在用 YUM 安装好"bridge-utils"工具包以后,该命令才可以使用。它的用法如下所示。

```
brctl <操作>
```

表 13-7 所示为网桥管理命令的常用操作及其功能说明。

表 13-7 网桥管理命令的常用操作及其功能说明

常用操作	功能说明
addbr <bridge>	增加网桥
delbr <bridge>	删除网桥
addif <bridge> <device>	将网卡接入网桥

常用操作	功能说明
delif <bridge> <device>	将网卡从网桥上删除
show [<bridge>]	显示网桥信息

例 13-14：创建一个网桥

```
# brctl addbr br1
```

以上代码创建了一个名为"br1"的网桥。

例 13-15：将网卡接入网桥

```
# brctl addif br1 ens34
```

以上代码将 ens34 网卡连接到了"br1"网桥上。

例 13-16：查看网桥信息

```
# brctl show br1
bridge name        bridge id                STP enabled        interfaces
brq12c80752-ed                  8000.000c292c90b5        no                  ens34
                                                                             tapf8867a30-86
```

从上面的结果中可以看到，名为"brq12c80752-ed"的网桥上连接了两块网卡。其中，"tapf8867a30-86"是云主机上虚拟化出来的网络接口，类似于云主机的网卡。只有当物理网卡 ens34 和云主机的网络接口都连接在同一个网桥上的时候，才可以实现云主机和物理机的直接通信。

13.3　项目实施

本项目将利用已经搭建好的 OpenStack 云计算平台来创建虚拟网络和子网。整个项目将使用控制节点和计算节点。为了避免在接下来的工作中由于操作不当造成系统重装的情况出现，在开始本项目前请对两台节点服务器拍摄快照以保存前期工作成果。

13.3.1　项目准备

为了能顺利完成项目，需要完成以下 3 个必要工作。

1. 卸载系统网络管理软件包

CentOS 自带的"NetworkManager"网络管理软件包和 OpenStack 用到的虚拟网关服务有冲突，因此，在操作网络之前需要先将它从所有节点上卸载。

在控制节点和计算节点上均运行以下代码，将网络管理软件包卸载。

```
# yum -y remove NetworkManager
```

2. 关闭 VMware 虚拟网络的 DHCP 服务

Neutron 提供了 DHCP 服务，且其 DHCP 服务器和 VMware Workstation 提供的 DHCP 服务器处于同一个网段，两台 DHCP 服务器将使云主机获取不到 Neutron 分配的正确的 IP 地址，因此需要关闭 VMware Workstation 的 DHCP 服务。

在弹出的 VMware Workstation 的【虚拟网络编辑器】对话框中，选择【VMnet8】（NAT 模式网络）选项，取消选中【使用本地 DHCP 服务将 IP 地址分配给虚拟机】复选框，其结果如图 13-1所示。

3. 安装网桥管理工具包

在控制节点上使用以下命令，以安装 Linux 的网桥管理工具包。

```
[root@controller ~]# yum -y install bridge-utils
```

图 13-1　关闭 VMware 虚拟网络的 DHCP 服务

13.3.2　用 Dashboard 创建与管理虚拟网络与子网

第 1 步，登录 Dashboard。

在本机浏览器的地址栏中输入"http://192.168.10.20"（Dashboard 安装地址），进入图 13-2 所示的【登录】界面。

图 13-2　【登录】界面

在【域】文本框中输入"Default"，在【用户名】文本框中输入"admin"，在【密码】文本框中输入"000000"，单击【登入】按钮，进入图 13-3 所示的【概况】界面。

第 2 步，创建虚拟网络。

首先，在【概况】界面中选择【管理员】→【网络】选项，进入图 13-4 所示的【网络】界面。

图 13-3 【概况】界面

图 13-4 【网络】界面

其次，单击【创建网络】按钮，进入图 13-5 所示的【创建网络】对话框。

图 13-5 【创建网络】对话框

最后，在【名称】文本框中填写新建网络的名称；在【项目】下拉列表中选择【project】选项；在【供应商网络类型】下拉列表中选择【Flat】选项；在【物理网络】文本框中输入"provider"（和

"/etc/neutron/plugins/ml2/ml2_conf.ini"中的"flat_networks = provider"保持一致）；选中【共享的】和【外部网络】复选框。图 13-6 所示为填写结果。

图 13-6 【创建网络】对话框填写结果

第 3 步，创建子网。

首先，在图 13-6 所示的【创建网络】对话框中单击【下一步】按钮，进入图 13-7 所示的【子网】界面。

在【子网】界面中的【子网名称】文本框中输入子网的名称；在【网络地址】文本框中输入外网物理网段"192.168.20.0/24"；在【网关 IP】文本框中输入"192.168.20.2"（在 VMware Workstation 中设置的 NAT 的网关）。

其次，单击【下一步】按钮，进入图 13-8 所示的【子网详情】界面，设置 DHCP 服务和 DNS 服务器。

图 13-7 【子网】界面

图 13-8 【子网详情】界面

在图 13-8 所示的【子网详情】界面中选中【激活 DHCP】复选框；在【分配地址池】文本框中输入两个 IP 地址，表示 DHCP 服务分配的 IP 地址范围，第一个 IP 地址是起始 IP 地址，第二个

IP 地址是结束 IP 地址，二者之间以逗号隔开；在【DNS 服务器】文本框中输入中国电信的国内 DNS 服务器 IP 地址"114.114.114.114"。

最后，单击【创建】按钮，完成网络及子网的创建。

第 4 步，查看虚拟网络列表。

图 13-9 所示为现有的虚拟网络列表。

图 13-9　现有的虚拟网络列表

在网络及子网创建完成后将回到【网络】界面，且该界面中出现了网络列表。通过网络列表信息就可以了解目前网络的情况。

13.3.3　用命令模式创建与管理虚拟网络与子网

由于只能创建一个 Flat 网络，因此首先要查看现有的网络情况，如果存在网络，则可以先将其删除，再完成创建虚拟网络与子网的任务。本小节任务均在控制节点上完成。

1. 查看虚拟网络与子网

第 1 步，模拟登录。

```
[root@controller ~]# . admin-login
```

第 2 步，使用以下命令查看现有虚拟网络列表。

```
[root@controller ~]# openstack network list
+--------------------------------------+------------+--------------------------------------+
| ID                                   | Name       | Subnets                              |
+--------------------------------------+------------+--------------------------------------+
| 12c80752-ed2f-49cf-a9b9-16843010eef8 | vm-network | 0e7e2b58-e624-425a-9924-7a8719ab97c5 |
+--------------------------------------+------------+--------------------------------------+
```

第 3 步，使用以下命令查看现有子网列表。

```
[root@controller ~]# openstack subnet list
+------------+-------------+--------------------------------------+-----------------+
| ID         | Name        | Network                              | Subnet          |
+------------+-------------+--------------------------------------+-----------------+
| 0e7e2b58-* | new-subvnet | 12c80752-ed2f-49cf-a9b9-16843010eef8 | 192.168.20.0/24 |
+------------+-------------+--------------------------------------+-----------------+
```

第 4 步，使用以下命令查看现有网络接口列表。

```
[root@controller ~]# openstack port list
+--------------------------------------+------+-------------------+----------------------------------+--------+
| ID                                   | Name | MAC Address       | Fixed IP Addresses               | Status |
+--------------------------------------+------+-------------------+----------------------------------+--------+
| f8867a30-868e-4bf5-bc42-b3ee969b60c3 |      | fa:16:3e:6b:b6:21 | ip_address='*', subnet_id='*'    | ACTIVE |
+--------------------------------------+------+-------------------+----------------------------------+--------+
```

2. 删除虚拟网络

由于已经用 Dashboard 创建了一个 Flat 虚拟网络，Flat 类型的网络需要独占一块物理网卡，因此不能直接创建第二个 Flat 虚拟网络，而应先删除已存在的 Flat 虚拟网络。删除虚拟网络和子网时需要先保证其下没有端口的存在，因此需要最先删除端口。

第 1 步，删除网络端口。

通过前面查询的现有网络接口列表，可以知道现有网络端口的 ID 为 "f8867a30-868e-4bf5-bc42-b3ee969b60c3"。通过使用以下命令删除网络端口。

```
[root@controller ~]# openstack port delete  f8867a30-868e-4bf5-bc42-b3ee969b60c3
```

第 2 步，删除虚拟子网。

通过查询现有虚拟子网列表，可以知道现有虚拟子网的 ID 为 "12c80752-ed2f-49cf-a9b9-16843010eef8"。通过使用以下命令删除虚拟子网。

```
[root@controller ~]# openstack subnet delete 12c80752-ed2f-49cf-a9b9-16843010eef8
```

第 3 步，删除虚拟网络。

通过查询现有虚拟网络列表，可以知道现有虚拟网络的 ID 为 "12c80752-ed2f-49cf-a9b9-16843010eef8"。通过使用以下命令删除虚拟网络。

```
[root@controller ~]# openstack network delete 12c80752-ed2f-49cf-a9b9-16843010eef8
```

3. 创建虚拟网络及子网

第 1 步，使用以下命令创建虚拟网络。

```
[root@controller       ~]#     openstack    network    create    --share    --external
--provider-physical-network provider --provider-network-type flat vm-network
```

第 2 步，使用以下命令查看虚拟网络，以获得网络的 ID。

```
[root@controller ~]# openstack network list
+------------------------------------+------------+----------+
| ID                                 | Name       | Subnets  |
+------------------------------------+------------+----------+
| 25fa18a1-5534-4139-a547-8d1f62df2d09 | vm-network |          |
+------------------------------------+------------+----------+
```

第 3 步，创建虚拟子网。

Flat 网络需要子网和外部网络处于同一个网段，因此子网也采用了 "192.168.20.0/24" 网段。使用以下命令创建虚拟子网。

```
[root@controller  ~]#  openstack  subnet  create  --network vm-network  --allocation-pool
start=192.168.20.100,end=192.168.20.200    --dns-nameserver   114.114.114.114   --gateway
192.168.20.2 --subnet-range 192.168.20.0/24 vm-subnetwork
```

第 4 步，使用以下命令查看虚拟子网信息。

```
[root@controller ~]# openstack subnet list
+------------------------------------+----------------+----------+-------------------+
| ID                                 | Name           | Network  | Subnet            |
+------------------------------------+----------------+----------+-------------------+
| db609aea-36a2-44ab-aa4d-b485dfd2f1a1 | vm-subnetwork  | 25fa1*   | 192.168.20.0/24   |
+------------------------------------+----------------+----------+-------------------+
```

这里可以看到已经创建好的子网的信息，包括其 ID 及网段信息。

第 5 步，使用以下命令重启网络。

```
[root@controller ~]# systemctl restart network
```

4. 网桥管理

第 1 步，查看网络情况。

```
[root@controller ~]# ip a
1: lo: <LOOPBACK,UP,LOWER_UP> mtu 65536 qdisc noqueue state UNKNOWN group
default qlen 1000
```

```
        link/loopback 00:00:00:00:00:00 brd 00:00:00:00:00:00
        inet 127.0.0.1/8 scope host lo
            valid_lft forever preferred_lft forever
        inet6 ::1/128 scope host
            valid_lft forever preferred_lft forever
    2: ens33: <BROADCAST,MULTICAST,UP,LOWER_UP> mtu 1500 qdisc pfifo_fast state UP
group default qlen 1000
        link/ether 00:0c:29:2c:90:ab brd ff:ff:ff:ff:ff:ff
        inet 192.168.10.10/24 brd 192.168.10.255 scope global noprefixroute ens33
            valid_lft forever preferred_lft forever
        inet6 fe80::b135:e7f6:e08d:8be5/64 scope link noprefixroute
            valid_lft forever preferred_lft forever
    3: ens34: <BROADCAST,MULTICAST,PROMISC,UP,LOWER_UP> mtu 1500 qdisc pfifo_fast
master brq25fa18a1-55 state UP group default qlen 1000
        link/ether 00:0c:29:2c:90:b5 brd ff:ff:ff:ff:ff:ff
    7: tapf3724d62-00@if2: <BROADCAST,MULTICAST,UP,LOWER_UP> mtu 1500 qdisc
noqueue master brq25fa18a1-55 state UP group default qlen 1000
        link/ether f2:f6:e5:89:93:8b brd ff:ff:ff:ff:ff:ff link-netnsid 0
    8: brq25fa18a1-55: <BROADCAST,MULTICAST,UP,LOWER_UP> mtu 1500 qdisc noqueue
state UP group default qlen 1000
        link/ether 00:0c:29:2c:90:b5 brd ff:ff:ff:ff:ff:ff
        inet 192.168.20.10/24 brd 192.168.20.255 scope global brq25fa18a1-55
            valid_lft forever preferred_lft forever
        inet6 fe80::486a:9eff:fe48:7ab6/64 scope link
            valid_lft forever preferred_lft forever
```

OpenStack 中的网桥名是以"brq"开头的一串数值。可以看到，目前系统中已经存在名为"brq25fa18a1-55"的网桥。另外，系统中还存在一个以"tap"开头的名为"tapf3724d62-00"的云主机虚拟接口。

第 2 步，使用以下命令查看网桥情况。

```
[root@controller ~]# brctl show
bridge name          bridge id                STP enabled      interfaces
brq25fa18a1-55             8000.000c292c90b5         no                 ens34
                                                                tapf3724d62-00
```

可以看到该网桥有两个设备（interfaces）连接，其中，一个是 ens34 物理网卡，另一个是"brq25fa18a1-55"，它是与云主机连接的网络端口。网桥类似于标准的交换机，其将连接在其上的物理机和云主机关联到一起，使它们可以实现相互通信。

> **注意**
> 只有当云主机创建出来以后，计算节点上才会产生网桥。

13.4 项目小结

虚拟网络是由网络、子网、端口构成的。网络与子网是一对多的关系，即一个网络可以拥有多个子网，而一个子网只能属于一个网络。子网与端口也是一对多的关系，一个子网可以有多个端口，而一个端口只能属于一个子网。云主机是通过端口和网络相连的。在创建虚拟网络的过程中，

OpenStack 将自动创建相应网桥以将云主机挂载到网络的端口上。对 OpenStack 云计算平台的运维一般采用 Dashboard 和命令模式这两种方式。

本项目带领读者用 Dashboard 和命令模式这两种方式完成了一个 Flat 类型的虚拟网络的构建工作。由于系统只能创建一个 Flat 类型的网络，因此应先检查系统中是否已经存在 Flat 类型的网络，如果有，则删除该网络；再新建虚拟网络，包括新建网络、子网和端口；最后查看网桥情况，以确保虚拟机的虚拟端口和物理网卡均连接在该网桥上。

13.5 项目练习题

1. 选择题

（1）网桥位于 OSI 参考模型的第（　　　）层。
    A. 一　　　　　　　B. 二　　　　　　　C. 三　　　　　　　D. 四

（2）Flat 类型的网络位于 OSI 参考模型的第（　　　）层。
    A. 一　　　　　　　B. 二　　　　　　　C. 三　　　　　　　D. 四

（3）如果网络中存在（　　　），则不能直接删除。
    A. 网络　　　　　　B. 子网　　　　　　C. 端口　　　　　　D. 网桥

（4）如果要查看一个子网的详细信息，则应使用 openstack subnet 命令的（　　　）操作。
    A. create　　　　　B. delete　　　　　C. set　　　　　　D. show

2. 填空题

（1）一个网络可以有_____个子网。

（2）一个端口属于_____个子网。

（3）删除一个子网除了可以通过它的名称进行删除外，还可以通过_____实现。

（4）查看"br1"网桥信息的命令是_____。

3. 实训题

（1）创建一个网桥，并将网卡挂载上去。

（2）删除第（1）题创建的网桥。

项目14

实例类型管理

14

学习目标

【知识目标】

（1）了解实例类型的功能。

（2）理解实例类型的管理命令。

【技能目标】

（1）能够用Dashboard运维实例类型。

（2）能够用命令模式运维实例类型。

引例描述

在用OpenStack云计算平台创建云主机之前，小王突然想到，用户对云主机的需求是多种多样的，如不同的用户需要不同大小的内存、不同的硬盘和不同运算速度的云主机，如何向云计算平台定制各种满足用户不同需求的云主机呢？

14.1 项目陈述

人们组装计算机的时候，通常会根据配置清单去采购对应的硬件。同样，创建云主机的时候也会按照一个配置清单（模板）去创建，这个配置清单就是实例类型。通常，一个 OpenStack 云计算平台会先创建出很多种实例类型以满足不同用户的不同硬件配置需要。

在开始动手创建实例类型之前，小王首先将学习以下必备知识。

- 通过"实例类型的基本概念"学习什么是实例类型，了解实例类型的功能。
- 通过"实例类型管理"学习如何创建与管理实例类型，理解实例类型管理的命令。

最后，在项目实施环节，小王将在项目操作手册的指导下，通过 Dashboard 和命令模式两种方式完成实例类型的运维工作。

14.2 必备知识

14.2.1 实例类型的基本概念

云主机也被称为实例，而实例类型（Flavor）类似于云主机的虚拟硬件配置模板，该模板中定义了包括内存和硬盘大小、CPU 个数等云主机信息，OpenStack 云计算平台依据这个配置模板来批量生产云主机。OpenStack M 版及之前的云计算平台系统存在默认的实例类型，如表 14-1 所示。而从 OpenStack N 版以后就没有默认的实例类型了，需要系统管理员自行定义。

表 14-1　OpenStack M 版及之前的云计算平台系统存在的默认的实例类型

实例类型	虚拟 CPU/个	硬盘/GB	内存/MB
m1.tiny	1	1	512
m1.small	1	20	2048
m1.medium	2	40	4096
m1.large	4	80	8192

14.2.2　实例类型管理

实例类型只能由具有 Admin 权限的用户管理。通常，实例类型的管理包括创建、删除、查询等。可使用以下命令对 OpenStack 的实例类型进行管理。

openstack flavor <操作> [选项] <实例类型名>

表 14-2 和表 14-3 所示为实例类型管理命令的常用操作、常用选项及其功能说明。

表 14-2　实例类型管理命令的常用操作及其功能说明

常用操作	功能说明
create	创建新实例类型
delete	删除实例类型
list	列出已有的实例类型列表
show	显示实例类型的详细信息

表 14-3　实例类型管理命令的常用选项及其功能说明

常用选项	功能说明
--h	显示帮助信息
--id	设置实例类型的 ID，默认值为 auto，
--ram <size-mb>	设置内存大小，以 MB 为单位
--disk <size-gb>	设置硬盘大小，以 GB 为单位
--swap <size-mb>	设置交换分区大小，以 MB 为单位
--vcpus <vcpus>	虚拟 CPU 个数，默认值为 1
--public	公有的，允许实例类型被其他项目使用，此为默认值
--private	私有的，和公有的相反，该实例类型不允许被其他项目使用

下面用几个例子演示常见的实例类型管理。

例 14-1：创建一个名为"m1.tiny"的公有实例类型

```
# openstack flavor create --id auto --vcpus 1 --ram 512 --disk 1 m1.tiny
+----------------------------+--------------------------------+
| Field                      | Value                          |
+----------------------------+--------------------------------+
| OS-FLV-DISABLED:disabled   | False                          |
| OS-FLV-EXT-DATA:ephemeral  | 0                              |
| disk                       | 1                              |
```

```
| id                         | 32dc6e22-5e65-444b-be2c-14471605e576 |
| name                       | m1.tiny                              |
| os-flavor-access:is_public | True                                 |
| properties                 |                                      |
| ram                        | 512                                  |
| rxtx_factor                | 1.0                                  |
| swap                       |                                      |
| vcpus                      | 1                                    |
+----------------------------+--------------------------------------+
```

以上代码创建了一个有 1 个 CPU、512MB 内存、1GB 硬盘的实例类型。由于"--public"是默认的选项，因此这里创建的是一个可以多项目共享的实例类型。

例 14-2：查看已存在的实例类型列表

```
# openstack flavor list
+-------------+----------+------+------+-----------+--------+-----------+
| ID          | Name     | RAM  | Disk | Ephemeral | VCPUs  | Is Public |
+-------------+----------+------+------+-----------+--------+-----------+
| 32dc6e22*   | m1.tiny  | 512  | 1    |     0     |   1    | True      |
+-------------+----------+------+------+-----------+--------+-----------+
```

例 14-3：删除"m1.tiny"实例类型

```
# openstack flavor delete m1.tiny
```

删除实例类型时，既可以通过实例类型名进行删除，又可以通过实例类型的 ID 进行删除。

14.3 项目实施

本项目将利用已经搭建好的 OpenStack 云计算平台来创建实例类型，将使用到控制节点。为了避免在接下来的工作中由于操作不当造成需要重装系统的情况出现，在开始本项目前请对控制节点服务器拍摄快照以保存前期工作成果。

14.3.1 用 Dashboard 创建与管理实例类型

1. 创建实例类型

第 1 步，进入【实例类型】界面。登录 Dashboard 后在主界面左侧导航栏中选择【管理员】（即运维人员）→【计算】→【实例类型】选项，进入图 14-1 所示的【实例类型】界面。

图 14-1 【实例类型】界面

第 2 步，设置实例类型信息。单击【创建实例类型】按钮，弹出图 14-2 所示的【创建实例类型】对话框。在其中可以设置实例类型中的 CPU、内存、硬盘等信息。

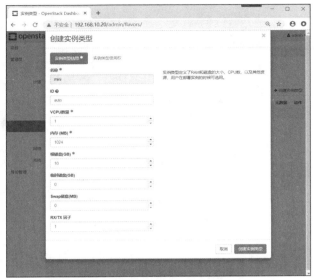

图 14-2 【创建实例类型】对话框

可以按图 14-2 所示设定实例类型的 CPU、内存、磁盘等信息，也可以根据自己的硬件配置来进行设定。如当计算节点的内存为 4GB 时，这里实例类型的内存不要设置得超过 1GB，否则可能会由于所剩内存太少，而导致 OpenStack 云计算平台无法正常运行。

第 3 步，完成实例类型创建。单击图 14-2 所示对话框中的【创建实例类型】按钮，完成实例类型的创建任务。创建成功后将自动回到【实例类型】界面，在其中可以看到新建的实例类型列表，如图 14-3 所示。

图 14-3 实例类型列表

在实际工作中，可以由系统管理员预先创建多种实例类型来满足用户创建不同云主机的需要。

2. 删除实例类型

第 1 步，选择要删除的实例类型。进入【实例类型】界面，选中要删除的实例类型，如图 14-4 所示。

第 2 步，删除实例类型。单击【删除实例类型】按钮，弹出图 14-5 所示的【确认删除实例类型】对话框。

图 14-4　选中要删除的实例类型

图 14-5　【确认删除实例类型】对话框

在【确认删除实例类型】对话框中单击【删除实例类型】按钮进行删除确认。

14.3.2　用命令模式创建与管理实例类型

1. 用命令模式查看实例类型

第 1 步，导入环境变量模拟登录。

当操作 OpenStack 组件的时候出现"Missing value auth-url required for auth plugin password"等提示信息时，表示还没有登录，此时需要引入环境变量使 Keystone 认证以实现登录。使用"source"或者"."都可以执行环境变量导入操作，代码如下所示。

```
[root@controller ~]# source admin-login
```

第 2 步，查看现存的实例类型列表。

```
[root@controller ~]# openstack flavor list
+--------------------------------------+------+------+------+-----------+-------+-----------+
| ID                                   | Name | RAM  | Disk | Ephemeral | VCPUs | Is Public |
+--------------------------------------+------+------+------+-----------+-------+-----------+
| ed6a5692-61ea-40ec-acee-e49bc4bad0a4 | mini | 1024 | 10   |         0 |     1 | True      |
+--------------------------------------+------+------+------+-----------+-------+-----------+
```

2. 用命令模式删除实例类型

当查询的实例类型列表中有数据时，可将该实例类型删除。例如，在上面的实例类型列表中，存在一个名为"mini"的实例类型，它的 ID 是"ed6a5692-61ea-40ec-acee-e49bc4bad0a4"。复制这个 ID，并使用以下命令将该实例类型删除。

```
[root@controller ~]# openstack flavor delete ed6a5692-61ea-40ec-acee-e49bc4bad0a4
```

3. 用命令模式创建实例类型

使用以下命令创建一个实例类型。

```
[root@controller ~]# openstack flavor create --id auto --vcpus 1 --ram 1024 --disk 10 myflavor
+----------------------------+--------------------------------------+
| Field                      | Value                                |
+----------------------------+--------------------------------------+
| OS-FLV-DISABLED:disabled   | False                                |
| OS-FLV-EXT-DATA:ephemeral  | 0                                    |
| disk                       | 10                                   |
| id                         | 46644376-0b62-4b7e-9193-9013142f614a |
| name                       | myflavor                             |
| os-flavor-access:is_public | True                                 |
| properties                 |                                      |
| ram                        | 1024                                 |
| rxtx_factor                | 1.0                                  |
| swap                       |                                      |
| vcpus                      | 1                                    |
+----------------------------+--------------------------------------+
```

4. 用命令模式查看实例类型详情

第 1 步，查看实例类型列表。

```
[root@controller ~]# openstack flavor list
+------------+----------+------+------+-----------+-------+-----------+
| ID         | Name     | RAM  | Disk | Ephemeral | VCPUs | Is Public |
+------------+----------+------+------+-----------+-------+-----------+
| 46644376*  | myflavor | 1024 | 10   |         0 |     1 | True      |
+------------+----------+------+------+-----------+-------+-----------+
```

第 2 步，查看实例类型详情信息。

```
[root@controller ~]# openstack flavor show myflavor
+----------------------------+--------------------------------------+
| Field                      | Value                                |
+----------------------------+--------------------------------------+
```

```
| OS-FLV-DISABLED:disabled      | False                                |
| OS-FLV-EXT-DATA:ephemeral     | 0                                    |
| access_project_ids            | None                                 |
| disk                          | 10                                   |
| id                            | 46644376-0b62-4b7e-9193-9013142f614a |
| name                          | myflavor                             |
| os-flavor-access:is_public    | True                                 |
| properties                    |                                      |
| ram                           | 1024                                 |
| rxtx_factor                   | 1.0                                  |
| swap                          |                                      |
| vcpus                         | 1                                    |
+-------------------------------+--------------------------------------+
```

14.4 项目小结

实例类型是一种生成云主机时使用的硬件配置模板，Nova 将根据它来创建相同配置的云主机。实例类型只能由管理员进行管理。通常，对实例类型的管理包括创建、查询、删除等。实例类型可以通过 Dashboard 的图形化界面或者命令模式进行管理。

本项目带领读者用 Dashboard 和命令模式两种方式完成了实例类型的基础运维工作，包括实例类型的列表查询、实例类型的创建与删除等。

14.5 项目练习题

1. 选择题

（1）OpenStack（　　　）版及以前的云计算平台系统存在默认的实例类型。

    A. F   B. H   C. M   D. Q

（2）以下（　　　）是 openstack flavor 命令的删除操作。

    A. list   B. show   C. delete   D. set

（3）以下（　　　）是 openstack flavor 命令的创建操作。

    A. create   B. show   C. delete   D. set

（4）以下（　　　）是 openstack flavor 命令的查询列表操作。

    A. list   B. show   C. delete   D. set

2. 填空题

（1）实例类型只能被＿＿＿＿＿＿＿＿用户管理。

（2）创建实例类型时的内存默认单位为＿＿＿＿＿＿。

（3）删除一个实例类型时，除了可以通过它的名称进行删除外，还可以通过＿＿＿＿＿＿＿＿实现。

3. 实训题

创建一个内存为 500MB、硬盘为 20GB、两个 CPU 的实例类型。

项目15

云主机管理

15

学习目标

【知识目标】

（1）了解云主机与快照创建命令。

（2）了解云主机与快照管理命令。

（3）了解云主机管理工具。

【技能目标】

（1）能够用Dashboard创建与管理云主机。

（2）能够用命令模式创建与管理云主机。

（3）能够用Dashboard创建与管理快照。

（4）能够用命令模式创建与管理快照。

引例描述

终于，创建云主机所需要的网络和实例类型都已经创建好了，可以用OpenStack云计算平台来创建云主机了。小王非常急切地想立刻拥有自己的云主机。此时，他又有了新的思考，云主机存在于网络之上，它是看不见、摸不着的，该如何使用它呢？OpenStack云计算平台创建的云主机是否能像普通计算机一样使用呢？其开、关机怎么实现？系统出了问题以后如何快速恢复系统？

15.1 项目陈述

本项目将使用 OpenStack 云计算平台创建云主机。创建云主机有两种方式，通过 Dashboard 提供的图形化界面或者通过命令模式。同样的，管理云主机也可以通过这两种方式进行。这两种方式也是运维人员必须掌握的。另外，OpenStack 云计算平台提供了快照功能，可以保存云主机某个时刻的状态，可以利用它来快速创建新的云主机或者重建原来的云主机，该功能需要运维人员熟练使用。

在开始动手创建云主机和管理云主机之前，小王首先将学习以下必备知识。

- 通过"云主机与快照管理"学习云主机和快照的各种管理命令。
- 通过"云主机控制台"学习两种连接云主机的工具。

最后，在项目实施环节，小王将在项目操作手册的指导下，通过 Dashboard 和命令模式两种方式完成云主机及快照的创建与运维工作。

15.2 必备知识

15.2.1 云主机与快照管理

1. 云主机管理

云主机管理是 OpenStack 云计算平台的核心功能，通常，云主机的管理包括创建、删除、查询等。可使用以下命令对 OpenStack 的云主机进行管理。

openstack server <操作> <云主机名> [选项]

表 15-1 和表 15-2 所示为云主机管理命令的常用操作、常用选项及其功能说明。

表 15-1 云主机管理命令的常用操作及其功能说明

常用操作	功能说明
create	创建云主机
delete	删除云主机
list	列出已有的云主机列表
start	开启云主机
stop	关闭云主机
lock	锁住云主机
unlock	解锁云主机
pause	暂停云主机，将当前状态保存到内存中
unpause	取消暂停云主机
reboot	重启云主机
rebuild	重建云主机
rescue	修复云主机
unrescue	取消修复云主机
resize	调整云主机规格
restore	还原云主机
suspend	挂起云主机，将当前状态保存到磁盘中
resume	取消挂起云主机
show	查看云主机的详细信息

表 15-2 云主机管理命令的常用选项及其功能说明

常用选项	功能说明
--h	显示帮助信息
--image <image>	创建云主机时用到的镜像
--flavor <flavor>	创建云主机时用到的实例类型
--volume <volume>	创建云主机时用到的卷
--snapshot <snapshot>	创建云主机时用到的快照
--security-group <security-group>	创建云主机时用到的安全组
--host <host>	指定某台服务器创建云主机

续表

常用选项	功能说明
--network \<network\>	云主机连接的网络
--port \<port\>	云主机连接的端口
--nic \<net-id=net-uuid,v4-fixed-ip=ip-addr, v6-fixed-ip=ip-addr,port-id=port-uuid,auto,none\>	该选项用于设置云主机的网络属性："net-id"为云主机连接的网络；"v4-fixed-ip""v6-fixed-ip"为绑定的 IP 地址；"port-id"为云主机连接的端口；"auto"为自动连接网络；"none"为不连接网络
--key-name \<key-name\>	将密钥对注入云主机

下面用几个例子演示常见的云主机管理。

例 15-1：用"cirros"镜像和"myflavor"实例类型创建一台名为"VM_host"的云主机

```
# openstack server create VM_host --image cirros --flavor myflavor --network vm-network
+-------------------------------------+------------------------------------------------+
| Field                               | Value                                          |
+-------------------------------------+------------------------------------------------+
| OS-DCF:diskConfig                   | MANUAL                                         |
| OS-EXT-AZ:availability_zone         |                                                |
| OS-EXT-SRV-ATTR:host                | None                                           |
| OS-EXT-SRV-ATTR:hypervisor_hostname | None                                           |
| OS-EXT-SRV-ATTR:instance_name       |                                                |
| OS-EXT-STS:power_state              | NOSTATE                                        |
| OS-EXT-STS:task_state               | scheduling                                     |
| OS-EXT-STS:vm_state                 | building                                       |
| OS-SRV-USG:launched_at              | None                                           |
| OS-SRV-USG:terminated_at            | None                                           |
| accessIPv4                          |                                                |
| accessIPv6                          |                                                |
| addresses                           |                                                |
| adminPass                           | 7yR3PKYsMsdX                                   |
| config_drive                        |                                                |
| created                             | 2021-10-25T08:29:41Z                           |
| flavor                              | myflavor (73f916c6-44fd-4d19-bcd2-9af84e635f1e)|
| hostId                              |                                                |
| id                                  | 2eaf6fc3-a4b7-44e7-b78e-21ce8e9cf62a           |
| image                               | cirros (d241c18a-eab8-4f24-96d5-c9f3be1893df)  |
| key_name                            | None                                           |
| name                                | VM_host                                        |
| progress                            | 0                                              |
| project_id                          | f5f18853bc874923be6b2eafaddab8f9               |
| properties                          |                                                |
| security_groups                     | name='default'                                 |
| status                              | BUILD                                          |
| updated                             | 2021-10-25T08:29:41Z                           |
| user_id                             | 98cb829d750a46ecbb581eceb9d86abf               |
| volumes_attached                    |                                                |
+-------------------------------------+------------------------------------------------+
```

例 15-2：查看已存在的云主机列表

```
# openstack server list
+-----------+---------+---------+---------------------------+---------+----------+
| ID        | Name    | Status  | Networks                  | Image   | Flavor   |
+-----------+---------+---------+---------------------------+---------+----------+
| 2eaf6fc3* | VM_host | ACTIVE  | vm-network=192.168.20.117 | cirros  | myflavor |
+-----------+---------+---------+---------------------------+---------+----------+
```

例 15-3：重启云主机

在 OpenStack 云计算平台中重启云主机有两种方式，分别被称为"软重启"和"硬重启"。所谓的软重启会尝试正常关机并重启云主机，硬重启会直接将云主机"断电"并重启。

软重启云主机命令如下所示，可以通过云主机名或者云主机 ID 进行操作。

```
# openstack server reboot VM_host
```

硬重启云主机命令如下所示，可以通过云主机名或者云主机 ID 进行操作。

```
# openstack server reboot VM_host --hard
```

其中，"--hard"选项代表采用硬重启方式。

例 15-4：暂停与挂起云主机

暂停是将云主机当前状态存入内存，并停用云主机。暂停后可以取消暂停，将云主机恢复到暂停前的状态并启用。挂起是将云主机当前状态存放到磁盘中，并停用云主机。挂起后可以取消挂起，将云主机恢复到挂起前的状态并启用。

暂停云主机命令如下所示，可以通过云主机名或者云主机 ID 进行操作。

```
# openstack server pause VM_host
```

取消暂停云主机命令如下所示，可以通过云主机名或者云主机 ID 进行操作。

```
# openstack server unpause VM_host
```

挂起云主机命令如下所示，可以通过云主机名或者云主机 ID 进行操作。

```
# openstack server suspend VM_host
```

取消挂起云主机命令如下所示，可以通过云主机名或者云主机 ID 进行操作。

```
# openstack server resume VM_host
```

例 15-5：关闭与开启云主机

关闭云主机命令如下所示，可以通过云主机名或者云主机 ID 进行操作。

```
# openstack server stop VM_host
```

开启云主机命令如下所示，可以通过云主机名或者云主机 ID 进行操作。

```
# openstack server start VM_host
```

例 15-6：重建云主机

如果已存在的云主机出现了故障，则可以通过重建操作还原云主机。重建云主机命令如下所示，可以通过云主机名或者云主机 ID 进行操作。

```
# openstack server rebuild VM_host --image cirros
```

例 15-7：删除云主机

删除云主机命令如下所示，可以通过云主机名或者云主机 ID 进行操作。

```
# openstack server delete VM_host
```

2. 快照管理

通过对云主机进行拍摄快照操作可以获得一个镜像，而这个镜像可以用来还原云主机或者创建新的云主机。使用以下命令对 OpenStack 云主机进行快照拍摄操作。

```
openstack server image create <快照名> [选项]
```

下面用例子演示如何拍摄快照。

例 15-8：为云主机"VM_host"拍摄快照，生成"vmSnapshot"镜像

```
# openstack server image create VM_host --name vmSnapshot
```

生成的镜像可以通过 Glance 进行管理。使用以下命令查看镜像列表，可以看到刚创建的镜像。

```
# openstack image list
+-------------------------------------------+-------------+----------+
| ID                                        | Name        | Status   |
+-------------------------------------------+-------------+----------+
| d241c18a-eab8-4f24-96d5-c9f3be1893df      | cirros      | active   |
| ca3bdabb-f950-4278-ba4b-d84636360145      | vmSnapshot  | active   |
+-------------------------------------------+-------------+----------+
```

15.2.2 云主机控制台

有了云主机以后如何使用它们呢？特别是当云主机还没有配置好网络，外网无法访问它们的时候，如何进入云主机完成网络配置或故障调试等操作呢？这里介绍两种 OpenStack 自带的云主机控制台工具的使用方法。

1. Dashboard 的云主机控制台

云主机控制台是 Dashboard 提供的一个连接到云主机的工具，它实际调用的是在 Nova 中配置的 VNC 服务。下面演示如何进入控制台并登录云主机。

第 1 步，登录 Dashboard 后，进入【实例】界面。登录后在主界面左侧导航栏中选择【项目】→【计算】→【实例】选项，进入图 15-1 所示的【实例】界面，这里的实例也就是云主机。

图 15-1 【实例】界面

第 2 步，选择要登录的实例，进入【实例概况】界面。单击要管理的云主机的【实例名称】，进入图 15-2 所示的【实例概况】界面。

图 15-2 【实例概况】界面

第 3 步，进入控制台。首先，在【实例概况】界面中选择【控制台】选项卡，进入图 15-3 所示的【实例控制台】界面。

其次，单击【点击此处只显示控制台】超链接，使控制台在浏览器中全屏显示，如图 15-4 所示。

图 15-3 【实例控制台】界面

图 15-4 全屏显示实例控制台

第 4 步，登录云主机。

云主机启动完成后，用 CirrOS 用户"cirros"及其密码"gocubsgo"登录系统。登录云主机成功后的【实例控制台】如图 15-5 所示。

图 15-5 登录云主机成功的【实例控制台】

当登录成功出现"$"后，即可对该云主机执行时使用本地机一样的操作。

2. virsh 云主机管理工具

virsh 是由 Libvirt 软件包提供的管理工具，它提供了对云主机的一系列管理功能，如对云主机的启动、删除、控制、监控等。virsh 的功能强大，管理命令也比较复杂，以下仅以两个例子阐述如何用 virsh 连接到某个虚拟机并操作它。Libvirt 软件包在计算节点上已经安装，virsh 的管理命令从计算节点发起。

例 15-9：查看已经启动的云主机列表

```
[root@compute ~]# virsh list
Id    Name                              State
--------------------------------------------------------
 1     instance-00000001                running
```

从结果中可以看到，有一台名为"instance-00000001"的云主机处于运行（running）状态，这台云主机的 ID 为"1"，此后可以通过该 ID 连接该云主机。

例 15-10：用 virsh 连接 ID 为"1"的云主机

```
[root@compute ~]# virsh console 1
Connected to domain instance-00000001
Escape character is ^]
```

按【Enter】键以后等待登录。

```
login as 'cirros' user. default password: 'gocubsgo'. use 'sudo' for root.
vm-host login:
```

用 CirrOS 用户"cirros"及其密码"gocubsgo"登录系统，登录成功后会显示"$"，在其后即可输入相应的系统管理命令。

```
login as 'cirros' user. default password: 'gocubsgo'. use 'sudo' for root.
vm-host login: cirros
Password:
$
```

退出控制台时按【Ctrl+]】组合键即可。

15.3 项目实施

本项目将利用已经搭建好的 OpenStack 云计算平台来创建云主机并进行简单运维，将使用控制节点与计算节点。为了避免在接下来的工作中由于操作不当造成需要重装系统的情况出现，在开始本项目前请对控制节点与计算节点服务器拍摄快照以保存前期工作成果。

15.3.1 用 Dashboard 创建与管理云主机

1. 用 Dashboard 创建云主机

第 1 步，进入【实例】界面。登录 Dashboard 后，在主界面左侧导航栏中选择【项目】→【计算】→【实例】选项，进入图 15-6 所示的【实例】界面。

图 15-6 【实例】界面

第 2 步，填写实例详情。单击【创建实例】按钮，弹出【创建实例】对话框，显示图 15-7 所示的【详情】选项卡。

图 15-7 【详情】选项卡

图 15-7 中的【实例名称】文本框可以根据需要自由填写；【描述】文本框可以选填；如果填写的实例【数量】大于 1，则会一次性建立多台云主机，但如果内存不够，此值不宜设置得太大。

第 3 步，设置卷和镜像源。单击【下一步】按钮，进入图 15-8 所示的【源】选项卡，进行镜像源和卷设置。

图 15-8 【源】选项卡

在【选择源】下拉列表中保持选择"Image"选项；如果【创建新卷】选择为【是】的话，则会被要求定义卷信息，在【卷大小（GB）】文本框中设置一个合适的卷大小（要小于可用的卷组），并在【删除实例时删除卷】处选择【是】选项；在【可用配额】选项组中能看到已经创建好的镜像，如这里的"cirros"镜像，单击【↑】按钮将它由【可用配额】选项组移动到【已分配】选项组。

第 4 步，选择实例类型。单击【下一步】按钮，进入图 15-9 所示的【实例类型】选项卡，进行实例类型选择。

在【可用配额】选项组中可以看到已创建好的实例类型列表，选择其中一个实例类型将它由【可用配额】选项组移动到【已分配】选项组。

第 5 步，选择网络。单击【下一步】按钮，进入图 15-10 所示的【网络】选项卡，进行网络选择。

图 15-9 【实例类型】选项卡

图 15-10 【网络】选项卡

在【可用配额】选项组中可以看到已创建好的网络列表，选择其中一个网络将它由【可用配额】选项组移动到【已分配】选项组，如果只有一个网络，则系统将自动分配该网络。

第 6 步，创建云主机（实例）。单击【创建实例】按钮，开始创建实例，将进入图 15-11 所示的实例孵化界面。

图 15-11 实例孵化界面

经过短暂的孵化过程后，实例创建成功，如图 15-12 所示。

如果一直处于图 15-11 所示的孵化状态，则说明创建失败，请检查 Nova 和 Neutron 相关日志文件。

图 15-12　实例创建成功

2. 用 Dashboard 管理云主机

登录 Dashboard 后，在主界面左侧导航栏中选择【项目】→【计算】→【实例】选项，进入【实例】界面。在【实例】界面的【动作】下拉列表中选择相应的动作，如图 15-13 所示。

图 15-13　【动作】下拉列表

下面选择几个云主机的常见动作进行演示。

（1）重启云主机

重启云主机包括"软重启"和"硬重启"两种，其中软重启与硬重启的区别在于软重启不用先关闭电源再重启，而硬重启是模拟关闭电源后重启。在云主机开机的情况下可以选择【软重启实例】或【硬重启实例】选项。选择【硬重启实例】选项后将弹出图 15-14 所示的【确认硬重启实例】对话框，选择【软重启实例】选项后将弹出图 15-15 所示的【确认软重启实例】对话框。

图 15-14　【确认硬重启实例】对话框

图 15-15　【确认软重启实例】对话框

确认操作以后开始重启云主机，将在云主机列表中看到图 15-16 所示信息，如该云主机的【状态】为"重启"，【任务】为"已开始重启"。当【任务】显示为"无"、【状态】转换为"运行"时，表示重启完成。

图 15-16　开始重启云主机

（2）暂停云主机

选择【暂停实例】选项后，云主机的【状态】为"暂停"，如图 15-17 所示。

图 15-17　云主机暂停状态

选择【挂起实例】选项后，云主机的【状态】为"挂起"，如图 15-18 所示。

图 15-18　云主机挂起状态

当云主机为"暂停"或者"挂起"状态时，可以选择【恢复实例】选项，如图 15-19 所示。

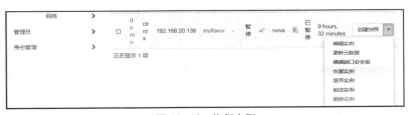

图 15-19　恢复实例

（3）关闭云主机

当云主机为"关闭"状态时，可以选择【关闭实例】选项，将弹出图 15-20 所示的【确认关闭实例】对话框。

图 15-20　【确认关闭实例】对话框

单击【关闭实例】按钮后，稍等片刻，当云主机的【任务】显示为"无"、【状态】转换为"关机"时，如图 15-21 所示，表示云主机关机操作完成。

图 15-21　云主机关机状态

（4）删除云主机

第 1 步，选择要删除的云主机。登录 Dashboard 后，在主界面左侧导航栏中选择【项目】→【计算】→【实例】选项，进入【实例】界面，在要删除的云主机列表左边选中其复选框，如图 15-22 所示。

图 15-22　选择要删除的云主机

第 2 步，删除源主机。单击【删除实例】按钮，弹出图 15-23 所示的【确认删除实例】对话框。

图 15-23　【确认删除实例】对话框

在【确认删除实例】对话框中单击【删除实例】按钮，完成删除实例操作。

15.3.2　用命令模式创建与管理云主机

V15-1　创建
云主机

本小节任务均在控制节点上完成。

1. 用命令模式创建云主机

第 1 步，导入环境变量模拟登录。

使用 "source" 或者 "." 都可以执行环境变量导入操作，代码如下所示。

```
[root@controller ~]# source admin-login
```

第 2 步，查看网络列表，获得网络信息。

```
[root@controller ~]# openstack network list
+--------------------------------------+------------+--------------------------------------+
| ID                                   | Name       | Subnets                              |
+--------------------------------------+------------+--------------------------------------+
| de5172d3-79eb-40ac-9d79-9ec7404a9e19 | vm-network | 3a09ea50-1581-4fd7-99d2-f857a0ce9559 |
+--------------------------------------+------------+--------------------------------------+
```

记住这个网络的 ID，如这里的 ID 是 "de5172d3-79eb-40ac-9d79-9ec7404a9e19"。

第 3 步，查看实例类型列表，获得实例类型信息。

```
[root@controller ~]# openstack flavor list
+--------------+----------+------+------+-----------+-------+-----------+
| ID           | Name     | RAM  | Disk | Ephemeral | VCPUs | Is Public |
```

```
+------------+----------+--------+--------+---------+--------+--------+
| 73f916c6-..| myflavor | 1024   | 10     |       0 |      1 | True   |
+------------+----------+--------+--------+---------+--------+--------+
```

第 4 步，查看镜像列表，获得镜像信息。

```
[root@controller ~]# openstack image list
+--------------------------------------+------------+--------+
| ID                                   | Name       | Status |
+--------------------------------------+------------+--------+
| d241c18a-eab8-4f24-96d5-c9f3be1893df | cirros     | active |
| ca3bdabb-f950-4278-ba4b-d84636360145 | vmSnapshot | active |
+--------------------------------------+------------+--------+
```

第 5 步，创建实例。

利用前面 4 步获得的网络、实例类型、镜像的信息，创建名为"VM_host"的云主机。

```
[root@controller ~]# openstack server create VM_host --image cirros --flavor myflavor --nic
net-id=de5172d3-79eb-40ac-9d79-9ec7404a9e19
```

第 6 步，查看现有实例列表。

```
[root@controller ~]# openstack server list
+------------+----------+---------+--------------------------+--------+----------+
| ID         | Name     | Status  | Networks                 | Image  | Flavor   |
+------------+----------+---------+--------------------------+--------+----------+
| 01c9c15a.. | VM_host  | ACTIVE  | vm-network=192.168.20.176| cirros | myflavor |
+------------+----------+---------+--------------------------+--------+----------+
```

2. 用命令模式管理云主机

通过实例名（如果不存在重复的实例名）或者实例 ID（ID 必然是唯一的）可以在控制节点上操作云主机。

（1）重启云主机

使用以下命令软重启主机名为"VM_host"的云主机。

```
[root@controller ~]# openstack server reboot VM_host
```

使用以下命令硬重启主机名为"VM_host"的云主机。

```
[root@controller ~]# openstack server reboot VM_host --hard
```

（2）暂停和挂起云主机

使用以下命令暂停主机名为"VM_host"的云主机。

```
[root@controller ~]# openstack server pause VM_host
```

使用以下命令取消暂停主机名为"VM_host"的云主机。

```
[root@controller ~]# openstack server unpause VM_host
```

使用以下命令挂起主机名为"VM_host"的云主机。

```
[root@controller ~]# openstack server suspend VM_host
```

使用以下命令取消挂起主机名为"VM_host"的云主机。

```
[root@controller ~]# openstack server resume VM_host
```

（3）停止和开启云主机

使用以下命令停止主机名为"VM_host"的云主机。

```
[root@controller ~]# openstack server stop VM_host
```

使用以下命令开启主机名为"VM_host"的云主机。

```
[root@controller ~]# openstack server start VM_host
```

（4）删除云主机

使用以下命令删除主机名为"VM_host"的云主机。

[root@controller ~]# openstack server delete VM_host

15.3.3 用Dashboard创建与管理快照

快照实际上是为云主机做镜像备份的，因此需要先有云主机，再对其拍摄快照。

1. 用Dashboard创建快照

第1步，进入【实例】界面。登录Dashboard后，在主界面左侧导航栏中选择【项目】→【计算】→【实例】选项，可以看到在图15-24所示的【实例】界面中已经存在一台云主机。

图15-24 【实例】界面

第2步，选择要拍摄快照的云主机，并创建快照。针对要拍摄快照的云主机，在图15-24所示的界面中单击【创建快照】按钮，弹出图15-25所示的【创建快照】对话框。

图15-25 【创建快照】对话框

在【创建快照】对话框的【快照名称】文本框中填写快照名称，单击【创建快照】按钮，进行快照创建。此时，该镜像的【状态】为"已排队"，【类型】为"快照"，如图15-26所示。当其【状态】转换为"运行中"时，快照创建完成。

图15-26 镜像状态信息

2. 用Dashboard管理快照

（1）用快照重建云主机

重建云主机即把云主机还原到快照拍摄时的状态。

第1步，进入【实例】界面。登录Dashboard后，在主界面左侧导航栏中选择【项目】→【计算】→【实例】选项，进入【实例】界面。

第2步，选择要重建的云主机。在【实例】界面中选择要重建的云主机，在【动作】下拉列表中选择【重建实例】选项，弹出图15-27所示的【重建实例】对话框。

图 15-27 【重建实例】对话框

第 3 步，选择镜像并重建云主机。在【重建实例】对话框的【选择镜像】下拉列表中选择在上一个任务中制作的快照，单击【重建实例】按钮。此时，云主机的【状态】为"重建"，【任务】为"正在重建"，如图 15-28 所示。当【状态】转换为"运行中"时，云主机重建完成。

图 15-28 云主机正在重建

（2）用 Dashboard 删除快照（镜像）

第 1 步，进入【Images】界面。登录 Dashboard 后，在主界面左侧导航栏中选择【项目】→【计算】→【镜像】选项，进入图 15-29 所示的【Images】界面。

图 15-29 【Images】界面

第 2 步，选择镜像并删除。选择要删除的镜像或者快照（选中相关镜像或快照的复选框），单击【Images】界面中的【删除镜像】按钮，弹出图 15-30 所示的【确认删除镜像】对话框。

图 15-30 【确认删除镜像】对话框

在【确认删除镜像】对话框中单击【删除镜像】按钮，完成删除操作。

15.3.4　用命令模式创建与管理快照

1. 用命令模式创建快照

为云主机创建一个名为"kz-demo"的快照。

第 1 步，查看云主机列表。

```
[root@controller ~]# openstack server list
+------------+-----------+---------+----------------------------+---------+----------+
| ID         | Name      | Status  | Networks                   | Image   | Flavor   |
+------------+-----------+---------+----------------------------+---------+----------+
| 01c9c15a.. | VM_host   | ACTIVE  | vm-network=192.168.20.176  | cirros  | myflavor |
+------------+-----------+---------+----------------------------+---------+----------+
```

第 2 步，为已有的名为"VM_host"的云主机拍摄快照。

```
[root@controller ~]# openstack server image create VM_host --name kz-demo
```

第 3 步，查看快照（镜像）列表。

```
[root@controller ~]# openstack image list
+--------------------------------------+------------+--------+
| ID                                   | Name       | Status |
+--------------------------------------+------------+--------+
| d241c18a-eab8-4f24-96d5-c9f3be1893df | cirros     | active |
| 990103a5-3b34-4e19-97d7-e5b722ab96dc | kz-demo    | active |
| ca3bdabb-f950-4278-ba4b-d84636360145 | vmSnapshot | active |
+--------------------------------------+------------+--------+
```

从结果中可以看到"kz-demo"快照已存在并处于可用（active）状态。

2. 用命令模式管理快照

（1）重建云主机

用名为"kz-demo"的快照重建名为"VM_host"的云主机实例。

```
[root@controller ~]# openstack server rebuild VM_host --image kz-demo
+-------------------+--------------------------------------------------------+
| Field             | Value                                                  |
+-------------------+--------------------------------------------------------+
| OS-DCF:diskConfig | MANUAL                                                 |
| accessIPv4        |                                                        |
| accessIPv6        |                                                        |
| addresses         | vm-network=192.168.20.176                              |
| adminPass         | gErU5CSACDCn                                           |
| created           | 2021-10-29T05:41:31Z                                   |
| flavor            | myflavor (73f916c6-44fd-4d19-bcd2-9af84e635f1e)        |
| hostId            | 2c63436bbaa662cc3147d612420b3b2ede041a1ff05b2dfdab5a66bf |
| id                | 01c9c15a-2735-41e3-8d9a-8eb82fd42f77                   |
| image             | kz-demo (990103a5-3b34-4e19-97d7-e5b722ab96dc)         |
| name              | VM_host                                                |
| progress          | 0                                                      |
| project_id        | f5f18853bc874923be6b2eafaddab8f9                       |
| properties        |                                                        |
| status            | REBUILD                                                |
| updated           | 2021-10-29T08:00:36Z                                   |
| user_id           | 98cb829d750a46ecbb581eceb9d86abf                       |
+-------------------+--------------------------------------------------------+
```

V15-2　复制
云主机

（2）删除快照或镜像

使用以下方法删除名为"kz-demo"的快照。

```
[root@controller ~]# openstack image delete kz-demo
```

15.4 项目小结

云主机是 OpenStack 云计算平台的主要服务产品，它可以通过 Dashboard 和命令模式进行创建与管理，可以通过 Dashboard 的控制台或者 VNC 客户端（如 virsh 等工具）进入云主机。而快照是云计算平台提供的一个非常便利的功能，用于为云主机生成镜像，该镜像可以用于生成新的云主机或者将原有云主机还原到拍摄快照时的状态。

本项目带领读者用 Dashboard 和命令模式两种方式完成了云主机、快照的创建和基础运维工作，包括开、关云主机，云主机和镜像列表查询，云主机重建与删除等。

15.5 项目练习题

1. 选择题

（1）openstack server 命令用以下（　　）操作命令启动云主机。

    A. create   B. delete   C. list   D. start

（2）openstack server 命令用以下（　　）操作命令创建云主机。

    A. create   B. delete   C. list   D. start

（3）openstack server 命令用以下（　　）操作命令删除云主机。

    A. create   B. delete   C. list   D. start

（4）openstack server 命令用以下（　　）操作命令查看云主机列表。

    A. create   B. rebuild   C. list   D. start

2. 填空题

（1）查看镜像列表的命令是＿＿＿＿＿＿＿＿＿＿＿。

（2）virsh list 命令能看到＿＿＿＿＿＿的云主机。

（3）如果云主机出现故障无法启动，则可以利用快照进行＿＿＿＿＿＿。

3. 实训题

创建一台名为"myserver"的云主机，并拍摄快照。

项目16
用云镜像部署云主机

16

学习目标

【知识目标】

（1）了解密钥对的功能。

（2）了解密钥对的管理命令。

（3）了解cloud-init云主机初始化工具。

【技能目标】

（1）能够对密钥对进行管理。

（2）能够编写简单的cloud-init脚本。

（3）能够管理安全组。

（4）能够部署采用密钥对登录的CentOS云主机。

（5）能够部署采用用户名和密码登录的CentOS云主机。

引例描述

小王看着自己创建的CirrOS云主机，觉得它的操作系统功能还是太简单了，一般只用于学习而不用于生产。那么能不能在云计算平台上部署CentOS云主机呢？CentOS官网上提供的操作系统云镜像如何使用呢？

16.1 项目陈述

本项目将使用 OpenStack 云计算平台部署更适合生产环境的 CentOS 云主机。小王通过调研了解到，大多数 Linux 操作系统包括 CentOS 都为云计算平台提供了操作系统云镜像，以便用户跳过安装操作系统的步骤来快速部署云主机。但是官方提供的镜像通常默认只支持密钥对登录，不支持用户名和密码登录，因此需要学会使用密钥对登录系统。另外，CentOS 内置了 cloud-init 云主机初始化工具，可以使用户定制云主机，可以用它来使部署的云主机支持常用的用户名和密码登录。在开始动手部署 CentOS 云主机之前，小王首先将学习以下必备知识。

- 通过"密钥对的概念及应用"学习密钥对的基本概念，了解密钥对的管理命令。
- 通过"云主机初始化配置工具"学习 cloud-init 的功能，了解它的用户脚本编写方式。

最后，在项目实施环节，小王将在项目操作手册的指导下，将从 CentOS 官网下载的操作系统云镜像通过 Dashboard 部署成一台可以被远程管理的云主机。

16.2 必备知识

16.2.1 密钥对的概念及应用

　　登录 Linux 云主机有两种方式，一种是通过用户名和密码，另一种是通过密钥对（Key Pair）。由 CentOS 官方提供的 CentOS 云镜像生成的云主机默认通过密钥对方式进行登录。所谓密钥对是指通过 SSH 加密算法所产生的一对密钥，它包括一个公钥和一个私钥。其中，私钥是由密钥对所有者持有且保密的，而公钥是公开的。公钥用来给数据加密，私钥用来给数据解密，用公钥加密的数据只能使用私钥解密。要使用 SSH 密钥对登录 Linux 实例，必须先创建一个密钥对，并在部署云主机时指定公钥或者创建云主机后绑定公钥，用户才能使用私钥免密码登录云主机。相较于用户名和密码认证方式，SSH 密钥对有以下优势。

　　① SSH 密钥对登录认证更为安全可靠。

　　② 密钥对安全强度远高于常规用户密码，基本可以避免暴力破解威胁。

　　③ 不可能通过公钥推导出私钥。

　　④ 更加便捷，可以免密码登录系统，便于批量维护多台 Linux 云主机。

　　下面通过几个例子演示密钥对的操作。

　　例 16-1：生成一个密钥对

```
[root@controller ~]# ssh-keygen -q -N ""
Enter file in which to save the key （/root/.ssh/id_rsa）:
```

　　按【Enter】键后，将生成一个密钥对并存放到"/root/.ssh"目录下，其中私钥名为"id_rsa"，公钥名为"id_rsa.pub"，以后可以通过这个私钥登录系统。

　　例 16-2：导入公钥到 OpenStack 云计算平台上

```
[root@controller ~]# openstack keypair create --public-key ~/.ssh/id_rsa.pub mkey
+-------------+-------------------------------------------------+
| Field       | Value                                           |
+-------------+-------------------------------------------------+
| fingerprint | 8c:c3:be:a7:f3:23:f6:db:d5:ed:1f:41:d4:9a:7d:15 |
| name        | mkey                                            |
| user_id     | 98cb829d750a46ecbb581eceb9d86abf                |
+-------------+-------------------------------------------------+
```

　　以上代码将生成的公钥导入 OpenStack 云计算平台，并将其命名为"mkey"。

　　例 16-3：查看系统密钥对列表

```
[root@controller ~]# openstack keypair list
+-------+-------------------------------------------------+
| Name  | Fingerprint                                     |
+-------+-------------------------------------------------+
| mkey  | 8c:c3:be:a7:f3:23:f6:db:d5:ed:1f:41:d4:9a:7d:15 |
+-------+-------------------------------------------------+
```

16.2.2 云主机初始化配置工具

　　cloud-init 是在多种 Linux 云镜像中默认安装的一种用于在云环境中对云主机进行初始化的工具，它可以从各种数据源读取相关数据并据此对虚拟机进行配置。这些数据源可以是数据库中的元数据或者是用户自定义的脚本数据。当 cloud-init 获取这些信息后，在系统启动之初就使用其内置的功能模块自动完成相应功能，如新建用户、启动脚本、更改云主机的名称、更改本地 hosts 文件、设定用户名及密码等。

在 CentOS 的云镜像中安装有 cloud-init，可以通过它来更改云镜像中的一些默认设置。将用户定义的脚本数据传入云主机有 3 种方法，第 1 种是在 Dashboard 中创建云主机时，在图 16-1 所示的【配置】选项卡的【定制化脚本】文本框中进行输入；第 2 种是在图 16-1 所示的【配置】选项卡中通过单击【选择文件】按钮选择脚本文件；第 3 种是在通过命令模式使用 openstack server create 命令部署云主机时，使用选项 "-user-data <脚本文件>" 将脚本文件传入。

图 16-1 【配置】选项卡

下面用几个例子来了解如何用 cloud-init 初始化云主机。

例 16-4：将新部署的云主机名重命名并更改 hosts 文件

制作以下脚本，用上面提到的 3 种方法之一将脚本传入云主机。

```
#cloud-config
bootcmd:
  - echo 192.168.20.10 controller >> /etc/hosts
  - hostnamectl set-hostname myhost
```

> **注意**
>
> cloud-init 只会读取以 "#cloud-config" 开头的数据。

例 16-5：为新部署的云主机增加一个 YUM 源

```
#cloud-config
yum_repos:
  yumname:
    baseurl: http://repo.huaweicloud.com/centos/7/os/x86_64/
    enabled: true
    gpgcheck: false
    name: centos
```

例 16-6：允许 SSH 远程连接以密码登录，并设置 root 用户的密码

```
#cloud-config
ssh_pwauth: True
chpasswd:
  list: |
    root:000000
```

expire: False

脚本中的"ssh_pwauth"用于设置是否允许 SSH 用密码登录系统；"chpasswd"用于更改用户密码；"list"中为更改的用户及密码列表；"expire"用于设置是否有过期时间。

16.3　项目实施

本项目将在 OpenStack 云计算平台上用 CentOS 官方提供的 CentOS 云镜像创建云主机，将使用控制节点与计算节点。为了避免在接下来的工作中由于操作不当造成需要重装系统的情况出现，在开始本项目前请对控制节点与计算节点服务器拍摄快照以保存前期工作成果。

16.3.1　检查系统环境

1. 下载系统云镜像

第 1 步，安装"wget"下载工具。

"wget"是 Linux 中的一个下载文件的工具。

```
[root@controller ~]# yum -y install wget
```

第 2 步，从 CentOS 官网下载云镜像。

从 CentOS 官网下载一个"qcow2"格式的云镜像文件。

```
[root@controller    ~]#    wget    http://cloud.centos.org/centos/7/images/CentOS-7-x86_64-GenericCloud-2009.qcow2
```

如果下载速度慢，则可以用下载工具（如迅雷）来下载云镜像文件。

2. 检查时间同步服务

当实现这个任务时，可能离完成上一个任务有一段时间了，控制节点服务器和计算节点服务器的时间可能会存在不同步的情况，这会使用户在新建云主机时出现错误。因此，下面先来检查时间同步是否正确。

第 1 步，检查两个节点的当前时间。

在控制节点服务器上使用 date 命令，查看控制节点的当前时间。

```
[root@controller ~]# date
Sat Oct 30 12:34:30 EDT 2021
```

在计算节点服务器上使用 date 命令，查看计算节点的当前时间。

```
[root@compute ~]# date
Sat Oct 31 12:34:33 EDT 2021
```

如果两个节点的时间相差过大，则需要对时间进行同步。除了可用 Chrony 时间同步服务进行时间的自动同步以外，还可以使用 date 命令进行时间的手动同步。

第 2 步，手动同步时间。

由于第 1 步已知控制节点时间为"Sat Oct 30 12:34:30 EDT 2021"，因此在计算节点上使用以下命令，手动调整计算节点的时间。

```
[root@compute ~]# date -s "Sat Oct 30 12:34:30 EDT 2021"
```

其中，选项"-s"后面的字符串为调整后的时间。

3. 检查现有云主机

用 VMware Workstation 虚拟出的两台服务器（控制节点、计算节点）均只有 4GB 内存，为了使新的 CentOS 云主机能够有足够的资源供运行，需要检查现有云主机的状态，如果是开启的，则需要关闭它。在控制节点上使用以下命令查看现有云主机列表。

```
[root@controller ~]# openstack server list
+------------+-----------+-----------+----------------------------+----------+------------+
| ID         | Name      | Status    | Networks                   | Image    | Flavor     |
+------------+-----------+-----------+----------------------------+----------+------------+
| 2630ceb7...| VM_host   | ACTIVE    | vm-network=192.168.20.117  | cirros   | myflavor   |
+------------+-----------+-----------+----------------------------+----------+------------+
```

从结果中可以看到，系统中存在一台名为 VM-host 的云主机，其状态（Status）是活动的（ACTIVE），可以使用 Dashboard 或者命令模式将其关闭。可使用以下命令关闭云主机。

```
[root@controller ~]# openstack server stop VM_host
```

16.3.2　部署 CentOS 云主机

1．创建镜像

第 1 步，进入【Images】界面。登录 Dashboard 后，在主界面左侧导航栏中选择【项目】→【计算】→【实例】选项，进入图 16-2 所示的【Images】界面。

图 16-2　【Images】界面

第 2 步，在【创建镜像】对话框中填写镜像信息并创建镜像。首先，在【Images】界面中单击【创建镜像】按钮，弹出图 16-3 所示的【创建镜像】对话框。

图 16-3　【创建镜像】对话框

其次，在【创建镜像】对话框中填写必要信息：在【镜像名称】文本框中自定义镜像的名称；在【镜像源】文本框中通过单击【浏览】按钮选择下载好的系统云镜像文件，如"CentOS-7-x86_64-GenericCloud-2009.qcow2"；在【镜像格式】下拉列表中选择 "QCOW2-QEMU 模拟器"选项。

最后，单击【创建镜像】按钮，开始自动上传文件并创建镜像。创建成功后，该镜像将出现在【Images】界面的镜像列表中，且其【状态】为"运行中"。

2. 配置安全组

安全组设置了云计算平台如何与外部网络交互的一些规则。在其默认设置中是不能从外网 ping通云主机的，也不能让 SSH 远程管理工具访问云主机。因此，这里对默认安全组添加两项规则，使云主机与外网可以互相 ping 通，且用户能够通过 SSH 远程管理工具应用云主机。

第 1 步，进入【安全组】界面。登录 Dashboard 后，在主界面左侧导航栏中选择【项目】→【网络】→【安全组】选项，进入图 16-4 所示的【安全组】界面。在安全组列表中可以看到目前存在一个默认安全组 "default"。

图 16-4 【安全组】界面

第 2 步，管理默认安全组规则。在【安全组】界面中单击 "default" 安全组右边的【管理规则】按钮，进入图 16-5 所示的【管理安全组规则】界面。

图 16-5 【管理安全组规则】界面

第 3 步，添加规则。在【管理安全组规则】界面中单击【添加规则】按钮，弹出图 16-6 所示的【添加规则】对话框。在该对话框中添加以下两条规则。

首先，添加允许 SSH 远程管理工具访问的规则。在【规则】下拉列表中选择 "定制 TCP 规则"选项，在【端口】文本框中输入 "22"，单击【添加】按钮，将该规则添加到安全组中。

其次，添加允许内外网互 ping 的规则。在【规则】下拉列表中选择 "定制 ICMP 规则"选项，其余设置保持不变，单击【添加】按钮，将规则添加到安全组中。

图 16-6 【添加规则】对话框

3. 创建密钥对

第 1 步，进入【Key Pairs】界面。登录 Dashboard 后，在主界面左侧导航栏中选择【项目】→【计算】→【密钥对】选项，进入图 16-7 所示的【Key Pairs】界面。

图 16-7 【Key Pairs】界面

第 2 步，创建密钥对。在【Key Pairs】界面中单击【创建密钥对】按钮，弹出图 16-8 所示的【创建密钥对】对话框。

图 16-8 【创建密钥对】对话框

在【创建密钥对】对话框中填写密钥对信息，在【密钥对名称】文本框中输入自定义密钥对的名称；在【密钥类型】下拉列表中选择"SSH 密钥"选项，单击【创建密钥对】按钮，完成密钥对的创建。

第 3 步，保存私钥文件。密钥对创建完成后，会弹出图 16-9 所示的【新建下载任务】对话框，单击【下载】按钮，将私钥文件保存起来备用。

图 16-9 【新建下载任务】对话框

4. 创建云主机

第 1 步，进入【实例】界面。登录 Dashboard 后，在主界面左侧导航栏中选择【项目】→【计算】→【实例】选项，进入图 16-10 所示的【实例】界面。

图 16-10 【实例】界面

第 2 步，填写实例详情。在【实例】界面中单击【创建实例】按钮，弹出图 16-11 所示的【详情】选项卡。

图 16-11 【详情】选项卡

在【详情】选项卡的【实例名称】文本框中填写自定义的云主机名，在【数量】文本框中填写批量产生的云主机数量，这里填写"1"。

第 3 步，选择源镜像。在【详情】选项卡中单击【下一步】按钮，进入图 16-12 所示的【源】选项卡。

图 16-12 【源】选项卡

在【创建新卷】选项组中选择【不】选项，以关闭使用块存储。在【可用配额】选项组中能看到已经创建好的镜像，如这里的"centos"镜像，单击【↑】按钮将它由【可用配额】选项组移动到【已分配】选项组。

第 4 步，选择实例类型。单击【下一步】按钮，进入图 16-13 所示的【实例类型】选项卡，进行实例类型选择。

图 16-13 【实例类型】选项卡

从【可用配额】选项组中可以看到已创建好的实例类型列表，选择其中一个实例类型将它由【可用配额】选项组移动到【已分配】选项组。

第 5 步，选择网络。单击【下一步】按钮，进入图 16-14 所示的【网络】选项卡，进行网络选择。

从【可用配额】选项组中可以看到已创建好的网络列表，选择其中一个网络将它由【可用配额】选项组移动到【已分配】选项组，如果只有一个网络，则系统将自动分配。

第 6 步，选择安全组。选择【安全组】选项卡，如图 16-15 所示，进行安全组选择。

图 16-14 【网络】选项卡

图 16-15 【安全组】选项卡

从【可用配额】选项组中可以看到已有的安全组列表，选择其中一个安全组将它由【可用配额】选项组移动到【已分配】选项组，如果只有一个安全组，则系统将自动分配该安全组。

第 7 步，选择密钥对。选择【Key Pair】选项卡，如图 16-16 所示，进行密钥对选择。

从【可用配额】选项组中可以看到已有的密钥对列表，选择其中一个密钥对将它由【可用配额】选项组移动到【已分配】选项组，如果只有一个密钥对，则系统将自动分配该密钥对。

第 8 步，定制化脚本。选择【配置】选项卡，如图 16-17 所示，进行脚本定制。

图 16-16 【Key Pair】选项卡

图 16-17 【配置】选项卡

在 CentOS 官方提供的云镜像中，安装有 cloud-init 云镜像初始化配置工具，可以利用它来更改云镜像的用户密码、主机名等基础信息。如图 16-17 所示，已填入以下定制化脚本。

```
#cloud-config
ssh_pwauth: True
password: 000000
chpasswd:
  list: |
    root:000000
  expire: False
```

相关脚本解释如下。

* #cloud-config：表示这是系统启动时自动加载的脚本。

- ssh_pwauth：配置是否允许 SSH 协议用密码登录，其值为 True 时表示允许，默认为 False。
- password：默认登录用户的密码，CentOS 7 云镜像的默认登录用户是"centos"。
- chpasswd：更改用户密码，这里更改了 root 用户的密码，注意，"list"和"expire"前面是 2 个空格，"root"前面是 4 个空格。
- expire：配置密码是否要过期，其值为 False 时表示永不过期。

第 9 步，创建云主机。填写完脚本以后，单击【创建实例】按钮，完成云主机的创建，并将在创建完成后自动开启云主机。此时，可以在【实例】界面中看到刚创建的云主机的相关信息，如图 16-18 所示，云主机的 IP 地址为"192.168.20.159"。

图 16-18　云主机的相关信息

16.3.3　检测与管理云主机

1．检测云主机的连通性

（1）检查云计算平台到云主机的连通性

```
[root@controller ~]# ping 192.168.20.159 -c 4
PING 192.168.20.159 (192.168.20.159) 56(84) bytes of data.
64 bytes from 192.168.20.159: icmp_seq=1 ttl=64 time=3.50 ms
64 bytes from 192.168.20.159: icmp_seq=2 ttl=64 time=1.69 ms
64 bytes from 192.168.20.159: icmp_seq=3 ttl=64 time=1.03 ms
64 bytes from 192.168.20.159: icmp_seq=4 ttl=64 time=0.893 ms

--- 192.168.20.159 ping statistics ---
4 packets transmitted, 4 received, 0% packet loss, time 3005ms
rtt min/avg/max/mdev = 0.893/1.783/3.508/1.041 ms
```

这里的 IP 地址就是云主机的 IP 地址，请读者根据实际情况将其改写成相应云主机的 IP 地址。

（2）检测外网到云主机的连通性

打开 VMware Workstation 宿主机 Windows 的【命令提示符】窗口，输入"ping 192.168.20.159"，如图 16-19 所示，以检测外网到云主机的连通性。

2．远程管理云主机

（1）用密钥对登录系统

第 1 步，进入【Session settings】对话框。打开 MobaXterm 软件，进入图 16-20 所示的【Session settings】对话框。

图 16-19　检测外网到云主机的连通性

图 16-20 【Session settings】对话框

第 2 步，设置 SSH 会话。在【Remote host】文本框中填写云主机的 IP 地址"192.168.20.159"；选中【Specify username】复选框，在对应文本框中填写用户名"centos"。单击【Advanced SSH settings】按钮，进一步设置 SSH 连接。图 16-21 所示为 SSH 会话的高级设置界面。

图 16-21 SSH 会话的高级设置界面

选中【Use private key】复选框，在对应的私钥文件文本框中填写在创建密钥对时备份的私钥文件地址，单击【OK】按钮，完成设置并登录系统。

（2）用户名与密码登录系统

CentOS 提供的官方云镜像一开始并不支持 SSH 协议及采用用户名和密码登录系统。但是，在部署云主机时，通过 cloud-init 云镜像初始化配置工具为镜像传入了以下初始化脚本，开启了 SSH 协议及通过用户名和密码登录的许可，并初始化了 root 用户的密码为"000000"。

```
#cloud-config
ssh_pwauth: True
password: 000000
chpasswd:
  list: |
    root:000000
  expire: False
```

因此，可以直接用用户名"root"和密码"000000"登录系统。先在 MobaXterm 的【Session settings】界面的【Remote host】文本框中填写云主机的 IP 地址；再选中【Specify username】复选框，并在对应文本框中填写用户名"root"，相关信息如图 16-22 所示。

单击【OK】按钮，完成设置并登录系统，登录系统时将要求输入密码，输入初始化的密码"000000"后登录成功，其界面如图 16-23 所示。

图 16-22　相关信息

图 16-23　MobaXterm 远程登录云主机成功界面

16.4　项目小结

　　CentOS 及其他主流 Linux 操作系统均为云计算平台提供了操作系统云镜像，以减少用户自己安装操作系统花费的时间。不同的操作系统云镜像的登录方式不尽相同，如 CentOS 云镜像默认采用密钥对进行登录认证，密钥对由"公钥"和"私钥"组成，公钥放置在操作系统中用于加密，用户使用私钥免密码登录操作系统。

　　本项目带领读者使用 CentOS 官方提供的云镜像通过 Dashboard 完成了 CentOS 云主机的部署工作，并实现了使用"密钥对"和"用户名及密码"两种方式远程登录云主机。

16.5　项目练习题

1. 选择题

（1）密钥对中用来解密的是（　　　）。

　　A. 公钥　　　　　　　　B. 私钥　　　　　　　　C. 密码　　　　　　　　D. 签名

（2）密钥对中用来加密的是（　　　）。

　　A. 公钥　　　　　　　　B. 私钥　　　　　　　　C. 密码　　　　　　　　D. 签名

（3）"wget"命令是用来（　　　）文件的。

　　A. 上传　　　　　　　　B. 下载　　　　　　　　C. 分发　　　　　　　　D. 标注

（4）若允许其他主机 ping 通自己，则安全组中需要增加（　　　）规则。

　　A. HTTP　　　　　　　　B. IP　　　　　　　　C. TCP　　　　　　　　D. ICMP

2. 填空题

（1）密钥对包括_____和_____。

（2）root 用户登录系统后可以用_____命令更改用户密码。

（3）SSH 对外服务的默认端口是_____。

3. 实训题

用一个 CentOS 云镜像创建一台云主机，并实现远程通过用户名和密码登录系统。